FORSCHUNGSBERICHTE
DES WIRTSCHAFTS- UND VERKEHRSMINISTERIUMS
NORDRHEIN-WESTFALEN

Herausgegeben von Staatssekretär Prof. Dr. h. c. Dr. E. h. Leo Brandt

Nr. 354

Dipl.-Ing. Dietrich Wagener

Institut für Aufbereitung, Kokerei und Brikettierung
der Technischen Hochschule Aachen

Leiter: Prof. Dr.-Ing. habil. A. Götte

Auswirkungen neuer Gaserzeugungs-Verfahren unter Berücksichtigung der Auswirkungen auf den Kokereibetrieb

Als Manuskript gedruckt

SPRINGER FACHMEDIEN WIESBADEN GMBH

ISBN 978-3-663-03252-6 ISBN 978-3-663-04441-3 (eBook)
DOI 10.1007/978-3-663-04441-3

Herrn Professor Dr.-Ing. habil. A. GÖTTE danke ich für die Anregung zu den hier behandelten Untersuchungen und für die vielerlei Hinweise, die er mir zu deren Durchführung gab.

Gleichzeitig möchte ich Herrn Professor Dr.-Ing. F. SCHUSTER für seine Hilfe danken, sowie allen Firmen, die mir Unterlagen zur Verfügung gestellt haben.

Dem Wirtschaftsministerium des Landes Nordrhein-Westfalen sei an dieser Stelle für die Möglichkeit zur Durchführung der vorliegenden Arbeit herzlich gedankt.

Gliederung

TEIL I : Stand und voraussichtliche Entwicklung des Bedarfs an den verschiedenen Energieträgern in der Bundesrepublik

TEIL II : Die Gaserzeugung durch Vergasung fester Brennstoffe zum Zweck einer Ergänzung des Angebots an Kokerei- und Stadtgas

TEIL III: Anhang

* Die in Klammern angegebenen Zahlen beziehen sich auf die zugehörigen Seiten im Hauptteil

T E I L I

Stand und voraussichtliche Entwicklung des Bedarfs an den verschiedenen Energieträgern in der Bundesrepublik

Vorliegende Arbeit*) hat es sich zur Aufgabe gestellt, verschiedene Entwicklungsrichtungen und -möglichkeiten in der öffentlichen Gaswirtschaft der Bundesrepublik zu verfolgen, soweit sie den Bereich der Gaserzeugung berühren. Das außerordentlich umfangreiche Gebiet soll im wesentlichen auf die Gaserzeugung aus festen Brennstoffen beschränkt werden. Die Gaserzeugung aus flüssigen Brennstoffen, wie Ölzusatz zur Kokskohle [1], Ölvergasung [2] oder Durchsatz ölgetränkten Kokses durch Vertikalkammeröfen [3], nimmt zwar an Bedeutung zu, wird aber wohl in Zukunft die Spitzengasdeckung zu übernehmen haben.

Die mit Hilfe neuer Verfahren zu erzeugenden Gase vermögen je nach der Wirtschaftlichkeit ihrer Gewinnung hemmende oder fördernde Einflüsse auf die Darbietung an Kokereigas auszuüben. Würde man beispielsweise Schwachgas für die Unterfeuerung von Koksöfen zu einem geringeren Wärmepreis herstellen können als das Kokereigas selbst, so könnte ein besonderer Anreiz für die Freimachung von Unterfeuerungsgas geschaffen werden. Der Einsatz von preisgünstigem Schwachgas für die Unterfeuerung wäre für Kokerei und öffentliche Gaswirtschaft ein Vorteil.

Gegenteilige Auswirkungen lassen sich bei der Erzeugung von Starkgas durch neue Verfahren erwarten, wenn diese eine gegenüber der Kokereigaserzeugung wesentlich gesteigerte Wirtschaftlichkeit aufweisen. Ähnlich dem Einfluß der Ammoniaksynthese auf die Wirtschaftlichkeit der Ammoniakgewinnung einer Kokerei, würden derartige Starkgasverfahren das Interesse am Kokereigas abschwächen.

Diese Überlegungen lassen es sinnvoll erscheinen, in der Arbeit zunächst die voraussichtliche Entwicklung von Kokereigaserzeugung und -bedarf abzuschätzen. Aus der Untersuchung wird sich dann ergeben, in welchem Maß neue Gaserzeugungsverfahren aus energiewirtschaftlichen Gründen die Kokereigasgewinnung ergänzen müssen. Die Überprüfung der Wirtschaftlichkeit dieser Verfahren soll erweisen, ob sie die Kokereigasgewinnung ergänzen können.

Bei Betrachtung der neuen Verfahren wird der Versuch gemacht, auch die Entwicklungswürdigkeit bisher nicht entwickelter Verfahren festzustellen, wie sie auf Grund einer systematischen Aufstellung gefunden werden konnten.

---

*) Der statistische Teil der Arbeit wurde im Jahr 1954 abgeschlossen

1. Starkgasbedarf und -darbietung

Die Grundlage der öffentlichen Gaswirtschaft der Bundesrepublik ist das durch Entgasen von Steinkohle in Kokerei und Gaswerk erzeugte Starkgas mit einer Verbrennungswärme von 4200 bis 4600 kcal/Nm^3 und einer Dichte von 0,4 bis 0,5. Da diese Art der Gaserzeugung immer an die gleichzeitige Erzeugung von Koks gebunden ist, soll nach Abschätzung der Gasbedarfsentwicklung überprüft werden, in welchem Umfang ein steigender Gasbedarf von Kokerei und Gaswerk wirtschaftlich gedeckt werden kann, wobei die Wirtschaftlichkeit der Gaserzeugung nur dann gewährleistet ist, wenn der erzeugte Koks abzusetzen ist.

Aus diesem Grund erscheint es notwendig, im Anschluß an die Gasbedarfsschätzung eine Koksbedarfsschätzung durchzuführen, auf Grund deren man die insgesamt zu erzeugende Starkgasmenge ermitteln kann. Der Unterschied zwischen dieser Gasmenge und dem Gasbedarf einschließlich Unterfeuerungsbedarf ergibt dann die durch andere Verfahren aufzubringende Gasmenge.

Um einen Überblick zu bekommen, welche Verschiebungen im Verhältnis der Energieträger zueinander zu erwarten sind, soll auch die wahrscheinliche Bedarfszunahme der anderen Energieträger ermittelt werden, zumal diese Steigerung einen Einfluß auf den Gasbedarf und die wirtschaftlich vertretbare Gaserzeugung ausübt.

Naturgemäß sind die Ergebnisse der Untersuchungen mit etlichen Unsicherheiten belastet, wie sie jeder vorausschauenden Schätzung anhaften. Um große Fehler zu vermeiden, ist die Zeitspanne der Schätzung absichtlich nicht zu lang gewählt worden, sondern auf die Jahre 1960 und 1961 beschränkt.

Welche Irrtümer unterlaufen können, wenn größere Zeiträume ins Auge gefaßt werden, zeigt eine Arbeit über die wahrscheinliche Steigerung des Strombedarfes aus dem Jahre 1933 [4]. Es wird darin die Meinung vertreten, daß die Zunahme des Energiebedarfes einer biologischen Wachstumsfunktion (S-Kurve) folgt und sich einem bestimmten Grenzwert nähert. Dieser Grenzwert sollte für die Elektrizitätswirtschaft im Jahre 1960 erreicht sein und einem Strombedarf von 33 Mia KWh entsprechen. Die tatsächliche Entwicklung des Strombedarfes gibt dieser Vorausschau indes unrecht, denn der Strombedarf betrug bereits im Jahr 1952 34,4 Mia KWh; bisher sind auch noch keine Anzeichen vorhanden, daß er einem absehbaren Grenzwert zustrebt.

a) Kokereigasbedarf

Auf Grund von Gasbedarfsschätzungen für die verschiedenen Verbrauchsgruppen wurde im Jahr 1950 im Generalplan der deutschen Gaswirtschaft [5] ein Ansteigen des Gasbedarfes von 9,4 Mia Nm^3 im Jahr 1950 auf 18,5 Mia Nm^3 im Jahr "1960" vorausgesagt; ausdrücklich wurde jedoch betont, daß mit "1960" nicht das Jahr, sondern der Zeitpunkt der Gasbedarfsverdopplung gemeint ist. Es wurde offengelassen, ob diese Bedarfsverdopplung früher oder später eintreten würde.

Diese Einschränkung des Generalplanes geriet jedoch in Vergessenheit, so daß heute ganz allgemein in der Gaswirtschaft nicht zum Zeitpunkt "1960", sondern für das Jahr 1960 mit einer Verdopplung des Gasbedarfes gerechnet wird [6], zumal z.Zt. noch die Verdopplung von Gas- und Elektrizitätsverbrauch für alle 10 Jahre als Norm angesehen wird. Es erscheint daher notwendig, zu überprüfen, ob die heutige Wirtschaftslage die Voraussetzungen des Generalplanes aus dem Jahre 1950 bestätigt. Aus der Untersuchung wird sich dann ergeben, ob es berechtigt ist, für das Jahr 1960 mit einem Gasbedarf von 18,5 Mia Nm^3 zu rechnen.

Der Bedarfszuwachs für Kokereigas wird im Generalplan für folgende Gruppen in Mia Nm^3 abgeschätzt:

Tabelle 1

Bedarfszuwachs für Kokereigas nach Schätzungen des Generalplanes

Verbraucher	1950 Mia Nm^3	1950 %	1960 Mia Nm^3	1960 %	Steigerung 1960 : 1950
Eisenschaffende und -verarb.Ind.	3,54	59,3	5,2	58,0	47
Chemie	1,51	25,3	2,09	23,5	38
Glas, Keramik	0,43	7,2	0,68	7,3	58
Sonstige	0,49	8,2	1,0	11,2	104
	5,97	100,0	8,97	100,0	50

Dieser Zuwachs entspricht einer Steigerung um etwa 50 %; man erkennt aus der Tabelle, daß sich das Bedarfsverhältnis der einzelnen Gruppen zueinander nur geringfügig verschiebt; der Bedarf von "Glas, Keramik und Sonstige" steigt etwas stärker als der Bedarf von "Eisenschaffende und -verarbeitende Industrie" und "Chemie".

Überprüft man heute diese Zahlen, indem man die Statistik der letzten Jahre sowie die derzeitige Wirtschaftslage zugrunde legt (Abb. 1), so ergibt sich vorbehaltlich der Unsicherheiten, die jede Vorausschau in sich birgt, folgender Gasbedarf im Jahre 1960, wobei von dem Gasverbrauch ausgegangen wird, wie er sich nach der heutigen Statistik [7] für das Jahr 1950 ergibt:

T a b e l l e 2

Bedarfszuwachs für Kokereigas nach neueren Schätzungen

Verbraucher	1950 Mia Nm^3	1950 %	1960 Mia Nm^3	1960 %	Steigerung 1960 : 1950 %
Eisen	4,1	70,6	6,0	67,2	46
Chemie	1,03	17,7	2,09	23,4	103
Glas, Keramik	0,47	8,1	0,5	5,6	6,5
Sonstige:					67
Nichteisenmetall	0,14	2,4	0,24	2,7	72
Übrige	0,063	1,2	0,1	1,1	59
	5,813	100,0	8,93	100,0	53

Aus einem Vergleich beider Schätzungen ergibt sich, daß zwar der gesamte Kokereigasbedarf vorliegender Gruppen wahrscheinlich bei 9 Mia Nm^3 liegen wird. Gegenüber dem Generalplan muß jedoch nach der heutigen Lage der Dinge mit einem größeren Gasbedarf in der Eisenschaffenden- und verarbeitenden Industrie gerechnet werden, wohingegen in den übrigen Zweigen eine etwas geringere Steigerung zu erwarten ist. Die Änderung des Bedarfsverhältnisses der einzelnen Gruppen erklärt sich einerseits aus einer vorsichtigen Extrapolation des Gasverbrauches von 1950 bis 1954 (Abb. 1), andererseits aus folgenden Überlegungen:

Eisen

Der Schätzung des Bedarfszuwachses für die Eisenindustrie liegt im Generalplan die Annahme zugrunde, daß die Rohstahlerzeugung von 12 Mio t im Jahr 1950 auf 18,5 Mio t im Jahr "1960" ansteigen wird und daß der Gasverbrauch je t Rohstahl von 310 auf 260 Nm^3 sinkt.

Die neue Vorausschau stützt sich auf Angaben des Statistischen Bundesamtes und auf neuere Schätzungen der Eisenindustrie. Danach wurden im Jahre 1950 9,84 Mio t Rohstahl erzeugt [7], so daß bei einem Kokereigasverbrauch der eisenschaffenden und eisenverarbeitenden Industrie von 4,1 Mia Nm^3 Gas der Gasverbrauch je t Rohstahl, bezogen auf Erzeugung und Verarbeitung, 417 Nm^3 betrug.

Die voraussichtliche Rohstahlerzeugung im Jahre 1960 ergibt sich größenordnungsmäßig aus den vorliegenden Koksbedarfsschätzungen der Eisenindustrie [8], die bei etwa 16,4 Mio t Koks liegen. Legt man zugrunde, daß man zur Erzeugung von 1 t Rohstahl 0,85 t Koks benötigt, so ergibt sich für das Jahr 1960 eine Rohstahlerzeugung von etwa 19,3 Mio t. Erniedrigt sich weiterhin der Kokereigasverbrauch von 417 Nm^3 auf 310 Nm^3 je t Rohstahl, so ist für das Jahr 1960 mit einem Gasbedarf der eisenschaffenden und eisenverarbeitenden Industrie von 6 Mia Nm^3 zu rechnen. Die Abnahme des Kokereibedarfes je t Rohstahl ergibt sich durch die stärkere Inanspruchnahme anderer Energieträger, vornehmlich des Heizöls; sie läßt sich statistisch nachweisen durch einen Vergleich des Verbrauches im Jahr 1950 von 417 Nm^3 und des Verbrauches im Jahr 1953 von 400 Nm^3 je t Rohstahl.

Chemie

Für den Bereich der Chemischen Industrie wird im Generalplan mit einem Gasbedarf im Jahr 1960 von 2,09 Mia Nm^3 gerechnet. Diese Annahme ist in der neuen Schätzung beibehalten worden, da sie durch die Entwicklung der letzten Jahre gerechtfertigt erscheint.

Glas, Keramik

Der Kokereigasbedarf der Gruppe Glas und Keramik nimmt seit 1951 ständig ab, so daß für das Jahr 1960 nur mit einem Bedarf von 0,5 Mia Nm^3 gerechnnt werden soll, gegenüber einem Bedarf von 0,68 Mia Nm^3, wie er im

Generalplan geschätzt wurde. Die sehr geringe Zunahme des Gasbedarfes dieser Industrie ist bedingt durch eine zunehmende Bevorzugung von Heizöl und karburiertem Generatorgas; beide Energieträger eignen sich infolge ihres höheren Gehaltes an Kohlenwasserstoffen und der dadurch bedingten leuchtenden Flamme gut zur Beheizung von Glasschmelzöfen. Diese Entwicklung wird seitens der Ferngaswirtschaft z.T. gefördert, da Kokereigas in anderen Industriezweigen dringender benötigt wird.

Sonstige

Für die Gruppe "Sonstige" kann mit einem Kokereigasbedarf von 0,34 Mia Nm^3 im Jahr 1960 gerechnet werden. Diese Zahl läßt sich mit der Schätzung des Generalplanes nicht vergleichen, da diesem offenbar eine andere statistische Quelle zugrunde gelegen hat.

Zur Ermittlung des gesamten Kokereigasbedarfes sind abweichend vom Generalplan in Abbildung 1 auch die anderen Gruppen berücksichtigt, deren gesamter Bedarf in überwiegendem Maß von den Gruppen "Städte und Gemeinden" und "Selbstverbrauch" bestimmt wird.

In der folgenden Tabelle sind der Verbrauch im Jahre 1950 und der geschätzte Bedarf im Jahre 1960 dieser Gruppen gegenübergestellt.

T a b e l l e 3

Bedarfszuwachs für Kokereigas in der Gruppe "Sonstige"

Verbraucher	1950 Mia Nm^3	1950 %	1960 Mia Nm^3	1960 %	Änderung 1960 : 1950 %
Städte, Gemeinden	1,017	53	2,75	64,4	+171
Selbstverbrauch	0,571	30	1,17	27,4	+105
Ausland	0,113	5,9	0,115	2,7	+ 2
Verluste	0,222	11,1	0,24	5,5	+ 8
Summe	1,923	100,0	4,275	100,0	+122

Städte und Gemeinden

Der Gasbedarf der Städte und Gemeinden wird zu einem Teil durch Kokereigas, zum anderen durch selbsterzeugtes Stadtgas gedeckt. Die wahrscheinliche Bedarfszunahme an Stadtgas wird später behandelt. Aus der bisherigen Entwicklung der Kokereigasabgabe an die Städte und Gemeinden erscheint die Annahme jedoch berechtigt, daß der Bedarf an Kokereigas im Jahre 1960 etwa 2,75 Mia Nm^3 betragen wird. Die Bedarfsentwicklung dieser Gruppe verläuft auch in den Jahren 1952 bis 1954 stetig, wohingegen in vielen weiteren Gruppen in diesem Zeitraum Unstetigkeiten auftreten; die Zunahme des Bedarfes ist demnach verhältnismäßig konjunkturunabhängig, so daß auch in diesem Fall eine vorsichtige Extrapolation berechtigt erscheint.

Selbstverbrauch

Der Selbstverbrauch der Zechen und Hüttenkokereien steigt, wie aus Abbildung 1 ersichtlich, bis zum Jahr 1953 an und fällt im Jahr 1954 ab. Diese Verminderung des Selbstverbrauches erklärt sich aus dem allgemeinen Gasmangel dieser Zeit und den Bestrebungen des Bergbaus, möglichst viel Gas für den öffentlichen Verbrauch freizumachen. Sobald das Gasangebot wieder dem Gasbedarf nachkommen kann, wird es für wahrscheinlich gehalten, daß auch der Selbstverbrauch erneut ansteigt. Für das Jahr 1960 wird deswegen mit einem Bedarf von 1,17 Mia Nm^3 für diese Gruppe gerechnet.

Ausland und Verluste

Für die beiden verbleibenden Gruppen, die eine untergeordnete Bedeutung haben, soll ein Gasbedarf von insgesamt 0,355 Mia Nm^3 im Jahr 1960 angenommen werden.

Sonderposten

Der im Generalplan veranschlagte Gasbedarf von 2,84 Mia Nm^3 für Sonderposten wird lediglich in Höhe von 1,0 Mia Nm^3 für bisher unerschlossene Gebiete beibehalten, da Nachbargebiete und Förderverluste bereits berücksichtigt sind, während Rheinland-Pfalz vom Saargebiet her versorgt wird und deshalb nicht im Gasbedarf der Bundesrepublik veranschlagt werden soll.

Gesamter Kokereigasbedarf

Für alle Gruppen zusammen ergibt sich demnach im Jahr 1960 ohne Berücksichtigung des Unterfeuerungsbedarfes ein Kokereigasbedarf von 14,2 Mia Nm^3

gegenüber 7,73 Mia Nm^3 im Jahre 1950. Dies entspricht einer Steigerung um 84 % des Verbrauches von 1950.

b) Stadtgasbedarf

Die Zunahme des Stadtgasbedarfes wird im Generalplan bei Berücksichtigung der Raumheizung für folgende Gruppen geschätzt:

Tabelle 4

Bedarfsentwicklung für Stadtgas nach Schätzungen des Generalplanes

		1950		1960		Steigerung 1960 : 1950
		Mia Nm^3	%	Mia Nm^3	%	%
Haushalt	ohne Raumheizung	1,337		2,10		
	Raumheizung	0,069		1,10		
	insgesamt	1,406	46	3,20	47	128
Gewerbe und Industrie	ohne Raumheizung	0,933		2,00		
	Raumheizung	0,034		0,20		
	insgesamt	0,967	32	2,20	32	128
Sonstiges	ohne Raumheizung	0,331		0,53		
	Raumheizung	0,017		0,18		
	insgesamt	0,348	11,5	0,71	10,5	104
Verluste		0,318	10,5	0,70	10,5	120
Summe		3,039	100,0	6,79	100	124

Aus Abbildung 2 geht deutlich hervor, daß der Gasbedarf für die Gruppe "Haushalt" und "Sonstige" im Generalplan zu hoch geschätzt worden ist, so daß sich aus der derzeitigen Wirtschaftslage folgende Änderungen ergeben:

T a b e l l e 5

Bedarfsentwicklung für Stadtgas nach neueren Schätzungen

Verbraucher	1960 Mia Nm^3	1960 %	Steigerung 1960 : 1950 %
Haushalt	2,4	43,0	71
Gewerbe und Industrie	2,2	39,5	128
Sonstige	0,58	10,4	67
Verluste	0,4	7,1	26
Summe	5,58	100,0	84

Das Zustandekommen der neuen Schätzung mit der Annahme eines niedrigeren Bedarfes der Gruppen "Haushalt" und "Sonstige" läßt sich wie folgt erklären:

Haushalt

Im Bereich des Haushaltes wird im Generalplan mit einer Zunahme des Gasbedarfes für die Raumheizung von 0,069 Mia Nm^3 auf 1,10 Mia Nm^3 im Jahr 1960 gerechnet. Diese Annahme erweist sich heute als zu hoch. Die Gaswirtschaft übt bewußt Zurückhaltung in der Werbung für die Gasraumbeheizung, weil sie die auftretenden Spitzen noch keineswegs zu beherrschen vermag. Dazu kommt, daß bei dem derzeitigen Heizgaspreis, der selbst bei großer Abnahme nicht unter DM 0,13/m^3 sinkt, die Gasheizung im Dauerbetrieb gegenüber anderen Brennstoffen unwirtschaftlich wird. In dieser Lage bietet die Mineralölindustrie steigende Mengen Heizöl an, das in Bequemlichkeit und Sauberkeit dem Gas nahekommt, im Preis aber dem Gas überlegen ist und mit dem Koks in Wettbewerb treten kann.

Diese Entwicklung vermag die Gaswirtschaft zum augenblicklichen Zeitpunkt nicht aufzuhalten, so daß ihr der Raumheizungsmarkt zunächst verloren geht. Aus diesem Grund erscheint es berechtigt, für den Haushaltssektor mit einem Gasbedarf von 2,4 Mia Nm^3 zu rechnen, statt wie der Generalplan mit einem solchen von 3,2 Mia Nm^3.

Sonstige

Auch im Bereich "Sonstige" muß mit einem geringeren Anwachsen des Gasbedarfes als im Generalplan gerechnet werden. Der Gasbedarf der Hotels beispielsweise wird nur geringfügig zunehmen, da auch hier das Heizöl wettbewerbsfähig ist. Ebenso ist für die Straßenbeleuchtung, den Bedarf der Besatzung und die Ausfuhr von Stadtgas keine starke Steigerung zu erwarten. Die Bedeutung des Tankgases dagegen wird unter dem Druck flüssiger Treibstoffe ganz gering werden.

Diese Gründe lassen es wahrscheinlich werden, daß in diesem Bereich der Gasbedarf im Jahr 1960 nicht höher als 0,58 Mia Nm^3 sein wird.

Industrie und Gewerbe

In diesem Bereich scheint die Entwicklung des Gasverbrauches dem Generalplan recht zu geben (Abb. 2), so daß für 1960 mit einem Gasbedarf von 2,2 Mia Nm^3 gerechnet werden soll.

Gesamter Stadtgasbedarf

Der gesamte Stadtgasbedarf wird sich auf Grund der neuen Schätzungen auf 5,6 Mia Nm^3 im Jahr 1960 einstellen. Dies entspricht einer Steigerung des Bedarfes gegenüber 1950 um 84 %. Berücksichtigt man, daß durch Gaserzeugung in Kokereien 2,75 Mia Nm^3 für Städte und Gemeinden zur Verfügung stehen werden, so bleiben durch Eigenerzeugung im Jahr 1960 2,83 Mia Nm^3 aufzubringen, gegenüber 1,81 Mia Nm^3 im Jahr 1950. Dies entspricht einer Steigerung der notwendigen Stadtgaserzeugung um 56 %, gegenüber einer solchen der Kokereigaserzeugung um 84 %. Die Bedeutung der Stadtgaserzeugung wird demzufolge geringer werden.

Folgerung

Die neue Schätzung des Kokereigas- und des Stadtgasbedarfes für das Jahr 1960 berechtigt zu der Annahme, daß ohne Berücksichtigung der Unterfeuerung in diesem Jahr folgender Gasbedarf zu erwarten ist:

Kokereigas	14,2	Mia Nm^3
Stadtgas	2,83	Mia Nm^3
	17,03	Mia Nm^3

Diese Zahl liegt um etwa 1,5 Mia Nm^3 unter dem im Generalplan geschätzten Bedarf von 18,5 Mia Nm^3, obwohl dort die Gruppen "Selbstverbrauch" und "Verluste" unberücksichtigt gelassen wurden.

Die Zahl liegt um etwa 2,2 Mia Nm^3 unter dem im Investitionsplan der Gaswirtschaft [9] angegebenen Gasbedarf von 19,2 Mia Nm^3, wobei allerdings dort nicht angegeben wurde, ob der Unterfeuerungsbedarf zum Gasbedarf gezählt worden ist.

c) Koksbedarf

Um einen Überblick zu bekommen, ob der Kokereigasbedarf durch die Kokereien gedeckt werden kann, ist es notwendig, den Koksbedarf der Bundesrepublik im Jahr 1960 abzuschätzen. Die Schätzung ist in Abbildung 3 graphisch aufgetragen und beruht wiederum auf einer vorsichtigen Extrapolation der bisherigen Entwicklung unter Zugrundelegung der zu erwartenden Wirtschaftslage. Der Bedarf wurde dabei für die einzelnen Gruppen gesondert abgeschätzt; er wird im überwiegenden Maß bestimmt von den Gruppen "Hausbrand und Kleinverbrauch","Eisenschaffende Industrie" und "Ausfuhr". Die Vorausschau wurde auf das Jahr 1961 erweitert, da verschiedene Industriezweige ihren Energiebedarf für dieses Jahr abgeschätzt haben und in einem späteren Abschnitt ein Energiebedarfsspiegel bis zum Jahr 1961 aufgestellt werden soll.

Hausbrand und Kleinverbrauch

Im Bereich dieser Gruppe kann für das Jahr 1960 mit einem Koksbedarf von etwa 5,4 Mio t gerechnet werden. Diese Bedarfssteigerung entspricht einer Zunahme des Kopfverbrauches um 16 %, nämlich von 91,3 kg im Jahr 1953 auf 107 kg im Jahr 1960. Mit dieser Zuwachsrate darf wahrscheinlich - trotz erwartetem Ansteigen des Ölverbrauches auch in diesem Bereich - gerechnet werden, besonders wenn man sich vergegenwärtigt, daß der Koksverbrauch im Jahr 1953 gegenüber 1952 ebenfalls um 16 % gestiegen ist. Der angegebene auf den Kopf bezogene Verbrauch im Jahr 1960 ergibt sich aus der in Abbildung 4 geschätzten Zunahme der Bevölkerung der Bundesrepublik, die 1960 insgesamt etwa 50,5 Mio t erreichen dürfte.

Eisenschaffende Industrie

Die eisenschaffende Industrie rechnet für 1961 mit einem Koksbedarf zwischen 15,7 und 18,1 Mio t.

Im folgenden soll für 1961 mit 17 Mio t, für 1960 mit 16,4 Mio t gerechnet werden, entsprechend einer Steigerung von 1951 bis 1961 um 49 %, d.h. also um jährlich 4,9 % des Verbrauches von 1951.

Die Hohe Behörde rechnet für die Länder der Montanunion allerdings mit einem geringeren Anstieg des Koksbedarfes, nämlich von 62 Mio t im Jahr 1952 auf 72 Mio t im Jahr 1958. Dies entspricht einer jährlichen Zunahme um 2,7 % des Verbrauches von 1952. Auf die Bundesrepublik angewendet, hieße das, daß im Jahr 1961 mit einem Koksbedarf der eisenschaffenden Industrie von 14,5 Mio t gerechnet werden muß, daß der Koksbedarf zu diesem Zeitpunkt also nicht höher ist als im Jahr 1952. Eine solche Entwicklung kann mit Recht für unwahrscheinlich gehalten werden, so daß mit dem oben angegebenen Bedarf von 17 Mio t gerechnet werden soll.

Ausfuhr

Im Bereich der Ausfuhr wird ein geringer Rückgang des Bedarfes erwartet, nämlich von 10,4 Mio t im Jahr 1951 auf 9,9 Mio t im Jahr 1960. Diese Vermutung gründet sich einmal auf die Annahme, daß der Koks als Brennstoff in anderen Ländern stärker vom Heizöl zurückgedrängt wird, da vielfache beide Energieträger eingeführt werden müssen, die Handhabung des Öls aber bequemer ist; zum anderen wird Koks als Reduktionsmittel mit fortschreitender Kokereitechnik in zunehmendem Maß auch von solchen Ländern erzeugt werden können, deren Kohle bislang für nicht verkokbar gehalten wurde.

Sonstige

Die Gruppe "Sonstige" ist in Abbildung 3 weiter aufgeteilt. Bei Bahn, Verkehr und Elektrizitätswerken wird infolge des Vordringens anderer Energieträger mit einer Abnahme des Koksbedarfes gerechnet. Auch im Bereich der chemischen Industrie kann man vermuten, daß der Koksbedarf rückläufig sein wird, da Koks zur Wassergaserzeugung auf Grund neuer, später zu besprechender Verfahren wahrscheinlich zunehmend durch Kohle verdrängt werden wird. Dagegen wird bei den anderen Industriezweigen mit einer leichten Zunahme des Koksbedarfes gerechnet. Auch im Bereich "Truppen" ist infolge der Remilitarisierung ein Anstieg des Koksbedarfes wahrscheinlich.

Insgesamt soll in der Gruppe "Sonstige" ein Anwachsen des Koksbedarfes von 6,8 Mio t im Jahr 1951 auf 7,89 Mio t im Jahr 1960 angenommen werden.

Gesamter Koksbedarf

Ohne Berücksichtigung des Zechenselbstbedarfes ergibt sich aus den Einzelschätzungen für das Jahr 1960 ein Koksbedarf von 39,6 Mio t, für das

Jahr 1961 von 40,57 Mio t. Demzufolge wächst der Koksbedarf von 1951 bis 1961 um etwa 26 %. Bei Berücksichtigung eines geschätzten Zechenselbstverbrauches von 1,9 Mio t im Jahr 1960 und 2 Mio t im Jahr 1961 ergibt sich eine notwendige Kokserzeugung von 41,5 Mio t für das Jahr 1960 und 42,57 Mio t für das Jahr 1961.

d) Kokereigasbedarf und Kokserzeugung

Die Schätzung des Koksbedarfes war notwendig, um aussagen zu können, in welchem Umfang die Kokereiindustrie den Gasbedarf im Jahr 1960 bzw. 1961 wird decken können.

Es soll vorausgesetzt werden, daß bei der Verkokung von 1 t Kohle 330 m^3 Gas und 770 kg Koks entstehen. Dies Verhältnis wird größenordnungsmäßig für das Jahr 1953 von der Statistik ausgewiesen. Mit dieser Ausbeute ergibt sich für das Jahr 1960 ein notwendiger Kohleeinsatz von 54 Mio t, der sich im Jahr 1961 auf 55,5 Mio t erhöhen dürfte. Damit werden im Jahr 1960 etwa 17,9 Mia m^3, im Jahr 1961 18,3 Mia m^3 Kokereigas erzeugt. Zieht man von diesen Mengen den voraussichtlichen Gasbedarf von 14,2 und 14,66 Mia m^3 ab, so bleiben für die Unterfeuerung im Jahr 1960 3,7 Mia m^3 und im Jahr 1961 3,64 Mia m^3 übrig.

Der tatsächliche Wärmebedarf für die Unterfeuerung betrug nach statistischen Angaben [7] im Jahre 1953 rund 650 kcal/kg Kohle. Für den Planungszeitraum 1960/61 soll angenommen werden, daß dieser Bedarf auf den als Norm angesehenen Wert von 540 kcal/kg absinken wird, so daß im Jahr 1960 ein gesamter Unterfeuerungsbedarf von $29{,}2 \cdot 10^{12}$ kcal $(29{,}9 \cdot 7)$ - Klammerwerte gelten für 1961 - gedeckt werden muß, von dem etwa 55 % (52 %) durch Kokereigas aufgebracht werden kann. Der restliche Unterfeuerungsbedarf muß durch Koks über die Schwachgaserzeugung und durch andere Gase gedeckt werden. Bei den "anderen Gasen" handelt es sich um Schwachgas aus der Kohlevergasung, Gichtgas und Restgas der Hydrierwerke.

Während im Jahr 1953 das Kokereigas etwa 72 % des Wärmebedarfes für die Unterfeuerung deckte, waren die Koksvergasung zu ungefähr 9 % und die anderen Gase zu 19 % an der Versorgung beteiligt. Der Anteil der Schwachgase an der Unterfeuerung muß demnach bis zum Jahr 1960 beträchtlich gesteigert werden, wenn es gelingen soll, den Gasbedarf zu befriedigen.

Gaskoks

Der Koks, der bei der Stadtgaserzeugung anfällt, wird allgemein als Gaskoks bezeichnet. Der Bedarf an Gaskoks soll nicht gesondert abgeschätzt werden, da mit großer Wahrscheinlichkeit erwartet werden kann, daß bei der vermuteten Zunahme der notwendigen Stadtgaserzeugung von 1,811 Mia Nm^3 im Jahr 1950 auf 2,83 Mia Nm^3 im Jahr 1960 der Absatzmarkt für Gaskoks in gleichem Umfang mitwächst. Die Berechtigung zu dieser Annahme ist umso größer, als man im Gaswerk durch Einsatz gasreicher Kohle, durch Ölzusatz zur Einsatzkohle, durch Mischung des Gases mit Kokswassergas usw. die Gasausbeute je t Kohle bis über 600 Nm^3 steigern kann. Im Jahr 1950 betrug die mittlere Gasausbeute je t Kohle 434 Nm^3, die mittlere Koksausbeute 726 kg/t Kohle. Für das Jahr 1960 soll mit einer Gasausbeute von 430 Nm^3 und einer Koksausbeute von 720 kg/t Kohle gerechnet werden. Mit dieser Annahme ergibt sich bei dem geschätzten Gasbedarf für das Jahr 1960 eine insgesamt erzeugte Gaskoksmenge von 5,0 Mio t, von der etwa 60 %, entsprechend 3,0 Mio t, für den Absatz zur Verfügung stehen werden.

Zusammenfassung

Trägt man die Ergebnisse vorstehender Untersuchungen zusammen, so ergibt sich im Bereich von Kokerei und Gaswerk für die Jahre 1950 und 1960 folgende Gegenüberstellung.

Da verschiedenen Statistiken unterschiedliche Angaben zu entnehmen sind, wird im Anschluß an die Tabelle 6 für jede Zahl die statistische Quelle angegeben bzw. ihr Zustandekommen erklärt.

Erläuterungen zu Tabelle 6

1) Zahlen zur Kohlenwirtschaft, H.26 - Gasabsatz einschl. Verluste und Selbstverbrauch

2) Zahlen zur Kohlenwirtschaft, H.26
- Unterfeuerung - (Schwachgas + Bezüge). Es liegt die vereinfachende Annahme zugrunde, daß Schwachgas und Bezüge lediglich zur Unterfeuerung verwandt worden sind.

3) wie 1) und 2)

4) wie 1)
Diese Zahl mußte auf Grund der Kokserzeugung geschätzt werden (Koks-

T a b e l l e 6

Bedarfszuwachs im Bereich von Kokerei und Gaswerk

		Kokerei			Gaswerk			Summe		
		1950	1960	Änderung	1950	1960	Änderung	1950	1960	Änderung
Gasabsatz bzw.-bedarf	Mia Nm^3	7,73 (1	14,2 (7	+ 84	(1,811) (13	2,83 (19	(+ 56)	9,54	17,03	+ 78,7
Gas für Unterfeuerung	"	3,709 (2	3,95 (8	+ 6,5	(14	0,17 (20	+ 66	3,709	4,12	+ 11
Gesamte Gaserzeugung	"	11,445 (3	18,15 (9	+ 58	1,811 (15	3,0 (21	+ 65	13,256	21,15	+ 59
Koksabsatz bzw.-bedarf	Mio t	24,2 (4	39,6 (10	+ 64	1,98 (16	3,0 (22	+ 52	26,18	42,6	+ 63
Kokserzeugung	"	25,18 (5	41,5 (11	+ 64	3,033 (17	5,0 (23	+ 63	28,213	46,5	+ 63
Einsatzkohle	"	33,14 (6	54,0 (12	+ 63	4,24 (18	6,9 (24	+ 63	37,38	60,9	+ 63

Fortsetzung der Erläuterungen zu Tabelle 6

erzeugung/1,04), da eine vollständige Statistik des Koksabsatzes für das Jahr 1950 fehlt. Der Schätzung liegt das Verhältnis des Jahres 1951 zugrunde, das in Glückauf 1954, H.23/24 S. 619 angegeben wurde.

5) Zahlen zur Kohlenwirtschaft, H.15, S. 15

6) Zahlen zur Kohlenwirtschaft, H.15, S. 15

7) Abbildung 1, Erläuterungen zu Abbildung 1 auf Seite 11, 12, 13

8) Es liegt die Annahme zugrunde, daß der Unterfeuerungsbedarf von 540 kcal/kg Kohle bei einem Einsatz von 54 Mio t Kohle zu 57 % durch Kokereigas gedeckt wird.

9) wie 7) und 8)

10) Abbildung 3, Erläuterungen zu Abbildung 3 auf Seite 14

11) Abbildung 3
Der Zechenselbstverbrauch wird auf 1,9 Mio t geschätzt. Davon werden 0,66 Mio t für die Schwachgaserzeugung benötigt, bei Annahme eines Koksverbrauches von 12 kg Koks je t Kohle, entsprechend 15 % des Unterfeuerungsbedarfes.

12) Bei einer Kokserzeugung von 41,5 Mio t und einer Koksausbeute von 770 kg/t Kohle ergibt sich die notwendige Menge Einsatzkohle zu 54 Mio t.

13) Läßt sich der Statistik nicht entnehmen, da sie Eigenerzeugung und
14) Kokereigasbezug zusammenfaßt. Der Klammerwert ist die gesamte Mischgaserzeugung.

15) H. LAURIEN, GWF 1951, S. 147

16) H. LAURIEN, GWF 1951, S. 148

17) H. LAURIEN, GWF 1951, S. 148

18) H. LAURIEN, GWF 1951, S. 146

19) Abbildung 2 - Stadtgasbedarf - Kokereigasbezug (aus Abb. 1 zu entnehmen)

Fortsetzung der Erläuterungen zu Tabelle 6

20) geschätzt

21) wie 19) und 20)

22) geschätzt auf 60 % der Erzeugung

23) geschätzte Gasausbeute 430 Nm^3, geschätzte Koksausbeute 720 kg/t Kohle. Daraus ergibt sich bei einer Gaserzeugung von 3,0 Mia Nm^3 eine erzeugte Koksmenge von 5,0 Mio t.

24) Aus der angenommenen Koksausbeute von 720 kg/t Kohle ergibt sich die Menge der Einsatzkohle zu 6,9 Mio t.

2. Der gesamte Energiebedarf

Nachdem die Zunahme des Energiebedarfes abgeschätzt worden ist, die im Bereich der Gas- und Kokswirtschaft erwartet werden kann, soll nun weiterhin untersucht werden, in welchem Umfang der Bedarf an den Energieträgern Steinkohle, Braunkohle, Öl und Strom wachsen wird. Als Endjahr der Vorausschau sei 1961 gewählt, weil für dies Jahr, wie erwähnt, bereits einige amtliche Schätzungen vorliegen. Die Bedarfsschätzung für Gas und Koks soll, sofern dies nicht bereits geschehen ist, gleichfalls auf das Jahr 1961 abgestimmt werden. Die Untersuchung wird ergeben, ob mit einer stärkeren Verschiebung des Verhältnisses der Energieträger zueinander gerechnet werden muß.

a) Der Steinkohlebedarf

In Abbildung 5 ist das voraussichtliche Wachstum des Steinkohlebedarfes für die verschiedenen Verbrauchergruppen dargestellt. Der Vorausschau liegt wiederum die Entwicklung der letzten Jahre zugrunde, die an Hand wirtschaftlicher Überlegungen vorsichtig extrapoliert wurde. Der gesamte Steinkohlebedarf wird zu etwa 80 % von den Gruppen "Kokerei", "Zechenselbstverbrauch", "Ausfuhr", "Hausbrand und Kleinverbrauch", "Elektrizitätswerke" und "Gas- und Wasserwerke" bestimmt.

Kokerei, Gas- und Wasserwerk

Für die Gruppe "Kokerei" wurde im vorhergehenden Abschnitt für 1961 ein Kohlebedarf von 55,5 Mio t ermittelt. Bei den Gas- und Wasserwerken ist ein Steinkohlebedarf von 7,2 Mio t im Jahr 1961 wahrscheinlich.

Zechenselbstverbrauch

Für den Zechenselbstverbrauch einschließlich Deputaten und sonstigen Verpflichtungen soll mit einer Steigerung von 15,07 Mio t im Jahr 1951 auf 16,0 Mio t im Jahr 1961 gerechnet werden. Dies entspricht einer Steigerung des Bedarfes um 6 %. Diese Zunahme ist in erster Linie aus einer Erweiterung der Zechenkraftwirtschaft bei gleichzeitiger Verbesserung des Stromerzeugungswirkungsgrades zu erklären.

Ausfuhr

Die Kohlenausfuhr der Bundesrepublik ist seit Kriegsende ständig gestiegen und liegt im Durchschnitt der Monate Juli, August, September des Jahres 1954 wiederum um 23 % höher als in den gleichen Monaten des Jahres 1953. Es liegt also durchaus im Bereich der Wahrscheinlichkeit, mit einer Steigerung der Ausfuhr von 1951 nach 1961 um 17 %, nämlich von etwa 15,4 auf 18,0 Mio t zu rechnen, zumal bekannt ist, daß Länder, wie beispielsweise England, die Kohleeinfuhr infolge Kohleknappheit steigern müssen.

Hausbrand und Kleinverbrauch

Für diesen Bereich wird mit einer Zunahme des Kohlebedarfes von 1951 bis 1961 um 37 % gerechnet, entsprechend einer Zunahme von 8,4 Mio t auf 11,5 Mio t Steinkohle. Diese Zuwachsrate scheint nicht zu hoch angenommen worden zu sein, wenn man bedenkt, daß sie von 1952 bis 1961 nur 4 % beträgt. Man erkennt daraus, daß der Bedarf in diesem Sektor starken Schwankungen unterworfen ist, die in überwiegendem Maß durch unterschiedliche Jahrestemperaturen bedingt sind. So hat der hohe Kohlebedarf des Jahres 1952 (Abb. 4) zum großen Teil seine Ursache darin, daß die Zahl der Frosttage des Jahres 1952 im Durchschnitt von 12 Städten der Bundesrepublik 82,4 betrug, während im Jahr 1951 nur 49,4 Frosttage gezählt wurden [10]. Bei dem angenommenen Steinkohlebedarf im Jahr 1961 und einer geschätzten Bevölkerungszahl von 50,6 Mio t, liegt der Verbrauch je Kopf der Bevölkerung im Bereich Hausbrand und Kleinverbrauch bei 0,227, wohingegen er im Jahr 1952 0,23 Mio t betrug.

Elektrizitätswerke

Die Elektrizitätswirtschaft rechnet auch in jüngster Zeit mit einer Verdopplung des Strombedarfes innerhalb von 10 Jahren und gibt für das Jahr 1961 einen Steinkohlebedarf von 14 Mio t für die öffentliche Stromversorgung [11] an. Die Aussage über das Wachstum des Stromverbrauches stützt sich auf mehrere Untersuchungen, die auch für heute bereits hochelektrifizierte Länder eine Verdopplung des Stromverbrauches alle 10 Jahre voraussagen und erst gegen Ende dieses Jahrhunderts mit einer Abflachung der Wachstumskurve rechnen. Setzt man voraus, daß die Annahme richtig ist, so bleibt allerding die Frage offen, ob sich die Steinkohle in dem oben angegebenen Umfang an der Elektrizitätserzeugung beteiligen kann, oder ob sie durch andere Energieträger zurückgedrängt wird.

Die Stromversorgung aus Wasserkraft soll in einem späteren Abschnitt berücksichtigt werden. An dieser Stelle seien der Vollständigkeit halber die anderen natürlichen Energiequellen erwähnt, wie künstliche Wasserkräfte [12], Wind und Sonne [13], doch haben diese Wege, von Ausnahmen abgesehen, vorläufig nur technisches Interesse. Im Gegensatz dazu verdient das Brennstoffelement größere Beachtung, auf das in letzter Zeit A. GÖTTE erneut hingewiesen hat [14]. Man erwartet, daß mit Hilfe dieses Elementes eine Stromerzeugung mit einem Gesamtwirkungsgrad von 50 % möglich sein wird.

Besondere Bedeutung hat die Entwicklung der Atomenergie für die Stromerzeugung [15 - 17], wenn auch die Frage nach ihrer Wirtschaftlichkeit innerhalb der Bundesrepublik für die nähere Zukunft noch umstritten sein mag. Von der Auffassung, daß ein Atomkraftwerk ein Energieverbraucher sei, bis zu der Auffasung, daß der Preis die KWh aus Atomenergie niedriger liege als der Preis für die KWh aus Kohleenergie, sind im Laufe der letzten Jahre alle Meinungen vertreten gewesen. Sicher ist aber heute, daß die Atomenergie grundsätzlich für die Energieerzeugung ausgenutzt werden wird. Nach neueren Berechnungen darf ein Atomkraftwerk für 200 MW etwa 2,8 mal teurer sein als ein herkömmliches Wärmekraftwerk, wenn der Preis für die KWh gleich sein soll. Diese Berechnung ist unter der Annahme aufgestellt worden, daß die Wärme für das Atomkraftwerk kostenlos zur Verfügung steht, da der Reaktor zur Plutoniumherstellung vorhanden ist. Diese Berechnungen sind auf deutsche Verhältnisse nicht übertragbar, da das Koppelprodukt Plutonium hier nicht für die Rüstungsindustrie benötigt wird. Aus diesem Grund scheint es richtig zu sein, sich der Meinung von E. SCHMIDT [18] anzuschließen, nach der eine Urananlage zunächst nicht allein für die Energieerzeugung gebaut werden wird. Es wird daher für sehr unwahrscheinlich gehalten, daß die Atomenergie bis zum Jahr 1961 eine Rolle in der Elektrizitätswirtschaft spielen kann, so daß der oben erwähnte Kohlebedarf von 14 Mio t bei dem geschätzten Strombedarf für begründet gehalten werden darf.

Übrige Verbraucher

Im Bereich der übrigen Verbraucher wird für die Gruppen Bahn, sonstiger Verkehr und eisenschaffende Industrie mit einem Rückgang des Verbrauches von Steinkohle und einer Zunahme des Verbrauches an anderen Energieträgern gerechnet. Bei der Bahn ist ohne Zweifel mit einer steigenden Elektrifizierung zu rechnen, die den Energiewandlungswirkungsgrad von heute etwa 6 % auf nahezu 20 % steigern wird. Die Gruppen "Sonstiger Verkehr" und "Eisenschaffende Industrie" werden sich wahrscheinlich in steigendem Maß den flüssigen und gasförmigen Energieträgern zuwenden. Dagegen soll bei den anderen Verbrauchern mit einem Ansteigen des Kohlebedarfes gerechnet werden, da beispielsweise für Industrien mit großem Dampfverbrauch, wie Zucker-, Textil- und Papierindustrie die Verwendung von Kohle wahrscheinlich billiger bleiben wird als die Verwendung eines anderen Energieträgers. In der chemischen Industrie wird wahrscheinlich der Verbrauch an Kohle auf Kosten der geringer werdenden Koksverwendung zunehmen, da, wie später gezeigt werden soll, vielversprechende Verfahren zur Synthesgaserzeugung aus Kohle in Entwicklung sind.

Zusammenfassung

Bei Zugrundelegung vorstehender Schätzungen ergibt sich für das Jahr 1961 ein Steinkohlebedarf von 151,4 Mio t gegenüber einem solchen von 129,4 Mio t im Jahre 1951. Dies entspricht einer Steigerung von etwa 17 %.

b) Der Braunkohlebedarf

Der Bedarf an Braunkohle wird in überwiegendem Maß von den Gruppen "Einsatzkohle für Briketts und Schwelkoks", "Elektrizitätswerke" und "Selbstverbrauch" bestimmt. Die Steigerung des Bedarfes ist für die verschiedenen Gruppen in Abbildung 6 abgeschätzt worden, wobei dem Bereich der "Einsatzkohle" die Gruppenbedarfsschätzung in Abbildung 7 zugrunde liegt. Vergleicht man die Verbrauchsentwicklung von Braunkohle und Steinkohle der einzelnen Gruppen in den Jahren 1951 bis 1953 (Abb. 6 und Abb. 5), so fällt auf, daß die Änderungen im Braunkohleverbrauch sehr viel stetiger verlaufen als im Steinkohleverbrauch. Infolgedessen kann der spätere Bedarf an Braunkohle mit größerer Sicherheit aus dem bisherigen Verbrauch entnommen werden, als es bei der Steinkohle der Fall ist.

Einsatzkohle

In Abbildung 7 sind Verbrauch und Bedarfszunahme von Briketts, Schwelkoks und Pechkohle zusammen erfaßt. Die Pechkohle hat allerdings dabei mengenmäßig nur einen Anteil von etwa 8 %. Es wird angenommen, daß auch im Jahr 1961 dieser Anteil etwa 8 % beträgt, so daß sich die folgenden Überlegungen lediglich auf die Veränderungen des Bedarfes an Braunkohle und Schwelkoks beziehen.

Für die Bedarfsentwicklung wird vermutet, daß im Bereich "Verkehr", "Elektrizitätswerke", "Gas- und Wasserwerke" und "Truppen" der Brikett- und Schwelkoksbedarf abnehmen wird, da in großen Feuerungen die Vorteile dieser Brennstoffarten nicht ausgenützt werden können, so daß sie vielfach zu teuer sind; dagegen kann im Bereich Hausbrand, Kleinverbrauch mit einer weiteren Zunahme gerechnet werden. Die Vermutung, daß der Brikettbedarf für den Hausbrand steigen wird, stützt sich auf die Annahme, daß auch in Zukunft viele Wohnungen mit Kleinfeuerungen ausgerüstet werden, für die das Brikett ein sauberer und geeigneter Brennstoff ist. Auch im Bereich "Chemie" wird der Bedarf an Briketts und Schwelkoks voraussichtlich zunehmen, da sich beide Brennstoffe infolge ihrer guten Reaktionsfähigkeit für die Synthesegaserzeugung außerordentlich gut eignen.

Insgesamt wird für alle Gruppen eine Zunahme des Bedarfes an Briketts, Schwelkoks und Pechkohle von 16,5 im Jahr 1951 auf 21,6 Mio t im Jahr 1961 erwartet. Bei der Annahme, daß 8 % dieser Menge durch Pechkohle gedeckt werden und sich Einsatzkohle zu Schwelkoks + Briketts wie 2 : 1 verhält, ergibt sich für das Jahr 1961 ein Rohbraunkohlebedarf für diese Gruppe von 40,3 Mio t gegenüber einem Bedarf von 36,2 Mio t im Jahr 1951. Dies entspricht einer Steigerung um 11 %.

Elektrizitätswerke

Die öffentliche Elektrizitätswirtschaft rechnet für das Jahr 1961 mit einem Braunkohlebedarf von 33 Mio t [11]. Dies entspricht einer Zunahme um 100 % des Bedarfes im Jahr 1951. Die Schätzung deckt sich, wie aus Abbildung 6 ersichtlich, mit einer linearen Extrapolation der Verbrauchswerte der Jahre 1951 bis 1953.

Selbstverbrauch

Die angenommene Abnahme des Braunkohlebedarfes in der Gruppe "Selbstverbrauch" mag dadurch erklärt werden, daß der Dampfbedarf der Braunkohlegruben in steigendem Maß von Gegendruckdampf-Kraftwerken gedeckt werden wird. Es wird eine Abnahme des Bedarfes von 17 Mio t auf 12,5 Mio t für wahrscheinlich gehalten.

Übrige

Im Bereich der übrigen Verbraucher wird mit einer Abnahme des Rohbraunkohleverbrauches in den Gruppen "Haushalt", "Sonstige", "Steine und Erden" und Verkehr gerechnet. Diese Entwicklung liegt begründet in der Abwendung von geringwertigen Brennstoffen für die Wärmeerzeugung in kleineren Anlagen. Dagegen kann man eine Zunahme des Bedarfes erwarten, wenn die Kohle wie in der Gruppe "Chemische Industrie" vergast werden soll.

Zusammenfassung

Faßt man die Gruppen zusammen, so ergibt sich aus den Einzelschätzungen eine Zunahme des Rohbraunkohlebedarfes von 83,1 Mio t im Jahr 1951 auf 98,1 Mio t im Jahr 1961, entsprechend einer Steigerung von 18,0 %.

c) Mineralölbedarf

Die stärkste Zunahme des Bedarfes ist, der bisherigen Entwicklung [19] nach zu urteilen, zweifellos im Bereich des Mineralöls zu erwarten, das bei der Raffination in weiße und schwarze Produkte zerfällt. Die Hauptvertreter der weißen Produkte sind Benzin, Dieselöl und Gasöl. Sie haben durchschnittlich einen Anteil von rd. 60 %, bezogen auf den Öleinsatz bei der Raffination [14]. Der Hauptvertreter der schwarzen Produkte ist das Heizöl, das etwa 25 % des Rohöleinsatzes ausmacht. Der verbleibende Rest wird von der Raffinierie selbst verbraucht. Bei vorstehenden Angaben handelt es sich allerdings lediglich um Durchschnittswerte, die sich in einem größeren Bereich verändern lassen. Beispielsweise betrug in den Raffinerien der USA der Anteil der schwarzen Produkte im Jahr 1952 etwa 18,6 %, wohingegen ihr Anteil in Westeuropa bei rd. 45 % lag [20]. In Abbildung 8 ist die Zunahme des Bedarfes an den verschiedenen Erdölerzeugnissen abgeschätzt. Für Benzin wird mit einer Steigerung des Bedarfes von 1951 bis 1961 um 103 %, nämlich von etwa 1,6 Mio t auf 3,25 Mio t gerechnet. Die stürmische Verbrauchszunahme von 1949 bis 1953 um 194 % wird zweifellos von einem langsameren Wachstum abgelöst werden, wobei ein nicht unbeträchtlicher Anteil des Bedarfes von einem künftigen deutschen Flugverkehr in Anspruch genommen werden wird.

Der Bedarf an Gas- und an Dieselöl wird vermutlich etwa stärker ansteigen, da der Dieselmotor sich auch im Personenwagenbau steigender Beliebtheit erfreut und infolge Remilitarisierung eine Zunahme im Bau schwerer Lastwagen wahrscheinlich ist. Gegenüber einem Verbrauch an Gas und Dieselöl von 1,5 Mio t im Jahr 1951 soll mit einem Bedarf von 4 Mio t im Jahr 1961 gerechnet werden, entsprechend einer Zunahme um 166 %.

Der Heizölbedarf läßt sich für die einzelnen Wirtschaftsgruppen nicht genau abschätzen, da statistische Angaben fehlen. Aus der bisherigen Entwicklung des gesamten Verbrauches läßt sich jedoch vermuten, daß im Jahr 1961 ein Bedarf in Höhe von etwa 2,1 Mio t bestehen wird. Dies entspricht einer Zunahme 1951 bis 1961 um 347 %. Eine zuverlässige Schätzung läßt sich allerdings für diesen Sektor nur sehr schwer durchführen, da sich der Bedarf an Heizöl bekanntlich erst entwickelt und diese Entwicklung von den verschiedensten Faktoren gehemmt oder gefördert werden kann. Solche Faktoren sind beispielsweise das Preisverhältnis zwischen Heizöl und den anderen Energieträgern zur Wärmeerzeugung und die Verfügbarkeit an anderen Energieträgern, insbesondere an Gas.

Zusammenfassung

Legt man die vorstehenden Schätzungen zugrunde und zählt den vermutlichen Eigenbedarf der Raffinerien hinzu, so ergibt sich für das Jahr 1961 ein Mineralölbedarf von 12 Mio t, entsprechend einer Steigerung um 156 % des Bedarfes im Jahre 1951. Dieser Bedarf entspricht gerade der augenblicklichen Durchsatzfähigkeit der Raffinerien in der Bundesrepublik.

d) Wasserkraft

Bei einer durch öffentliche Kraftwerke zu deckenden Zunahme des Strombedarfes von 36,4 Mio KWh im Jahr 1953 auf 62,7 Mio KWh im Jahre 1961 sollen 10,07 Mio KWh von Wasserkraftwerken erzeugt werden [11]. Dies entspricht einer Steigerung der Stromerzeugung in Wasserkraftwerken um 28,5 % der Erzeugung des Jahres 1953 und einem Anteil des Wasserkraftstroms an der gesamten Stromerzeugung der öffentlichen Kraftwerke von etwa 16 %.

e) Der Energiebedarfsspiegel bis zum Jahre 1961

Nach vorstehenden Schätzungen ist im Bereich des Mineralöls mit 156 % die größte Zunahme gegenüber dem Verbrauch von 1951 zu erwarten. Hingegen wird der Steinkohlebedarf voraussichtlich nur um 17 % ansteigen, der Braunkohlebedarf um etwa 18 %. Insgesamt darf mit einer Zunahme des Energiebedarfes um 23 % gerechnet werden.

Vergleicht man vorstehende Bedarfsschätzungen mit den Verbrauchsschätzungen im Bereich der Steinkohle, wie sie vom Unternehmensverband Ruhrbergbau durchgeführt worden sind [8], so ergibt sich bei den Schätzungen des Unternehmensverbandes die gleiche Zuwachsrate. In der eigenen Vorausschau wurde jedoch mit dem Gesamtaufkommen gerechnet, während der Unternehmensverband nur den aus dem eigenen Aufkommen zu deckenden Bedarf zugrunde gelegt hat. Wenngleich die Einzelschätzungen für die verschiedenen Gruppen teilweise voneinander abweichen, ist es doch bemerkenswert, daß die insgesamt ermittelten Zuwachsraten des Steinkohlebedarfes übereinstimmen.

Im Bereich der Braunkohle rechnete man bisher mit einem Bedarfszuwachs von 1951 (83,12 Mio t) bis 1960 (1o7,3 Mio t) um 29 % [21]. Diese Zuwachsrate weicht von den eigenen Schätzungen ab, die eine Steigerung von 1951 bis 1961 um 18 % annehmen. Da bei der früheren Schätzung die Verbrauchergruppen nicht so weitgehend unterteilt waren, läßt sich im einzelnen nicht feststellen, welche Ursache die Abweichungen haben. Während man jedoch früher eine Zunahme des Braunkohlebedarfes der öffentlichen Elektrizitätswerke um 100 % von 1951 bis 1960 für wahrscheinlich hielt, wird heute die gleiche Steigerung bis zum Jahr 1961 vorausgesagt. Daraus ist ersichtlich, daß die frühere Annahme zu hoch war, so daß es gerechtfertigt erscheint, mit der niedrigeren Steigerungsquote von 18 % zu rechnen.

In Abbildung 9 sind die Werte in kcal graphisch aufgetragen. Dabei wurde für Steinkohle und Koks mit einem Heizwert von 7000 kcal je kg gerechnet, für Braunkohle mit 2000 kcal/kg, für Mineralöl mit 10 000 kcal/kg und für Strom aus Wasserkraft mit 5000 kcal/KWh.

Wie man erkennt, werden bei dem angenommenen gesamten Energiezuwachs von 23 % des Verbrauches im Jahr 1951 Steinkohle und Braunkohle auch im Jahr 1961 den Hauptanteil des Bedarfes zu tragen haben. Die Bedeutung des Öls nimmt zwar sehr stark zu, spielt aber im gesamten Energiebedarf nach wie vor eine untergeordnete Rolle. Die beachtlichen Zunahmen von Gas- und Strombedarf verändern gleichfalls das Verhältnis der Energieträger zueinander nicht so stark, wie es zunächst den Anschein haben könnte.

In Abbildung 10 ist das Verhältnis der Energieträger in den Jahren 1951 und 1961 zueinander dargestellt. Es wird deutlich, daß die Bedeutung der Steinkohle auf Kosten des Mineralöls abnimmt, die Bedeutung von Braunkohle und Wasserkraft dagegen nahezu gleichbleibt.

Bei der Verwendung des Steinkohleaufkommens wächst der Anteil der Steinkohle, der der Veredelung zugeführt wird, und zwar bei den Elektrizitätswerken etwas mehr als bei den Kokereien. Insgesamt steigt der Anteil beider Gruppen am Brutto-Energiebedarf jedoch nur von 32,5 auf 34 %.

Aus Abbildung 10 erkennt man deutlich, daß das Mineralöl den Bedarf an unveredelter Steinkohle zurückdrängt. Die Abwehrmaßnahme des Bergbaus gegen das Öl muß demnach in erster Linie darin bestehen, den Anteil der zu veredelnden Kohle heraufzusetzen.

Setzt man den für 1961 vorausgeschätzten Energiebedarf zu der wahrscheinlichen Bevölkerungszahl dieses Jahres in Beziehung, so ergibt sich ein spez. Energiebedarf von etwa $28 \cdot 10^{12}$ kcal/Kopf und Jahr gegenüber einem solchen von rd. $24 \cdot 10^{12}$ kcal im Jahr 1951. Dies entspricht einer Steigerung von 17 % in 10 Jahren oder 1,7 %/Jahr. Vergleicht man diese Zahl mit der für die Welt geschätzten Zunahme des Energiebedarfes um jährlich 3 % [22], so erkennt man, daß der Energiebedarf der Bundesrepublik verhältnismäßig langsam zunimmt und daß die Schätzungen durchaus im Bereich des Wahrscheinlichen liegen.

T E I L II

Die Gaserzeugung durch Vergasung fester Brennstoffe zum Zweck einer Ergänzung des Angebotes an Kokerei- und Stadtgas

Eine Gegenüberstellung von Kokereigasbedarf und -erzeugung, wie sie Abbildung 11 aufgrund obiger Untersuchungen für die Jahre 1951 und 1961 zeigt, ergibt die Notwendigkeit, in stärkerem Maß als bisher andere Gaserzeugungsverfahren einzusetzen, um das unzureichende Gasangebot zu ergänzen. Die Möglichkeit hierzu ist insbesondere durch die Vergasung fester Brennstoffe gegeben. Die Vergasung erlaubt es, im wesentlichen drei verschiedene Gasarten herzustellen, nämlich Schwachgas, Wassergas und Starkgas. Die kennzeichnenden Eigenschaften dieser Gasarten seien im folgenden kurz erläutert.

1. Kennzeichnung von Schwachgas, Wassergas und Starkgas

Der Verwendungsbereich von Schwachgas, mit einer Verbrennungswärme von < 1650 kcal/Nm^3 und einer Wichte von $\gamma > 1,10$ kg/Nm^3, liegt für die öffentliche Gaswirtschaft vorzugsweise in der Beheizung der Koksöfen. Die Ansprüche, die man hierfür an die Gasbeschaffenheit stellen muß, beschränken sich neben der Forderung nach weitgehender Staubfreiheit im wesentlichen auf die Forderung nach einem Mindestheizwert, bei dessen Unterschreiten sich die für den Verkokungsvorgang notwendigen Verbrennungstemperaturen nicht mehr erreichen lassen. In Abbildung 12 ist die Verbrennungstemperatur, d.h. die Flammentemperatur im Falle adiabatischer Verbrennung, in Abhängigkeit vom Heizwert aufgetragen. Bei der Berechnung der Verbrennungstemperatur (s.Anh.S.96) wurden die mögliche Vorwärmung von Gas und Luft sowie die Dissoziation von CO_2 und H_2O berücksichtigt. Man erkennt, daß die Temperatur, die in diesem Falle den Wärmeübergang von Heizzug auf Kammer bestimmt, unterhalb eines Heizwertes von etwa 2200 kcal/Nm^3 mit geringer werdendem Heizwert sehr stark abnimmt, oberhalb dieses Heizwertes jedoch nahezu konstant bleibt. Daraus ergibt sich die Forderung, daß der Heizwert nicht unter 800 kcal/Nm^3 fallen darf, daß es jedoch zweckmäßig ist, wenn er über 900 kcal/Nm^3 liegt.

Die Verwendung von hauptsächlich CO- und H_2-haltigem Wassergas, dessen Verbrennungswärme etwa 2750 bis 3250 kcal/Nm^3 beträgt, durch Karburierung jedoch bis auf 4800 kcal/Nm^3 erhöht werden kann, beschränkt sich in der öffentlichen Gaswirtschaft im wesentlichen auf die Mischgaserzeugung, d.h. es wird hauptsächlich bei der Stadtgaserzeugung zur Streckung des Entgasungsgases verwandt. In welchem Umfang diese Maßnahme die Gasausbeute je t Kohle erhöhen kann, ohne die Verbrennungseigenschaften des Stadtgases grundsätzlich zu verändern, ist von SCHUSTER [23] ausführlich behandelt worden.

Neben einer rein physikalischen Mischung des Wassergases mit heizwertreicheren Gasen besteht weiterhin die Möglichkeit, das Wassergas mit Hilfe chemischer Verfahren derart zu verändern, daß Heizwert und Wichte den Kennwerten des Entgasungsgases entsprechen. Von den verschiedenen Verfahren sollen später die Methanisierung und die Hydrierung auf ihre wirtschaftlichen Aussichten hin untersucht werden.

Die Methanisierung verläuft dabei nach den Gleichungen:

$$CO + 3H_2 = CH_4 + H_2O + 50,4 \text{ kcal}$$

$$CO_2 + 4H_2 = CH_4 + 2H_2O + 39,3 \text{ kcal}$$

Der Hydrierung liegt die Gleichung zugrunde:

$$C + 2H_2 = CH_4$$

Starkgas, das im öffentlichen Netz verteilt werden soll, muß in seinen Eigenschaften dem Kokerei- und dem Stadtgas entsprechen. Es muß also eine Verbrennungswärme von 4300 bis 4600 kcal/Nm^3 besitzen; nur ein solches Gas mit hohem Heizwert läßt sich wirtschaftlich über größere Entfernungen fortleiten. Zudem sind alle Verbrauchsgeräte diesem Heizwert angepaßt, und ihre Umstellung würde größere und teure Veränderungen notwendig machen. Daß eine derartige Umstellung allerdings nicht unmöglich ist, zeigt der Übergang von Gleichstrom auf Wechselstrom, wie er vor Jahren in der Elektrizitätswirtschaft durchgeführt wurde.

Neben dem Heizwert bzw. der Verbrennungswärme ist die Wichte des Gases von erheblicher Bedeutung; sie liegt für Kokereigas bei 0,5 bis 0,6 kg/Nm^3. Auf diese Wichte sind ebenfalls die meisten Gasgeräte eingerichtet, und sie bedürfen durchgreifender Veränderungen, wenn sie stärker von der Norm abweicht, da die Wichte bekanntlich für die Ausströmgeschwindigkeit des Gases mitbestimmend ist.

Im Anschluß an die Kennzeichnung der Gasbeschaffenheit der verschiedenen Gasarten sollen zunächst die bekannten Vergasungsverfahren für feste Brennstoffe geschildert werden. Dieser Beschreibung wird eine Wirtschaftlichkeitsbetrachtung folgen, die die Eignung aller denkbaren Verfahren für ihren Einsatz in der öffentlichen Gaswirtschaft erwägen soll.

2. Die bekannten Verfahren zur Vergasung fester Brennstoffe

Jede Vergasung besteht darin, mit Hilfe eines sauerstoffhaltigen Vergasungsmittels einen geeigneten, in der Regel festen Brennstoff in ein brennbares Gas zu überführen. Dieses Ziel läßt sich auf den verschiedensten Wegen erreichen, da die Verfahrensweise von mehreren Veränderlichen abhängig ist. Diese Veränderlichen sind in erster Linie

Brennstoff	Art und Sorte
physikalische Zustandsgrößen	Druck und Temperatur
Vergasungsmittel	Luft, Wasserdampf, Sauerstoff
Beheizung	direkt, indirekt (Außenbeheizung)
Wärmeträger bei indirekter Beheizung	fest, flüssig, gasförmig (Wälzgas)

Unter Berücksichtigung dieser Veränderlichen ist Tabelle 7 aufgestellt worden, in der die Vergasungsverfahren systematisch geordnet sind. Der Numerierung der einzelnen Verfahren liegt die Einteilung der Tabelle 8 zugrunde, nach der die erste Zahl Druck und Temperatur kennzeichnet, die zweite Zahl die Korngröße, während die dritte Zahl das Vergasungsmittel und die vierte Zahl schließlich die Art der Beheizung und der Wärmeträger angibt.

Der Einfluß der Brennstoffart ist in erster Linie durch die unterschiedliche Reaktionsfähigkeit und die Stärke des Backvermögens, das mit dem Blähvermögen eng zusammenhängt [24], gegeben. Die Reaktionsfähigkeit beeinflußt die Schnelligkeit und Vollständigkeit des C-Vergasungsmittel-Umsatzes - im folgenden als C-Umsatz bezeichnet - bei der Vergasung, während Backfähigkeit und Blähvermögen die Art des zu wählenden Vergasungsverfahrens bestimmen, sofern sie nicht vor der Vergasung unwirksam gemacht werden.

Nach der Brennstoffsorte lassen sich die Vergasungsverfahren in drei Hauptgruppen einteilen [25]:

1) Vergasung im ruhenden Bett; für Korngrößen von etwa 50 bis 8 mm

2) Vergasung im Wirbelbett; für Korngrößen von etwa 8 bis 1 mm

3) Vergasung in der Staubwolke; für Korngrößen von 1 bis 0 mm.

Die Vor- und Nachteile dieser drei Hauptgruppen sind in Tabelle 10 zusammengefaßt. Man erkennt, daß die Vorteile bei der Vergasung im ruhenden Bett groß sind. Die Vergasung im Wirbelbett und in der Staubwolke ist in erster Linie deswegen lohnend, weil die Kosten des dafür geeigneten Brennstoffes niedrig sind, die, wie später gezeigt wird, den Hauptteil der Gaskosten ausmachen.

Der Einfluß von Druck und Temperatur ist aus Abbildung 13 zu entnehmen [26]: Wenn man ein CH_4-reiches Gas erzeugen will, wird man bei hohem Druck und niedriger Temperatur vergasen; sollen dagegen hauptsächlich CO und H_2 erzeugt werden, so wird man einen niedrigen Druck und eine höhere Temperatur wählen.

Durch die Wahl des Vergasungsmittels hat man einen Einfluß auf die Höhe der Temperatur. Will man Schwachgas erzeugen, so verwendet man Luft, die man mit Wasserdampf bei etwa 60°C sättigt, wenn die Temperatur unterhalb des Ascheschmelzpunktes bleiben soll. Für die Erzeugung von Wassergas ist Wasserdampf das Vergasungsmittel. Da die Wasserdampfreaktion endotherm ist, muß bei direkter oder Innenbeheizung Sauerstoff in den Generator eingeblasen werden, um die notwendige Wärme aufzubringen, ohne den Heizwert des Gases durch Stickstoff herabzusetzen, wie es bei Verwendung von Luft der Fall wäre.

Die Wärme kann auch indirekt zugeführt werden, und zwar durch feste, flüssige oder gasförmige Wärmeträger oder durch Außenbeheizung. Man spart dadurch den verhältnismäßig teuren Sauerstoff, benötigt allerdings dafür große Mengen an Wärmeträgern oder muß - im Falle der Außenbeheizung - auf einen guten Wärmeübergang verzichten.

Wie man aus Tabelle 8 erkennt, sind nach der getroffenen Einteilung 180 Verfahren zur Vergasung fester Brennstoffe denkbar, von denen heute etwa 8 Verfahren zur Erzeugung von Schwachgas, 18 zur Erzeugung von Wassergas und 2 zur Erzeugung von Starkgas angewandt bzw. erprobt werden, im ganzen also 28 Verfahren; von ihnen haben bisher 14 eine wirtschaftliche Bedeutung erlangt.

a) Verfahren zur Erzeugung von Schwachgas

Für die Schwachgaserzeugung kennt man folgende Verfahren:

	Einteilung der Verfahren nach Tabelle 8
Drehrostgenerator	11.31
Winkler-Generator	12.31 a
Flesch-Demag-Generator	12.31 b
Panindco-Generator	13.31
Abstichgenerator	21.11
Wirbelkammer	23.11 a
Schwingrohr	23.11 b
Schlacke-Schmelz-Generator	23 33 (bedingt einzuordnen)

Das klassische Verfahren für die Schwachgaserzeugung ist die Vergasung im Drehrostgenerator (Abb. 53)[1], in dem man sowohl Koks als auch Steinkohle und Braunkohle in stückiger Form vergasen kann, Steinkohle indes nur dann, wenn sie kein oder nur ein geringes Backvermögen aufweist. Die Vergasung wird im Gegenstrom durchgeführt und zeichnet sich durch ein tiefes Brennstoffbett aus, das einen ausreichenden C-Überschuß gewährleistet, ferner durch einen guten Vergasungswirkungsgrad von 75 bis 80 % und die verhältnismäßig niedrige Gasaustrittstemperatur von 600 bis 700°C.

1. Die Abbildungen 53 bis 72 veranschaulichen den im Literaturverzeichnis veröffentlichten Teil der Vergasungsverfahren

Nachteilig sind die Bindung an den teuren, weil stückigen Brennstoff, die Abhängigkeit vom Backvermögen, die durch ein mechanisches Rührwerk zwar eingeschränkt, aber nicht aufgehoben werden kann, und schließlich die geringe Durchsatzleistung von 150 bis 250 $kg/m^2.h$. Letztere ist hauptsächlich bedingt durch die begrenzte Vergasungsmittelzufuhr, die bei der gegenwärtig üblichen Art der Abdichtung des Generators gegen die Umgebung mittels Wassertassen nicht gesteigert werden kann.

Der Generator besteht aus einem zylindrischen Schacht, der oben ausgemauert und unten durch einen Wassermantel gekühlt ist; der Wassermantel dient gleichzeitig zur Dampferzeugung. Eine Abart ist der Drehrostgenerator mit Schwelaufsatz, der die Abhängigkeit vom Backvermögen bei Verwendung von Steinkohle weiter verringert. Dieser Vorteil wird allerdings erkauft durch eine noch niedrigere spezifische Leistung von etwa 100 $kg/m^2.h$, die dadurch verursacht wird, daß der Vergasungsvorgang auf die geringe Geschwindigkeit des Schwelvorganges abgestimmt sein muß. Diese Schwierigkeit tritt bei allen Verfahren auf, die die Backfähigkeit der Kohle durch einen im Ofen ablaufenden, von der Vergasung zeitlich getrennten Vorgang vernichten müssen.

Will man die geringe Durchsatzleistung des Drehrostgenerators umgehen, so wählt man als Generator den <u>Abstichgaserzeuger</u>, bei dem man in der Wahl der Reaktionstemperatur und in der Vergasungsmittelmenge nicht so begrenzt ist. Die Durchsatzleistung, auf das Gestell bezogen, beträgt etwa 1000 kg/m^2h. Der Generator, der in seinem Aufbau einem kleinen Hochofen ähnlich ist, besteht aus einem ausgemauerten zylindrischen Schacht, in dessen unterem Teil das Vergasungsmittel durch mehrere Düsen eingeführt wird. Die Schlacke wird von Zeit zu Zeit abgezogen. Da man beim Abstichgenerator nicht von den mechanischen Eigenschaften des Rostes abhängig ist, kann man ihn in sehr großen Einheiten bauen (300 t je Tag Durchsatz). Nachteile des Abstichgaserzeugers, über den GUMZ [27] ausführlich berichtet hat, liegen in dem verhältnismäßig niedrigen Wirkungsgrad von etwa 70 % und in der hohen Gasaustrittstemperatur von 800°C, doch kann man diese Nachteile durch mögliche Weiterentwicklungen wohl beheben. Die verhältnismäßig hohen Kosten des stückigen Brennstoffes lassen sich beim Abstichgenerator teilweise wieder einbringen, wenn man Eisenerz zusetzt, das je nach Ascheschmelzverhalten des Brennstoffes als Flußmittel erwünscht sein kann und als Koppelprodukt Roheisen anfallen läßt. Dieser Gedanke ist auch von den

Thyssen'schen Gas- und Wasserwerken aufgegriffen worden, die in einem Niederschachtofen Eisenkoks vergasen, der im normalen Koksofen hergestellt wird [28]. Das Eisenerz dient dabei als Magerungsmittel für die gasreiche Kohle der Zeche Walsum.

Der hohe Einfluß der Brennstoffkosten bei der Vergasung von stückigem Brennstoff hat den Gedanken an die Verwendung von feinkörniger bis staubförmiger Kohle aufkommen lassen.

Für die zu Schwachgas führende Vergasung von feinkörniger Steinkohle im Wirbelbett gibt es bisher kein Verfahren, das technische Bedeutung erlangt hätte. Dies mag unter anderem daran liegen, daß die Vergasung von Steinkohle mit Luft im Wirbelbett schwierig, wenn nicht unmöglich ist, da diese Verfahrensart infolge der geringen Relativgeschwindigkeit zwischen Brennstoff und Luft in starkem Maße von der Reaktionsfähigkeit und vom Ascheschmelzverhalten des Brennstoffes beeinflußt wird, die im allgemeinen verhältnismäßig geringe Reaktionsfähigkeit der Steinkohle aber eine Temperatur im Wirbelbett oberhalb des Ascheschmelzpunktes verlangen würde. Reine Wirbelbettverfahren bei Temperaturen oberhalb des Ascheschmelzpunktes sind aber von vornherein undenkbar, da die geschmolzene Schlacke den Vergasungsvorgang zu sehr beeinträchtigen würde.

Die Schwachgaserzeugung aus Braunkohle im Wirbelbett wird dagegen im Winkler-Generator (Abb. 54) praktisch durchgeführt. Die Wirkungsweise des Generators soll bei Besprechung der Wassergas-Verfahren geschildert werden.

Das Flesch-Demag-Verfahren [29] (Abb. 55), das die Vergasung im Wirbelbett mit der Festbettvergasung verbindet, eignet sich für die Schwachgaserzeugung, weil es, wie später ausführlicher gezeigt werden soll, vom Ascheschmelzverhalten unabhängig ist. Es kann infolgedessen bei höherer Vergasungstemperatur im Generator arbeiten als bei Vergasung im reinen Wirbelbett. Die Vorteile des Verfahrens gelten gleichermaßen für die Erzeugung von Schwachgas und von Wassergas; sie sollen bei der Besprechung der Verfahren für die Wassergasherstellung behandelt werden.

Das Problem der Vergasung staubförmiger Kohle mit Luft zu Schwachgas ist erst in der letzten Zeit wieder aufgegriffen worden. Die Vergasung wird so durchgeführt, daß die Temperatur oberhalb des Ascheschmelzpunktes liegt.

Die Vorteile einer Vergasung staubförmiger Kohle liegen, wie erwähnt, wirtschaftlich gesehen in dem geringeren Preis dieser Kohle. Die verfahrenstechnischen Vorteile sind hauptsächlich zurückzuführen einmal auf die Unabhängigkeit von den Backeigenschaften und die damit verbundene breite Brennstoffbasis - zum anderen auf die hohe Durchsatzleistung und die damit verbundenen geringen Anlagekosten des Generators (s. Tab. 7 und 14). Dieser Vorteil wird teilweise jedoch dadurch eingeschränkt, daß die an den Generator anschließende Kondensations- und Gasreinigungsanlage infolge eines verhältnismäßig hohen Staubgehaltes und der hohen Temperatur des auftretenden Gases im allgemeinen größer sein muß als bei anderen Verfahren.

Nachteilig bei der Staubvergasung sind der verhältnismäßig niedrige Vergasungswirkungsgrad, der 65 % kaum übersteigt, die hohe Gasaustrittstemperatur von etwa 1200°C und der niedrige C-Umsatz, der eine Rückführung des ausgetragenen Koks- bzw. Kohlenstaubes nötig macht. Diese Nachteile fallen indes wirtschaftlich nicht so sehr ins Gewicht wie der mit der Staubvergasung verbundene Vorteil des geringen Brennstoffpreises.

Die Schwierigkeit bei der Entwicklung der Staubvergasung lag in besonderem Maße darin, daß die dem Verfahren eigene geringe Relativgeschwindigkeit zwischen Vergasungsmittel und Brennstoff künstlich erhöht werden mußte, um einen ausreichenden C-Umsatz zu erzielen. Dieses Problem ist von der Ruhrgas AG dadurch gelöst worden [30 - 32], daß man in der Wirbelkammer (Abb. 57) das Vergasungsmittel Luft und Kohlenstaub zwingt, eine kreisförmige Bahn zu durchlaufen, wodurch das Kohleteilchen infolge der Zentrifugalkraft eine Relativbewegung zum Vergasungsmittel ausführt. Beim Schwingrohr (Abb. 58) erreicht man diese Relativbewegung durch "Pulsation" des Gasstromes.

Die Wirbelkammer der Ruhrgas AG ist ein zylindrischer Schacht, in den der Kohlenstaub tangential eingeblasen wird. Der untere Teil des Schachtes ist durch einen Wassermantel gekühlt, und zwar muß die Kühlung so eingestellt sein, daß sich gerade eine 3 bis 4 mm starke Schlackenschicht bildet, an der die weitere Schlacke abläuft. Der Vergasungswirkungsgrad der Wirbelkammer liegt bei 63 %, die Gasaustrittstemperatur aus der Kammer bei 1200°C, die spez. Leistung über 1000 kg/m^{2}h.

Das Schwingrohr, dessen Wirkungsweise dem Strahlantrieb einer V2-Rakete ähnelt, befindet sich noch in der Entwicklung. Es ist ein einfaches Rohr mit einer birnenförmigen Erweiterung am oberen Ende. In diese Erweiterung wird in geeigneter Weise Kohlenstaub eingeführt, der mit Luft im Rhythmus hoher Frequenzen vergast wird. Der Vergasungs-Wirkungsgrad liegt bei etwa 60 %, die Gasaustrittstemperatur bei 1200°C, die spez. Leistung bei 15000 kg/m^2h.

Eine Weiterentwicklung des Schmalfeldverfahrens ist der Panindco-Generator (Abb. 56), der sich sowohl für die Erzeugung von Synthese-Gas als auch von Schwachgas aus staubförmigen Brennstoffen eignen soll. Das Verfahren, das im Abschnitt "Wassergas" besprochen wird, arbeitet mit einem Vergasungswirkungsgrad von etwa 54 %.

Als ganz neue Entwicklung auf dem Gebiet der Schwachgaserzeugung für feinkörnige bis staubförmige Brennstoffe ist der Schlacke-Schmelzgenerator zu erwähnen [33]. Bei diesem Verfahren wird der Kohlenstaub zusammen mit dem Vergasungsmittel in ein flüssiges Schlackebad eingeblasen, in dem er augenblicklich vergast. Das Gas zieht durch einen auf der Schlackenschüssel stehenden Schacht ab. Das Schlackebad wird durch tangential eingeblasene Heißluft in eine kreisende Bewegung versetzt, wodurch ständig neue Wärme für die Vergasung des Kohlenstaubes zur Verfügung steht. Die Durchsatzleistung für Braunkohle beträgt etwa 2500 kg/m^2h, die Gasaustrittstemperatur etwa 1000°C und die Verbrennungswärme 1340 $kcal/Nm^3$.

Es gibt also auf dem Gebiet der Schwachgaserzeugung bisher 8 verschiedene Verfahren, die wirtschaftliche Bedeutung haben, bzw. voraussichtlich erlangen können. Die neuere Entwicklungsarbeit scheint sich dabei der Vergasung staubförmiger Kohle bevorzugt zuzuwenden.

b) Verfahren zur Erzeugung von Wassergas

Für die Erzeugung von Wassergas sind folgende Verfahren entwickelt worden (s.S. 42).

Das klassische Verfahren für die Erzeugung von Wassergas ist die Vergasung im Drehrostgenerator [34] (Abb. 62). Die Verfahrensweise unterscheidet sich von der Schwachgaserzeugung dadurch, daß man zunächst durch Verbrennung mit Luft Wärme im Brennstoffbett speichert, die man danach für die Vergasung mit Wasserdampf wieder entnimmt; die sich abwechselnden Arbeitsstufen bezeichnet man mit Blasen und Gasen. Es handelt sich also um eine Vergasung mit festem Wärmeträger. Die Zuführung der Verbrennungsluft erfolgt von unten, wobei das sich bildende CO_2-reiche Blasegas über dem Brennstoffbett abgezogen und nachverbrannt wird, sofern es größere Mengen

CO enthält. Der später eingeblasene Wasserdampf wird zuerst von unten und dann von oben zugeführt. Blasegas und Wassergas werden getrennt abgezogen.

Bei der Wassergaserzeugung aus Kohle wird gewöhnlich ein Schwelaufsatz verwendet.

	Einteilung der Verfahren nach Tabelle 8
Koppers-Schwarzheide	11,24 a
Pintsch-Hillebrand	11.24 b
Didier-Bubiag	11.25
Drehrost-Wassergasgenerator	11.32
I.C.I. (Imperial Chemicals Industry)	12.22
Fuel-Research	12.25
Winkler	12.41 a
Flesch-Demag	12.41 b
Schmalfeld	13.24
Koppers-Totzek	13.41 a
Panindco	13.41 b
Thyssen-Glaocsy	21.41 a
Leuna-Abstich	21.41 b
Schlacke-Schmelzgenerator	23.23
Morgantown	23.41 a
Dupont	23.41 b
Texaco	43.41 a
Morgantown-Druck	43.41 b

Bei Berücksichtigung des Blasevorganges liegt der Vergasungswirkungsgrad bei 60 bis 70 %, die spez. Leistung zwischen 350 und 600 kg/m^2h. Der grundsätzliche Nachteil des Verfahrens ist, daß das Wassergas satzweise anfällt, so daß die Erzeugung eines Generators nicht der stetigen Abnahme entspricht.

Verfahren, die diesen Nachteil umgehen und zur stetigen Betriebsweise führen, wobei sie die für die Vergasung notwendige Wärme auf andere Weise zuführen, sind für stückige Brennstoffe das KOPPERS-SCHWARZHEIDE-Verfahren [35], das PINTSCH-HILLEBRAND-Verfahren [36] und das DIDIER-BUBIAG-Verfahren [37].

Diese drei Verfahren sind allerdings in erster Linie für die Vergasung von Braunkohlenbriketts entwickelt worden und werden für stückige Steinkohle bisher nicht angewandt.

Das KOPPERS-SCHWARZHEIDE- (Abb. 59) und das PINTSCH-HILLEBRAND-Verfahren (Abb. 60) verwenden als Wärmeträger Wälzgas, das mit Wasserdampf angereichert ist; beide Verfahren unterscheiden sich hauptsächlich im Aufbau der Anlage. Als Wälzgas dient in beiden Fällen ein Teil des erzeugten Gases - beim KOPPERS-Verfahren nur das Entgasungsgas -, das in Regeneratoren auf hohe Temperaturen gebracht wird. Während beim PINTSCH-HILLEBRAND-Generator der ringförmige Vergasungsschacht auf dem Regenerator sitzt und mit ihm verbunden ist, stehen beim KOPPERS-Verfahren die Regeneratoren neben den Gaserzeugern, deren Vergasungsschächte quadratisch sind und über die gesamte Höhe den gleichen Querschnitt aufweisen. Die Regeneratoren beim KOPPERS-Verfahren werden durch getrennt erzeugtes Schwachgas aufgeheizt. Aus diesem Grunde soll der KOPPERS-Generator den Brennstoff nicht restlos vergasen, sondern einen C-reichen Rückstand für die Schwachgaserzeugung austragen. Der Vergasungs-Wirkungsgrad der beiden Verfahren liegt zwischen 55 und 60 %, die spez. Leistung bei 250 bis 300 kg/m^2h, wobei für das PINTSCH-HILLEBRAND-Verfahren der obere Wert gilt.

Das DIDIER-BUBIAG-Verfahren (Abb. 61) führt die Wärme durch Außenbeheizung zu und vergast den Brennstoff im Gleich- und im Gegenstrom. Die Braunkohlenbriketts werden ununterbrochen von oben den rechteckigen keramischen Kammern aufgegeben und in ihnen entgast. Das Entgasungsgas bewegt sich dabei im Gleichstrom mit dem Brennstoff und tritt nach dessen Entgasung seitlich aus der Kammer aus. Hier trifft es mit dem Wassergas zusammen, das sich bei der Vergasung des entstandenen Kokses mit Wasserdampf gebildet hat. Der Wasserdampf wird unten eingeführt und bewegt sich damit im Gegenstrom zum Koks. Die einzelnen Kammern der Anlage werden zu einer Batterie zusammengefaßt. Der Vergasungs-Wirkungsgrad liegt zwischen 60 und 70 %, die Austrittstemperatur des Mischgases bei 700°C; die spez. Leistung ist dem Schrifttum nicht zu entnehmen, doch kann man vermuten, daß sie nicht sehr hoch sein wird.

Als Wassergasverfahren zur Vergasung von stückigen Brennstoffen bei Temperaturen oberhalb des Ascheschmelzpunktes sind die Verfahren nach THYSSEN-GALOCSY [38] und Leuna [38] zu nennen. Beide vergasen nicht-backende Brennstoffe mit Wasserdampf und Sauerstoff bei unmittelbarer Beheizung. Will man ein Wassergas stetig bei direkter Beheizung, d.h. also durch teilweise Verbrennung des Brennstoffes erzeugen, so darf man nicht mit Luft arbeiten, sondern man muß Sauerstoff verwenden, weil der Stickstoffgehalt der Luft das Synthesegas zu sehr verdünnen und wieder zu Schwachgas führen würde.

Der THYSSEN-GALOCSY-Generator (Abb. 66) entspricht in Form und Betriebsweise dem Hochofen. Seine Besonderheit ist, daß an der Rast durch ringförmig um den Generator angeordnete Verbrennungskammern heißes Vergasungsmittel eingeführt wird, das durch Verbrennung eines Sauerstoff-Wasserdampfgemisches mit einem in einer Zusatzanlage gewonnenen Gas erzeugt worden ist. Durch diese Maßnahme können die bei Verwendung von Sauerstoff auftretenden hohen Temperaturen besser beherrscht werden. Die fühlbare Wärme des verbrannten Gases reicht aus, um die Schlacke zum Schmelzen zu bringen. Etwas oberhalb dieser Verbrennungskammer wird zusätzlich Wasserdampf eingeblasen. Der Vergasungs-Wirkungsgrad liegt bei 85 %, die Gasaustrittstemperatur zwischen 600 und 800°C und die spez. Leistung, bezogen auf den Schachtquerschnitt, bei 1900 kg/m^2h.

Der Leuna-Abstich-Generator (Abb. 67) ist in seinem Aufbau einfacher als der THYSSEN-GALOCSY-Generator, da weder Maßnahmen getroffen sind, um die Temperaturen des eintretenden Vergasungsmittels zu senken, noch zusätzlich Wasserdampf zugeführt wird. Der Vergasungs-Wirkungsgrad liegt bei 85 %, die Temperatur des austretenden Gases bei 400°C; die spez. Leistung ist im Schrifttum nicht angegeben, soll aber über der des THYSSEN-GALOCSY-Verfahrens liegen.

Die Wassergaserzeugung aus feinkörniger Kohle im Wirbelbett ist in großtechnischen Verfahren bisher nur im WINKLER-Generator gelungen [38], wobei sich weiterhin als Brennstoff nur Braunkohle als geeignet erwiesen hat. Trotzdem scheint die Entwicklung anderer Wirbelbettverfahren erfolgversprechend zu sein.

Mit dem WINKLER-Generator wurde erstmalig die Vergasung feinkörniger Braunkohle im Wirbelbett durchgeführt. Das Verfahren zeichnet sich durch die verhältnismäßig hohe spezifische Leistung von 600 bis 700 kg/m^2h aus. Der Generator besteht aus einem zylindrischen, nach oben erweiterten Schacht, in den von der Seite her der Brennstoff mittels einer Schnecke eingeschleust wird. Die Wärmezufuhr erfolgt durch Verbrennung eines Teiles des Brennstoffes mit Sauerstoff. Vergasungsmittel ist Wasserdampf + Sauerstoff; 80 % des Wasserdampfes werden unterhalb, 20 % oberhalb des Brennstoffbettes zugeführt. Dies hat den Zweck, den C-Umsatz durch eine Nachvergasung zu vergrößern. Die Nachteile des WINKLER-Generators, wie Abhängigkeit vom Ascheschmelzverhalten und von den Backeigenschaften des Brennstoffes, die Vergasung bei verhältnismäßig niedrigen Oberflächentemperaturen und der hohe Staubverlust, sind allen reinen Wirbelbettverfahren gemeinsam. Der Vergasungswirkungsgrad des Verfahrens liegt zwischen 65 und 75 %, die Temperatur des austretenden Gases bei 980°C und die Durchsatzleistung bei 1250 Nm^3 Gas je m^2/h.

Die erwähnten Nachteile der Vergasung im Wirbelbett werden durch eine Verbindung der Wirbelbettvergasung mit der Vergasung im ruhenden Bett überwunden, wie sie erstmalig im WINKLER-FLESCH- und im FLESCH-DEMAG-Generator [39,40] durchgeführt worden ist. Der FLESCH-DEMAG Generator, der sich noch im Versuchsstadium befindet, ist ein Zweischachtgenerator, in dem der Brennstoff von oben nach unten vergast wird. Dabei darf der Schmelzpunkt der Asche überschritten werden, weil anschließend das Brennstoffbett durch unten eingeführten Wasserdampf aufgewirbelt wird, so daß die Schlacke bricht und nach unten fällt, wo sie ausgetragen wird. Während des Wirbelns, das für beide Schächte nacheinander durchgeführt wird, erfolgt die Brennstoffaufgabe. Das beim Wirbeln gebildete Gas führt man durch den anderen Schacht, wobei es sich abkühlt und gefiltert wird. Durch diesen Vorgang sind die niedrige Gasaustrittstemperatur von 350°C und der geringe Staubgehalt des Gases zu erklären. Infolge der sich alle 15 Minuten wiederholenden Aufwirbelung wird das Brennstoffbett immer erneut geordnet, so daß die Bildung sogenannter Durchbrenner oder Brücken vermieden wird, wie sie bei anderen Festbettverfahren leicht entstehen. Der Vergasungs-Wirkungsgrad liegt bei 80 %;, die spez. Durchsatzleistung beträgt etwa 600 bis 700 kg/m^2h.

Eine Beschreibung des WINKLER-FLESCH-Verfahrens, als dem Vorläufer der FLESCH-DEMAG-Vergasung, erübrigt sich, da es dem Prinzip nach genau so arbeitet, jedoch nur mit einem Vergasungsschacht ausgerüstet ist.

Die Wasserdampfvergasung im Wirbelbett ohne Sauerstoffzufuhr ist bislang nur in zwei Versuchsanlagen der Imperial Chemicals Industry (I.C.I.) [39] und der Fuel Research Station (London) [39] untersucht worden. Das <u>I.C.I.-Verfahren</u> (Abb. 64) verwendet feste Wärmeträger zur Wärmezufuhr in Form von feinkörnigem Koks, der im Kreislauf durch den Arbeitsgang geführt wird Die Vergasungsanlage besteht aus einer Förderstrecke und einem Vergasungs- und Entgasungsraum. Der in der Förderstrecke mittels Trägergas hochgeblasene und zugleich aufgeheizte Koks wird in den Gaserzeugungsraum zusammen mit Frischkohle eingebracht und mit Wasserdampf im Wirbelbett vergast. Ein Teil des bei diesem Vorgang gebildeten Kokses wird laufend abgezogen, in die Förderstrecke geleitet, dort wieder hochgeblasen und erwärmt. Damit ist der Kreislauf geschlossen. Das Verfahren eignet sich, wie angegeben wird, auch für backende Steinkohle. Der Staubverlust ist sehr hoch; ein Vergasungs-Wirkungsgrad ist bisher nicht angegeben worden. Die Gasaustrittstemperatur liegt bei 950°C, die spez. Leistung für Steinkohle bei 420 kg/m^2h.

Das Verfahren der Fuel Research Station (Abb. 63) verwendet Außenbeheizung für die Wärmezufuhr in der Erkenntnis, daß im Wirbelbett der Wärmeübergang von Heizfläche auf Brennstoff sehr viel günstiger ist als im ruhenden Bett Der zylindrische Vergasungsraum wird durch einen äußeren Ringraum beheizt, in dem in verschiedenen Höhen Wassergas verbrannt wird. Die Vergasungstemperatur ist wie bei jedem Wirbelbettverfahren durch den Ascheschmelzpunkt und weiterhin durch den Werkstoff der Retorte begrenzt. Der Staubverlust ist beträchtlich; ein Vergasungswirkungsgrad wurde nicht angegeben. Die Temperatur des austretenden Gases liegt bei 900°C, die spez. Leistung für Steinkohle bei 270 kg/m^2h.

Über Wirbelbettverfahren für erhöhten Druck ist bisher im Schrifttum nicht berichtet worden, aber es ist bekannt, daß die Badische Anilin- und Soda-Fabrik (BASF) mit dem FLESCH-DEMAG-Generator Versuche unter erhöhtem Druck durchführt.

Die Erzeugung von Wassergas aus staubförmiger Kohle ist in mehreren Anlagen untersucht worden, doch haben erst zwei Verfahrensarten wirtschaftliche Bedeutung erlangt, nämlich die Vergasung nach KOPPERS-TOTZEK [41] und diejenige nach SCHMALFELD [42].

Der KOPPERS-TOTZEK-Vergaser (Abb. 65) eignet sich nach Angaben der Heinrich Koppers GmbH für die Vergasung aller festen Brennstoffe. Vergasungsmittel sind Sauerstoff und Wasserdampf. Der Kohlenstaub wird mit Sauerstoff gefördert und auf zwei sich gegenüberliegende Seiten in die Vergasungskammer eingeblasen. Gleichzeitig wird hoch überhitzter Wasserdampf durch eine über die Staubsauerstoffdüse geschobene zweite Düse zugeführt, so daß der Wasserdampf das Staubsauerstoffgemisch mantelförmig umhüllt. Auf diese Weise erreicht man, daß trotz der anfänglich auftretenden hohen Temperaturen die Schlacke in fester Form anfällt und teilweise mit dem Gas nach oben, teilweise nach unten ausgetragen werden kann. Die gegenüberliegende Anordnung der Düsen bewirkt eine hohe Durchwirbelung und damit eine rasche Umsetzung zwischen Vergasungsmittel und Kohlenstaub. Auf der eigentlichen Vergasungskammer sitzt ein zylindrischer Schacht, in dem noch eine Nachreaktion zwischen nicht vergastem Kohlenstaub und Gas stattfindet. Der Vergasungswirkungsgrad liegt bei 67 %, die Gasaustrittstemperatur zwischen 1000 und 1200°C; die spez. Leistung liegt, auf den Brennerquerschnitt bezogen, bei 3000 kg/m^2h.

Die Vergasung von reaktionsfähigem Braunkohlenstaub gelang erstmalig im SCHMALFELD-Generator. Der Ausgangsbrennstoff ist feuchte Rohbraunkohle, die in einem Trockenrohr mit dem heißen Wassergasstrom in Berührung gebracht wird, dabei ihr Wasser explosionsartig abgibt und in Staub zerfällt. Nachdem Staub und Gas in einem Zyklon getrennt worden sind, wird ein großer Teil des wasserdampfgesättigten Wassergases in einem Regenerator erneut aufgeheizt und gleichzeitig als Wälzgas und Vergasungsmittel in dem dreischächtigen Generator mit dem eingeführten Braunkohlenstaub vergast. Das gebildete Wassergas wird nach Verlassen des letzten Schachtes wiederum zur Trocknung der Rohbraunkohle verwendet. Ein Teil des Wassergases wird hinter dem Zyklon ständig abgezweigt und zur Synthese geleitet. Zur Erhöhung der Relativgeschwindigkeit zwischen Vergasungsmittel und Staub wird die Richtung des Gasstromes auf dem Weg durch die drei Schächte öfters geändert. Die Wirkung dieser Richtungsänderung ist aber nicht so groß, wie beispielsweise die Wirkung in der Wirbelkammer. Der C-Umsatz ist infolgedessen geringer, der Staubverlust aber recht groß. Um die Vergasung zu unterstützen, führt man Sauerstoff zu; damit wird jedoch der eigentliche Grundgedanke des Verfahrens durchbrochen. Werte über den Vergasungs-Wirkungsgrad und die spez. Leistung sind im Schrifttum nicht enthalten. Die Gasaustrittstemperatur vor der Trocknung liegt bei 1100°C.

Eine Weiterentwicklung des SCHMALFELD-Verfahrens ist das PANINDCO-Verfahren [43], das sich insbesondere auch für die Vergasung von Steinkohlenstaub eignen soll. Je nach Einstellung des Verhältnisses zwischen eingeblasenem Sauerstoff und Luft lassen sich Schwachgas und Synthesegas herstellen.

Der Gaserzeuger ist ein kreisförmiger, innen ausgemauerter Turm, in dem mittels Trägergas Kohle und vorgeheiztes Vergasungsmittel oben eingeführt werden. Zum Schutz der Generatorkuppel wird außerdem zusätzlich gesättigter Wasserdampf eingeblasen, den man auch im unteren Teil zuführt, um das Gas zu kühlen und geschmolzene Schlacke zum Erstarren zu bringen. Die Gasströmung im Generator ist wenig turbulent; die Asche wird in festem Zustand abgezogen. Der Wirkungsgrad des Generators - Heizwert des Gases, Heizwert der Kohle und latente Dampfwärme - wird zu etwa 72 % angegeben; die Gasaustrittstemperatur liegt bei 900°C. Angaben über die spez. Leistung des Generators sind im Schrifttum nicht enthalten.

Verfahren zur Wassergaserzeugung aus staubförmigen Brennstoffen bei Temperaturen oberhalb des Ascheschmelzpunktes sind das bereits erwähnte Schlacke-Schmelz-Verfahren [33], das MORGANTOWN-Verfahren [44] und schließlich das DUPONT-Verfahren [45].

Der Schlacke-Schmelz-Generator für Syntheseerzeugung unterscheidet sich von demjenigen zur Schwachgaserzeugung dadurch, daß auf der Schlackeschüssel zwei voneinander getrennte Schächte angeordnet sind; der eine dient zur Abführung der Abgase, mit Hilfe derer das Schlackebad auf der notwendigen Temperatur gehalten wird; durch den anderen Schacht wird das Wassergas abgezogen. Beide Schächte müssen durch ein im Schlackebad liegendes Wehr voneinander getrennt sein, um einen Gasdurchschlag vom Abgas- zum Wassergasteil zu verhindern. Untersuchungsergebnisse über dieses Verfahren wurden bisher nicht bekanntgegeben.

Das MORGANTOWN-Verfahren ist für die Wassergaserzeugung das erste bekannte Verfahren, das bei der Kohlenstaubvergasung in der Schwebe mit flüssigem Schlackeabzug arbeitet. Kohle, Sauerstoff und Dampf werden mittels Düsen tangential in den Generator eingebracht; die Düsen sind nach unten geneigt, so daß die Ausmauerung des Generators nicht angegriffen wird. Diese Düsen sind derart ausgebildet, daß in den vorgewärmten pneumatisch geförderten Kohlestrahl ein vorgewärmtes Wasserdampf-Sauerstoffgemisch eingeblasen wird. Der zylindrische, ausgemauerte Generatorschacht wird in der primären Reaktionszone und in der Gaskühlzone durch Wasser gekühlt. Die Höhe des Vergasungswirkungsgrades, der Gesamtaustrittstemperatur und der Durchsatzleistung sind bisher nicht angegeben worden. Im Anfang der Entwicklung des MORGANTOWN-Generators wurden auch Versuche mit 1600°C heißem Dampf durchgeführt. Die Überhitzung des Dampfes erfolgte mit Wärmesteinen, die bei den hohen Temperaturen jedoch so empfindlich gegen alle Arten von Verunreinigungen waren, daß man diese Arbeitsweise wieder aufgab.

Das DUPONT-Verfahren (Abb. 69), das von der Babcock & Wilcox Co. entwickel wurde und als halbtechnische Versuchsanlage in der Ammoniakfabrik der E.I. du Pont de Nemours Co. in Belle (USA) errichtet worden ist, unterscheidet sich von dem MORGANTOWN-Verfahren nur in der Art der Kohle- und Vergasungsmittelzufuhr. Die Brenner sind nach unten und oben zur Waagerechten geneigt, so daß in der Mitte der Wirbelkammer eine hohe Turbulenz entsteht, die die Umsatzgeschwindigkeit zwischen Vergasungsmittel und Brennstoff erhöht. Wie beim MORGANTOWN-Verfahren wird auch hier die Schlakke flüssig abgezogen. Die spez. Leistung des Generators beträgt etwa 750 kg/m^2h. Aussagen über die Höhe der Gasaustrittstemperatur und des Vergasungswirkungsgrades sind im Schrifttum nicht enthalten.

Für die Wassergaserzeugung aus staubförmiger Kohle bei Temperaturen oberhalb des Ascheschmelzpunktes und erhöhtem Druck sind 2 amerikanische Verfahren in der Entwicklung, nämlich das TEXACO-Verfahren [39] und das MORGANTOWN-Verfahren [44] als Weiterentwicklung des beschriebenen Verfahrens unter Normaldruck. Die Vergasung unter Druck wird für Wassergase immer dann von Vorteil sein, wenn die anschließende Synthese ebenfalls unter Druck durchgeführt wird, da die Kompressionskosten um etwa 2/3 herabgesetzt werden. Allerdings können die erhöhten Anlagekosten nur durch eine große Durchsatzleistung gerechtfertigt werden.

Beide Verfahren vergasen den Kohlenstaub mit Sauerstoff und Dampf unter einem Druck von 20 bis 30 atü und unterscheiden sich hauptsächlich durch die Art der Kohlezufuhr.

Beim TEXACO-Verfahren (Abb. 70) wird der Kohlenstaub mit Wasser gemischt; die pumpfähige Trübe wird durch einen Überhitzer geleitet, in dem das Wasser verdampft. Ein Teil des Dampfes wird abgeschieden, der andere Teil fördert den Kohlenstaub bei einer Temperatur von 370 bis 540°C axial oder tangential in den Generator, in den gleichzeitig Sauerstoff eingeblasen wird.

Beim MORGANTOWN-Verfahren (Abb. 68) unter erhöhtem Druck werden Kohlenstaub und Vergasungsmittel von oben axial in den Generator eingeführt, wobei die Bauart der Düse der früher beschriebenen gleicht. Die Durchsatzleistung dieses Generators beträgt bei 7 atü etwa 3000 kg/m^2h.

Faßt man zusammen, so wird ersichtlich, daß bisher 18 Wassergasverfahren bekannt geworden sind, davon 6 für stückige, 4 für feinkörnige und 8 für staubförmige Brennstoffe. Die 6 Verfahren für stückige Brennstoffe sind praktisch betriebsreif und zur Gaserzeugung in der chemischen Industrie eingesetzt worden; 3 von ihnen eignen sich allerdings nur für die Vergasung von Braunkohle. Es ist nicht bekannt, daß in letzter Zeit Neuanlagen für die Wassergaserzeugung aus stückigen Brennstoffen gebaut wurden. Als Neuentwicklung auf dem Gebiet ist als 7. Verfahren der Druck-Abstichgenerator zu erwähnen, über den bisher allerdings noch keine Einzelheiten veröffentlicht wurden.

Von den 4 Verfahren für feinkörnige Brennstoffe ist lediglich der WINKLER-Generator für Braunkohle betriebsreif; die bei ihm auftretenden Mängel veranlaßten die Entwicklung des FLESCH-DEMAG-Gerätes.

Die Synthesegaserzeugung aus staubförmigen Brennstoffen ist in technischem Maßstab nach dem SCHMALFELD-Verfahren für Braunkohle und nach dem KOPPERS-TOTZEK-Verfahren durchgeführt worden, während die 6 anderen Verfahren noch in der Entwicklung stehen.

Dieser statistischen Betrachtung nach zu urteilen, verschiebt sich also auch bei den Synthesegas-Verfahren die Entwicklungsarbeit weitgehend von den stückigen zu den feinkörnigen und staubförmigen Brennstoffen. Verfahrensmäßig scheint die Vergasung mit Sauerstoff und Wasserdampf sehr günstig beurteilt zu werden, insbesondere für die Vergasung von Steinkohle. Von den 13 Verfahren, die sich für die Vergasung von Steinkohle eignen, arbeiten 9 nach diesem Gedanken. Indes sind auch erfolgversprechende Ansätze vorhanden, ohne Sauerstoff durch indirekte Wärmezufuhr Wassergas zu erzeugen oder aber, z.B. in Weiterentwicklung des SCHMALFELDverfahrens, den Sauerstoffbedarf durch eine Verbindung zwischen direkter und indirekter Beheizung herabzusetzen.

Ob die Wassergasverfahren über einen der oben erwähnten Wege, beispielsweise durch Methanisierung, Eingang in die öffentliche Gaswirtschaft finden können, soll später noch untersucht werden.

Neben Schwachgas und Wassergas läßt sich durch Vergasung fester Brennstoffe auch Starkgas herstellen.

c) Verfahren zur Erzeugung von Starkgas

Die Erzeugung von Starkgas durch Vergasung ist aus den oben angegebenen Gründen für die öffentliche Gaswirtschaft der Bundesrepublik besonders wichtig. Verfahrensmäßig ist man an die Vergasung unter Druck oder aber an eine Verknüpfung von Vergasung und Entgasung gebunden.

Bekannt sind für diese Art von Starkgasherstellung zwei Verfahren

	Einteilung der Verfahren nach Tabelle 8
Lurgi-Druckgenerator	31.41
Lurgi-Ruhrgas- Verfahren	13.22

Die Druckvergasung für Starkgas ist bisher nur für stückige Brennstoffe, bei diesen aber bis zur vollständigen Betriebsreife entwickelt worden. Der LURGI-Druckgenerator [46] (Abb. 71) eignet sich sowohl für die Vergasung von Braunkohle als auch neuerdings für die von schwachbackender Steinkohle, wenn diese in der Schwelzone durch einen Rührarm ständig aufgelokkert wird. Der Brennstoff wird mit Wasserdampf und Sauerstoff vergast, wobei das Vergasungsmittel, ähnlich wie beim Drehrost-Generator, unter dem Rost zugeführt wird. Die Wandung des Generators besteht aus einem wassergekühlten Druckmantel. Die feste Asche wird von Zeit zu Zeit mittels eines Drehrostes durch eine Schleuse ausgetragen. Die Arbeitsweise vereinigt in sich alle Vorteile der Gegenstromvergasung; die Vergasung unter Druck erlaubt eine beträchtliche gesteigerte Vergasungsmittelzufuhr und bewirkt eine hohe spez. Durchsatzleistung, weil sich das Volumen des Vergasungsmittels entsprechend dem Druck verringert, so daß bei gleicher Strömungsgeschwindigkeit im Generator größere Mengen durchgesetzt werden können. Der Vergasungs-Wirkungsgrad liegt bei 80 %, die Gasaustrittstemperatur bei 500°C und die spez. Leistung bei 1000 bis 1200 kg/m^{2}h. Der Heizwert des Gases bei Durchsatz von Steinkohle und einem Druck von 20 at ist etwa 3900 kcal/Nm^3 und muß für die öffentliche Gaswirtschaft durch geeignete Maßnahmen erhöht werden.

Ein Verfahren, das wahlweise staubförmige Kohle entgast und vergast und sich zur Starkgas- wie zur Wassergaserzeugung eignet, ist das LURGI-Ruhrgas-Verfahren [30] (Abb. 72), das z.Zt. in einer halbtechnischen Versuchsanlage erprobt wird, sich allerdings infolge der größeren Reaktionsfähigkeit der Braunkohle in erster Linie für diese eignet.

Das Verfahren arbeitet mit festen, kugelförmigen Wärmeträgern aus z.B. Korund, die in einem auf dem Generator sitzenden Schacht aufgeheizt werden und in stetigem Strom durch den Vergasungsraum wandern. Von unten wird ihnen mittels eines Trägergases Kohlenstaub entgegengeblasen, der je nach Art des Traggases entgast und vergast wird. Vergasungsmittel und Kohlenstaub befinden sich also im Gleichstrom, werden aber im Gegenstrom aufgeheizt. Das Verfahren eignet sich für backende Kohle nur dann, wenn die Backeigenschaften vorher gemildert oder vernichtet werden. Die Temperatur, auf die die Wärmesteine aufgeheizt werden dürfen, hängt hauptsächlich vom Ascheschmelzpunkt ab. Die spez. Leistung des Verfahrens liegt mit 2000 bis 2200 kg/m^2h überraschend hoch. Die Verbrennungswärme des Gases beträgt je nach dem Grad der Vergasung 2900 bis 4500 $kcal/Nm^3$. Soll das Gas der öffentlichen Gaswirtschaft zur Verfügung gestellt werden, so muß sein Heizwert gegebenenfalls nachträglich erhöht werden.

3. Kennzeichnende Merkmale für die Wirtschaftlichkeit der Schwachgaserzeugung

a) Der Einfluß von Druck, Temperatur, Vergasungsmittel und Brennstoffpreis auf die Wirtschaftlichkeit

Ähnlich wie die Verfahrensweise der Vergasung von mehreren Veränderlichen abhängig ist, werden auch die Gasgestehungskosten von mehreren Veränderlichen bestimmt. Ihre Zahl ist allerdings beträchtlich größer, da beispielsweise bei gleicher Verfahrenweise die Gasgestehungskosten infolge unterschiedlicher Anlagegröße und -preise verschieden sind und da sich ferner eine Verfahrensweise auf mehreren Wegen verwirklichen läßt, wie es u.a. die Entwicklung des Schwingrohres und der Wirbelkammer deutlich zeigt.

Unter diesen Veränderlichen gibt es jedoch einige, die einen grundsätzlichen Einfluß auf die Gasgestehungskosten der Vergasungsverfahren bzw. ihren wirtschaftlichen Einsatz ausüben. Diese Veränderlichen, deren Bedeutung im folgenden untersucht werden soll, sind in erster Linie

Brennstoff	Vergasungwirkungsgrad
physikalische Zustandsgrößen	Koppelerzeugnisse
Vergasungsmittel	Fortleitung bei Gichtgas

Um die Bedeutung der ersten vier Veränderlichen zu kennzeichnen, ist es notwendig, in Abhängigkeit von der Zusammensetzung des Vergasungsmittels sowie in Abhängigkeit von Druck und Temperatur Vergasungsrechnungen [47,48] durchzuführen, die sich zunächst bei Betrachtung der Schwachgasgestehungskosten auf die Vergasungsmittel, Luft bzw. Luft + Wasserdampf beschränken. Die Vergasungsrechnung wurde mit reinem Kohlenstoff durchgeführt. Es wurde angenommen, daß sich die Gleichgewichte bei den verschiedenen Reaktionen einstellen, wobei für die Methanreaktion mit einem Unvollkommenheitsbeiwert von 0,115 gerechnet worden ist.

Als Reaktionsremperaturen, die das Gleichgewicht bestimmen, wurden 800 und 1200°C gewählt. Diese Temperaturen kennzeichnen die Vergasungsbereiche, die ober- und unterhalb des Ascheschmelzpunktes liegen; sie sind deshalb, wie gezeigt, von ausschlaggebender Bedeutung für die Verfahrensweise.

Die Rechnungen wurden für Drücke von 1; 20; 40 Atm[2], entsprechend 1,033; 20,69; 41,35 at durchgeführt.

Der Rechengang ist im Anhang (S. 97) erläutert, die Ergebnisse der Rechnung sind in Tabelle 10 zusammengefaßt und in den Abbildungen 14 bis 22 dargestellt.

Abbildung 14 zeigt die Abhängigkeit des Vergasungswirkungsgrades von der Zusammensetzung des Vergasungsmittels und der Höhe des Druckes bei Temperaturen von 800 und 1200°C[3]. Man erkennt, daß der Vergasungswirkungsgrad, als das Verhältnis von erzeugter Wärme im Gas zu aufgewendeter Wärme im Brennstoff, mit zunehmendem Gehalt des Vergasungsmittels an Wasserdampf steigt. Bei Vergasung mit trockener Luft ist er demzufolge am geringsten. Bei einer Reaktionstemperatur von 800°C besteht weiterhin eine starke Abhängigkeit des Vergasungswirkungsgrades von dem in Generator herrschenden Druck, und zwar nimmt der Wirkungsgrad mit zunehmendem Druck ab. Bei einer Temperatur von 1200°C wird diese Abhängigkeit unbedeutend, d.h. bei gegebener Vergasungsmittelzusammensetzung ist der Vergasungswirkungsgrad bei Drücken von 1,20 und 40 Atm nahezu gleich und liegt geringfügig über

2. Die Gleichgewichtskonstanten beziehen sich auf 760 Torr = 1 Atm = 1,033 at

3. Die Sättigungstemperatur des Wasserdampfes ist in Abbildung 23 wiedergegeben

dem bei gleicher Vergasungsmittelzusammensetzung erreichbaren Wirkungsgrad bei 1 Atm und 800°C.

Abbildung 15 veranschaulicht den Zusammenhang zwischen dem Heizwert des Gases, der Zusammensetzung des Vergasungsmittels, dem Druck, der Temperatur und schließlich in Verbindung mit Abbildung 14 den Zusammenhang mit dem Vergasungswirkungsgrad. Wie man sieht, steigt der Heizwert des Gases mit zunehmendem Vergasungswirkungsgrad, d.h. mit anwachsendem Wasserdampf im Vergasungsmittel, abnehmendem Druck und zunehmender Temperatur.

Abbildung 16 macht die Zunahme des Brennstoffverbrauches mit steigendem Vergasungswirkungsgrad deutlich; diese Zunahme ist selbstverständlich, da Vergasungswirkungsgrad und Heizwert des Gases, wie aus den vorher besprochenen Abbildungen ersichtlich, ebenfalls ansteigen.

Abbildung 17 kennzeichnet die Abnahme des Luftverbrauches je Nm^3 Gas mit steigendem Vergasungswirkungsgrad, die sich zwangsläufig aus der prozentualen Zunahme des Wasserdampfgehaltes im Vergasungsmittel ergibt. Man erkennt, daß die Steigerung des Druckes bei gleichem Vergasungswirkungsgrad und einer Reaktionstemperatur von 800°C eine Senkung des Luftverbrauches mit sich bringt. Bei einer Temperatur von 1200°C wird der Verbrauch an Vergasungsluft praktisch unabhängig vom Druck.

Abbildung 18 zeigt die Zunahme des Dampfverbrauches je Nm^3 Gas, die sich bereits aus der prozentualen Zunahme des Dampfes im Vergasungsmittel ergibt.

Abbildung 19 veranschaulicht die Abnahme der Gasausbeute je kg vergasten Kohlenstoffes mit steigendem Zusatz von Dampf zum Vergasungsmittel. Wie der Kohlenstoffverbrauch je Nm^3 Gas, so ist natürlich auch die Gasausbeute bei 800°C vom Druck abhängig, bei 1200°C dagegen druckunabhängig.

Abbildung 20. Während die Abbildungen 14 bis 19 die Verhältnisse bei der Schwachgaserzeugung kennzeichnen, stellt Abbildung 20 die Verbindung der Erzeugung mit der Verwendung her, indem es die Abhängigkeit des thermischen Wirkungsgrades bei der Schwachgasverwendung vom Vergasungswirkungsgrad wiedergibt. Der thermische Wirkungsgrad ist dabei ein Maß für die bei der Verbrennung nutzbar zu machende Wärmemenge, die vom Heizwert des Gases, seiner Abgasmenge und -zusammensetzung sowie von der Abgastemperatur bestimmt wird [49].

Man erkennt aus Abbildung 20, daß der thermische Wirkungsgrad, ähnlich wie der Vergasungswirkungsgrad mit zunehmendem Dampfgehalt im Vergasungsmittel ansteigt und die gleiche Abhängigkeit von Druck und Temperatur bei der Vergasung hat.

Aus vorstehend besprochenen Abbildungen läßt sich nun herleiten, welchen Einfluß die verschiedenen Veränderlichen auf die Wirtschaftlichkeit der Schwachgaserzeugung ausüben. Dabei wird als Maß für die Wirtschaftlichkeit das Verhältnis von Gestehungskosten zu äquivalentem bzw. anlegbarem Schwacb gaspreis zugrunde gelegt.

Der von der Kokerei anlegbare Schwachgaspreis errechnet sich aus dem äquivalenten Wärmepreis abzüglich aller durch eine Verbundofenbatterie entstehenden Mehrkosten. Der Unterschied der Wärmepreise je 10^6 kcal hat seine Ursache in den voneinander abweichenden thermischen Wirkungsgraden der einzelnen Gase. Das Produkt aus thermischem Wirkungsgrad und Heizwert ergibt den Nutzwert eines Gases, der durch Berücksichtigung der Abgasverluste ausdrückt, wieviel kcal des betreffenden Gases wirklich verfügbar sind. Aus dem Verhältnis der Nutzwerte von Kokereigas und Schwachgas sowie dem Kokereigaspreis errechnet sich der äquivalente Wärmepreis nach der Formel:

$$E_1 = \frac{\text{Nutzwert Schwachgas}}{\text{Nutzwert Kokereigas}} \cdot \frac{\text{Preis Kokereigas}}{\text{Heizwert Schwachgas}} \cdot 10^4 (\text{DM}/10^6 \text{kcal})$$

$$E_2 = \frac{\text{Nutzwert Schwachgas}}{\text{Nutzwert Kokereigas}} \cdot \text{Preis Kokereigas } (\text{Dpf}/\text{Nm}^3)$$

Als Preis für das Kokereigas wird der Erlös des Gases hinter der Benzolfabrik eingesetzt, der Ferngaspreis also, abzüglich aller Aufwendungen für Ferngasreinigung und Fortleitung. Dieser Erlös beträgt etwa 5 Dpf/Nm^3.

Berücksichtigt man [50], daß bei gleichmäßiger Beheizung von Verbundbatterien im Vergleich zu Starkgasbatterien ein zusätzlicher Aufwand von 1 Schlosserschicht/Tag notwendig wird, daß ferner zwischen Verbundbatterie und Starkgasbatterie ein Baukostenunterschied von etwa 5800,- DM/Ofen besteht, der zu Lasten der Ersatzgase geht, so wird der anlegbare Gaspreis um diese Mehrkosten - etwa 0,22 DM/10^6 kcal - kleiner als der äquivalente Wärmepreis.

Da es sich bei der folgenden Betrachtung um vergleichende Untersuchungen handelt, soll die Unterscheidung zwischen äquivalentem und anlegbarem Preis unberücksichtigt gelassen werden.

In Abbildung 21 ist die Änderung des äquivalenten Gaspreises mit zunehmendem Dampfgehalt im Vergasungsmittel dargestellt. Der Ermittlung liegt ein Kokereigas-Nutzwert von 3505 kcal/Nm^3 (Hu = 3917 kcal/Nm^3, η_{th} = 89,5 %) und ein Kokereigaspreis von 5 Dpf/Nm^3 zugrunde. Aus der Definition des äquivalenten Gaspreises geht eindeutig hervor, daß er sich in gleicher Weise verhalten muß wie Gasheizwert und thermischer Wirkungsgrad, d.h. er muß mit zunehmendem Dampfgehalt im Vergasungsmittel ebenfalls steigen.

Abbildung 22 zeigt die Zunahme der Brennstoff- und Vergasungsmittelkosten, die im folgenden mit "Gestehungskosten" bezeichnet werden sollen; der Ermittlung liegen folgende Preise zugrunde: Brennstoff 8 Dpf/kg; Luft 0,1 Dpf/Nm^3; Wasserdampf (10 atü) 0,8 Dpf/kg. Erwartungsgemäß nehmen die "Gestehungskosten" ähnlich wie der Brennstoffverbrauch mit steigendem Dampfgehalt im Vergasungsmittel zu; die anwachsenden Brennstoffkosten können durch die abnehmenden Luftkosten infolge des großen Preisunterschiedes nicht ausgeglichen werden.

Die Abbildungen 21 und 22 sind die unmittelbare Grundlage für die Wirtschaftlichkeitsbetrachtung, die an Hand der folgenden Abbildungen besprochen werden soll. Als Maß für die Wirtschaftlichkeit wurde, wie erwähnt, das Verhältnis von Gestehungskosten zu äquivalentem Gaspreis gewählt; solange dieses Verhältnis <1 ist, liegen die Gestehungskosten unter dem äquivalenten Gaspreis; damit ist also die Voraussetzung für die Wirtschaftlichkeit gegeben. Bei einem Verhältnis >1 ist das Gaserzeugungsverfahren unwirtschaftlich. Bei der folgenden Betrachtung wird die Erzeugung von Koppelprodukten bei den Gestehungskosten mitberücksichtigt, d.h. ein Gewinn, der sich durch den Wert der Koppelerzeugnisse ergibt, wird von den Brennstoff- und Vergasungsmittelkosten abgezogen.

Abbildung 24 veranschaulicht bei einem Druck von 1 Atm den Einfluß von Vergasungswirkungsgrad, Brennstoffpreis und Temperatur auf das Verhältnis von "Gestehungskosten" zu äquivalentem Gaspreis, mithin auf die Wirtschaftlichkeit. Der Untersuchung wurden Brennstoffpreise von 10; 8; 4; 2 Dpf/kg C zugrunde gelegt. Die Abbildung enthält die Antwort auf die Frage, welche Bedeutung Temperatur, Vergasungswirkungsgrad und Brennstoffpreis in bezug auf die Wirtschaftlichkeit zukommt.

Bei einer Temperatur von 800°C, einem Vergasungswirkungsgrad von 85 % und einem Brennstoffpreis von 8 Dpf/kg C ist das Wirtschaftlichkeitsverhältnis gleich 1, die Gestehungskosten entsprechen also gerade dem äquivalenten Gaspreis. Bei gleichem Vergasungswirkungsgrad und Brennstoffpreis aber einer Temperatur von 1200°C ist das Wirtschaftlichkeitsverhältnis gleich 0,99; daraus ergibt sich, daß die Wirtschaftlichkeit bei höherer Reaktionstemperatur geringfügig, nämlich um 1 % zunimmt. Diese Zunahme gilt größenordnungsmäßig auch für andere Vergasungswirkungsgrade und Brennstoffpreise.

Die Höhe des Einflusses von Brennstoffpreis und Vergasungswirkungsgrad auf die Wirtschaftlichkeit soll bei der Temperatur von 1200°C bestimmt werden. Steigert man bei einem Brennstoffpreis von 8 Dpf/kg den Vergasungswirkungsgrad von 70 auf 90 %, d.h. um 20 %, so verbessert sich das Wirtschaftlichkeitsverhältnis von 1,18 auf 0,93, mithin um 25 %. Senkt man dagegen bei einem Vergasungswirkungsgrad von 70 % den Brennstoffpreis um 20 %, nämlich von 8 auf 6 Dpf/kg, so verbessert sich das Wirtschaftlichkeitsverhältnis von 1,18 auf 0,89, d.h. um 29 %. Daraus ergibt sich, daß eine Erniedrigung des Brennstoffpreises größere Vorteile mit sich bringt, als eine Erhöhung des Vergasungswirkungsgrades. Es ist selbstverständlich, daß ein solcher Vergleich nicht beliebig ausgedehnt werden kann, da sich in der Praxis weder beliebige Vergasungswirkungsgrade einstellen lassen, noch Brennstoffe mit beliebigem Preis erhältlich sind. Trotzdem gibt die Gegenüberstellung einen deutlichen Hinweis darauf, daß der Entwicklung von Vergasungsverfahren, die preisgünstige Brennstoffsorten durchsetzen können, mehr Bedeutung zukommt, als der Bemühung, den Vergasungswirkungsgrad zu erhöhen.

Aus Abbildung 24 ist weiterhin abzulesen, daß der Einfluß des Vergasungswirkungsgrades auf die Wirtschaftlichkeit desto geringer wird, je weiter der Preis des eingesetzten Brennstoffes fällt. Auf die Praxis übertragen heißt das aber, daß der Vergasungswirkungsgrad bei der Vergasung von teurem Koks im Drehrostgenerator eine sehr viel größere Rolle spielt als bei der Vergasung von billigem Kohlenstaub in der Wirbelkammer.

Abbildung 25 und 26 kennzeichnen den Einfluß des Druckes auf die Wirtschaftlichkeit. Wie man sieht, wird sie bei der Temperatur von 800°C herabgesetzt, und zwar um etwa 10 % bei einer Drucksteigerung von 1 auf 20 Atm und um ungefähr 2 % bei einer Drucksteigerung von 20 auf 40 Atm.

Bei 1200°C ist dagegen, wie nicht anders zu erwarten war, das Wirtschaftlichkeitsverhältnis unabhängig vom Druck.

Da das Schwachgas bei seiner Verwendung für die Unterfeuerung in Kokereien nur einen geringen Überdruck haben darf, ist die Anwendung der Druckvergasung in diesem Bereich von vornherein bedeutungslos, da vom Standpunkt des Brennstoff- und Vergasungsmittelverbrauches keine Vorteile mit ihr verbunden sind. Als Brennstoff für die Gasturbine mag jedoch das unter Druck erzeugte Schwachgas gewisse Vorteile bieten, da sowohl Druck als auch hohe Temperatur voll ausgenutzt werden können.

Faßt man zusammen, so ergeben sich aus den bisherigen Betrachtungen folgende Forderungen für die Auswahl eines Schwachgas-Vergasungsverfahrens:

Geringer Druck
Hohe Reaktionstemperatur
Hoher Vergasungswirkungsgrad
Niedrige Brennstoffkosten

b) Der Einfluß der Erzeugung von Koppelprodukten auf die Wirtschaftlichkeit

Die Art der erzeugbaren Koppelprodukte richtet sich in erster Linie nach der Höhe der Reaktionstemperatur. Bei Temperaturen oberhalb des Ascheschmelzpunktes bietet sich in erster Linie die Erzeugung von Dampf und Roheisen an, bei Temperaturen unterhalb des Ascheschmelzpunktes, die Gewinnung von bereits in der Kohle vorliegenden Stoffen, wie Teer und Benzol, die sich bei höheren Temperaturen wieder zersetzen.

c) Die Koppelerzeugung von Dampf

Abbildung 27 kennzeichnet die Auswirkung der Dampferzeugung auf die Wirtschaftlichkeit der Vergasung (Anhang S. 106). Der Abbildung liegt die Annahme zugrunde, daß die erzeugte Dampfwärme den Vergasungswirkungsgrad auf einen Gesamtwirkungsgrad von 90 % anhebt; wenn also beispielsweise der Vergasungswirkungsgrad 80 % beträgt, so werden mit 10 % der insgesamt aufgebrachten Brennstoffwärme Dampf erzeugt, der mit 0,8 Dpf/kg bewertet wird.

Man erkennt aus der Abbildung, daß bei hohen Brennstoffpreisen (10 und 8 Dpf/kg C) das Wirtschaftlichkeitsverhältnis mit steigendem Vergasungswirkungsgrad zunimmt, daß jedoch der Vergasungswirkungsgrad einen sehr viel geringeren Einfluß auf die Wirtschaftlichkeit ausübt, als bei der Nicht-Erzeugung von Dampf. Diese Tatsache geht aus einem Vergleich von Abbildung 27 und Abbildung 24 deutlich hervor.

Diese Verhältnisse ändern sich grundlegend bei niedrigeren Brennstoffkosten (6 und 4 Dpf/kg C). Es wird deutlich, daß hier die Wirtschaftlichkeit mit fallendem Vergasungwirkungsgrad steigt. Diese Änderung ist bedingt durch die im Vergleich zur Gaskalorie höhere Bewertung der Dampfkalorie.

Aus der Erkenntnis kann gefolgert werden, daß bei Vergasung einer im Preis niedrigen Brennstoffsorte die Gasgestehungskosten desto günstiger werden, je niedriger der Vergasungswirkungsgrad ist; mit anderen Worten, die Dampferzeugung sollte nicht mit der Gaserzeugung, sondern die Gaserzeugung mit der Dampferzeugung gekoppelt werden.

d) Die Koppelerzeugung von Roheisen und Schwachgas

Die gemeinsame Erzeugung von Roheisen und Schwachgas wird in Schachtöfen durchgeführt. Während in den hohen Schachtöfen, also den Hochöfen, Gas als Nebenprodukt anfällt, ist es in den Niederschachtöfen, soweit sie als Schwachgaserzeuger gebaut werden, das Haupterzeugnis, dessen Kosten durch gleichzeitige Gewinnung von Roheisen gesenkt werden sollen.

Die Reaktionen sind in beiden Ofenarten grundsätzlich ähnlich: Der Luftsauerstoff reagiert nach Eintritt in den Ofen mit dem Kohlenstoff unter Bildung von CO. Auf seinem Weg durch den Schacht reduziert das Kohlenoxyd (indirekte Reduktion) teilweise die Erzoxyde und geht dabei in Kohlensäure über. Je schwerer reduzierbar die Erze sind, desto mehr bleibt von der Reduktionsarbeit noch zu tun übrig. Diese kann jetzt nur durch den Kohlenstoff selbst bewirkt werden. Man nennt diesen Vorgang direkte Reduktion. Je kohlenoxydreicher das den Ofen verlassende Gichtgas ist, desto weniger CO und destomehr Kohlenstoff waren an der Reduktionsarbeit beteiligt. Da aber der bei der direkten Reduktion verbrauchte Kohlenstoff für die Wärmeerzeugung fehlt, muß die entsprechende Menge zusätzlich in den Ofen eingebracht werden. Daraus wird deutlich, daß die direkte Reduktion für die Roheisengewinnung teurer ist als die indirekte Reduktion. Bei der Erzeugung von Roheisen als Hauptprodukt besteht somit die Forderung, den CO-Gehalt des Gichtgases möglichst niedrig zu halten, wohingegen bei der

Gewinnung von Roheisen als Nebenprodukt die CO-Bildung bis zu einem gewissen Grade begünstigt wird.

e) Bewertung des Hochofengichtgases

Da das Gichtgas bei der Erzreduktion im Hochofen als Nebenerzeugnis anfällt, ist sein Preis nur schwer zu ermitteln. Im allgemeinen wird dieser Preis durch Vergleich mit einem Ersatzbrennstoff festgesetzt. Wird das Gichtgas beispielsweise im Kesselhaus benötigt, so ist der billigste Ersatzbrennstoff Kohlenstaub, dessen Kosten sich bei Berücksichtigung der Mahlkosten zu etwa 8,65 DM/10^6 kcal errechnen, so daß bei Bewertung des Gichtgases ebenfalls dieser Preis anzusetzen wäre (Anhang S.111).

Eine andere Möglichkeit, den Wärmepreis des Gichtgases je 10^6 kcal zu bestimmen, ist der Vergleich zwischen Elektrizitätserzeugung mit Gichtgas und Strombezug. Legt man zugrunde, daß ein Hüttenkraftwerk einen Wärmeverbrauch von 5000 kcal/kWh hat, und daß die gekaufte kWh 5 Dpf kostet, so ergibt sich für das Gichtgas ein Preis von 10 DM/10^6 kcal.

Eine objektive Bewertung des Gichtgases wird auf Grund folgender Überlegung vorgeschlagen: Wie oben gezeigt, hängt die Zusammensetzung des Gichtgases von der indirekten Reduktion ab. Es wurde gesagt, daß bei vollständiger indirekter Reduktion ein Minimum an CO im Gichtgas vorhanden ist und daß in diesem Fall gleichzeitig die direkte Reduktion und damit der Kohlenstoff- bzw. hier der Koksverbrauch auf einen Bestwert zurückgehen; mit anderen Worten, je kohlenoxydreicher das Gichtgas ist, destomehr Koks wird für den Ofengang benötigt. Dieser Mehrverbrauch an Koks kann ein objektiver Maßstab für die Bewertung des Gichtgases sein. Tritt im Gichtgas kein CO mehr auf, so darf es also schon deshalb nicht mehr kosten, weil zu seiner Erzeugung kein zusätzlicher Koks verbraucht wird. Besteht das Gichtgas dagegen nur aus CO, hat also keine indirekte Reduktion stattgefunden, so ist für die direkte Reduktion eine größte Koksmenge verbraucht worden, so daß dieses Gichtgas besonders teuer sein muß.

Diese beiden Grenzfälle sind nun lediglich theoretischer Natur, da sie in der Praxis nicht zu verwirklichen sind. Das Gichtgas wird immer eine gewisse Menge an CO und CO_2 enthalten, wobei das Verhältnis von CO_2 : CO, der sogen. Reduktionskoeffizient, im allgemeinen nicht über 0,67 hinausgeht; es wird also in der Regel immer mehr CO als CO_2 im Gichtgas vorhanden sein.

Ein Maß für die indirekte Reduktion ist jedoch erst die Reduktionsziffer als das Verhältnis von indirekt dem Erz entzogenen Sauerstoff zum Gesamtsauerstoffgehalt des Erzes. Mit ihrer Hilfe errechnet sich die Sauerstoffmenge, die dem Erz noch durch direkte Reduktion entzogen werden muß. Auf diese Weise kommt man schließlich zu der Koksmenge, die für die direkte Reduktion benötigt wird. Die Rechnung ist für den theoretischen Fall durchgeführt worden, daß kein CO mehr im Gichtgas vorhanden ist. In Tabelle 11 sind Werte für normale Gichtgasanalysen aufgeführt worden. Es ist ersichtlich, daß der Nm^3-Preis mit zunehmendem CO-Gehalt, also mit abnehmender indirekter Reduktion ansteigt. Der Preis je 10^6 kcal liegt bei 13,80 DM (Anhang S. 112).

f) Fortleitung von Hochofengichtgas

Wie man aus vorstehenden Überlegungen erkennt, nimmt das Hochofengichtgas in bezug auf seine Kosten unter den Schwachgasen eine Sonderstellung ein. Sein Preis ab Hochofen wird auf Grund von Verhandlungen festgesetzt. Zu diesem Preis kommen nun allerdings noch die Fortleitungskosten, da der Hochofen in vielen Fällen nicht unmittelbar in der Nachbarschaft der Kokerei liegt; diese Kosten sind rechnerisch genau zu erfassen. Die Durchführung der Rechnung ist auf der Seite 108 angegeben, ihre Ergebnisse sind in den Abbildungen 30 und 31 zusammengefaßt.

Abbildung 31 kennzeichnet den Gichtgaspreis frei Kokerei, der sich aus Grundpreis ab Hochofen + Fortleitungskosten zusammensetzt. Da der Grundpreis, wie aus vorstehenden Überlegungen klar hervorgeht, nicht eindeutig festgesetzt werden kann, sind in der Abbildung verschiedene Grundpreise berücksichtigt worden.

Den Fortleitungskosten liegt der im Anhang auf Seite 108 für verschiedene Gasmengen ermittelte wirtschaftliche Rohrleitungsdurchmesser zugrunde. Diese Kosten wurden für Rohrlängen von 1 bis 15 km errechnet. Wie man aus der Abbildung 31 ablesen kann, betragen die Fortleitungskosten z.B. 1,98 DM bei einer stündlichen Gasmenge von $50 \cdot 10^3$ Nm^3 und einer Entfernung von 10 km, so daß sich bei einem Grundpreis von 9,- DM ein Gichtgaspreis frei Kokerei von 10,98 DM ergibt. Die Fortleitungskosten fallen mit zunehmender Gasmenge.

Abbildung 30 veranschaulicht den Zusammenhang zwischen Länge der Fortleitung, dem Verhältnis von wirklichem zu anlegbarem Gichtgaspreis und der

Menge des fortzuleitenden Gases. Dabei wurde mit einem Grundpreis ab Hütte von 9,- DM/10^6 kcal, einem thermischen Wirkungsgrad von 87,1 % und einem Kokereigaspreis von 5 Dpf/Nm^3 gerechnet.

Man erkennt aus der Abbildung, daß bei dem angenommenen Grundpreis die Wirtschaftlichkeitsgrenze bei einer Gasmenge von 20 · 10^3 Nm^3 bei einer Leitungslänge von etwa 14 km liegt; diese Entfernung erhöht sich auf ungefähr 18 km bei einer stündlichen Gasmenge von 80 · $10^3 Nm^3$.

g) Die Koppelerzeugung von Roheisen im Niederschachtofen

Abbildung 29 veranschaulicht, in welcher Weise die Wirtschaftlichkeit der Schwachgaserzeugung bei Gewinnung von Roheisen vom Vergasungswirkungsgrad abhängig ist [51].

Man erkennt, daß die Wirtschaftlichkeit mit fallendem Vergasungswirkungsgrad zunimmt. Die Ursache für diese Abhängigkeit ist darin zu sehen, daß die Roheisenerzeugung im Niederschachtofen mit steigendem Vergasungswirkungsgrad geringer wird; so werden beispielsweise bei einem Vergasungswirkungsgrad von 52,8 % 55 t Roheisen gewonnen, während das Ausbringen bei einem Vergasungswirkungsgrad von 45 % auf 129 t steigt. Infolge des hohen Roheisenwertes, der im vorliegenden Fall zu 160 DM/t angenommen wurde, übt der Brennstoffpreis keinen so großen Einfluß auf die Gasgestehungskosten aus, wie bei der Gewinnung anderer Koppelprodukte. In viel entscheidenderem Maß macht sich eine Veränderung der Roheisengewinnung, d.h. also des Vergasungswirkungsgrades bemerkbar. Erniedrigt sich beispielsweise bei einem Vergasungswirkungsgrad von 50 % der Brennstoffpreis von 70,- auf 58,- DM, d.h. um 17 %, so verbessert sich das Wirtschaftlichkeitsverhältnis von 1,0 auf 0,75, die Gestehungskosten betragen also nur noch 75 % des anlegbaren Gaspreises. Verringert man dagegen den Vergasungswirkungsgrad durch Steigerung der Roheisenerzeugung von 50 auf 45 %, so verbessert sich das Wirtschaftlichkeitsverhältnis von 1,0 auf 0,8.

Es wird ersichtlich, daß durch die Verwendung von Roheisen als Koppelprodukt auch teure Brennstoffe noch wirtschaftlich vergast werden können.

h) Die Koppelerzeugung von Öl und Teer

Die Erzeugung von Öl und Teer als Koppelprodukte bleibt in erster Linie solchen Verfahren vorbehalten, die bei Temperaturen unterhalb des Ascheschmelzpunktes Kohle vergasen, da sich diese flüssigen Kohlenwasserstoffe bei höheren Temperaturen zersetzen. Es ist daher verständlich, daß der Einfluß der Öl- und Teerausbeute auf die Wirtschaftlichkeit der Schwachgaserzeugung in Abbildung 28 im Temperaturbereich 800°C dargestellt worden ist.

Der Abbildung 28 liegen Betriebsergebnisse einer Anlage (der Société Gaz Intégral) zugrunde [52]. Die Unterlagen beziehen sich auf die Vergasung einer Gasflammkohle mit einem Heizwert von 6.400 kcal/kg, einer Gasausbeute von 4.912 kcal/kg und einer Ausbeute an Urteer und Öl von 0,072 kg/kg. Die übrigen Werte sind dem Anhang auf Seite 106 zu entnehmen.

Um einen Überblick zu bekommen, welchen Einfluß die Ausbeute an Öl und Teer auf die Wirtschaftlichkeit des Vergasungsverfahrens ausübt, wurde angenommen, daß sich der Vergasungswirkungsgrad, der lediglich die Gasausbeute berücksichtigt, in den Grenzen 70 bis 90 % beliebig einstellen läßt. Gleichzeitig wurde vorausgesetzt, daß in jedem Fall ein Gesamtwirkungsgrad, der Gas-, Öl- und Teerausbeute berücksichtigt, von 90 % erreicht wird. Schließlich wurde, bei Gleichhaltung der anderen Kosten, mit verschiedenen Brennstoffpreisen gerechnet.

Unter diesen Voraussetzungen ergab sich Abbildung 28, aus der hervorgeht, daß bei hohen Brennstoffpreisen die Wirtschaftlichkeit mit zunehmendem Vergasungswirkungsgrad, d.h. also mit sinkender Ausbeute an Öl und Teer, steigt, daß dagegen bei niedrigen Brennstoffpreisen die Wirtschaftlichkeit mit abnehmendem Vergasungwirkungsgrad besser wird. Es liegen hier also ganz ähnliche Verhältnisse vor, wie bei der Koppelerzeugung von Dampf, bei der allerdings in der Darstellung von Abbildung 27 nicht die Betriebs- und Kapitalkosten berücksichtigt worden sind.

Die Frage, ob Teer oder Dampf als Koppelerzeugnisse für die Vergasung wertvoller sind, entscheidet sich bei dem heutigen Preisgefüge für den Dampf: 1000 kcal kosten als Dampf von 400°C und 40 at etwa 1,04 Dpf, als Teer etwa 0,85 Dpf. Daraus ergibt sich, daß die Koppelerzeugung von Dampf bei der Hochtemperaturvergasung wertvoller ist, als die Gewinnung von Öl bei der Mitteltemperaturvergasung (Temperatur unterhalb des Ascheschmelzpunktes).

Zusammenfassung

Faßt man die gewonnenen Erkenntnisse zusammen, so ergibt sich, von den Koppelerzeugnissen her betrachtet, eine eindeutige wirtschaftliche Überlegenheit der Hochtemperatur- über die Mitteltemperatur-Vergasungsverfahren. Als wertvollstes Koppelprodukt kann dabei das Roheisen angesehen werden.

Bei den Verfahren ist gemeinsam, daß ihre Wirtschaftlichkeit bei Verwendung teurer Brennstoffe mit steigendem Vergasungswirkungsgrad zunimmt, bei Verwendung billiger Brennstoffe dagegen fällt. Der Preis des Grenz-Brennstoffes, bei dem also der Vergasungswirkungsgrad keinen Einfluß auf die Wirtschaftlichkeit hat, richtet sich nach dem Wert der Koppelerzeugnisse; je höher dieser Wert ist, desto höher darf auch der Preis des Grenzbrennstoffes sein.

Verbindet man diese Überlegungen mit den Untersuchungsergebnissen über den Einfluß von Druck, Temperatur usw., so ergeben sich folgende wesentlich vom Brennstoffpreis beeinflußte Forderungen für die Auswahl wirtschaftlicher Schwachgaserzeugungsverfahren;

> billiger Brennstoff, hohe Temperatur, niedriger Vergasungswirkungsgrad bei möglichst großer Ausbeute an Koppelerzeugnissen.

In dem Maß, wie der Brennstoff teurer wird, ist zu überlegen, ob der Vergasungswirkungsgrad auf Kosten der Koppelerzeugnisse gesteigert werden soll.

Da der Brennstoffpreis in starkem Maß von der Brennstoffklasse, d.h. von der Korngröße, abhängt, wird bei Vergasung eines billigen Brennstoffes, der vielfach als Staub vorliegt, die Forderung nach hoher Temperatur auch deswegen dringend, weil die Staubvergasung im Gleichstrom durchgeführt wird. Dabei dient das Vergasungsmittel zugleich als Traggas für den Brennstoff, so daß die Konzentration und damit die Reaktion von Kohlenstoff und Sauerstoff mit zunehmender Generatorhöhe abnimmt. Damit würde ein Teil des Brennstoffes unvergast ausgetragen werden, wenn nicht die Abnnahme der Konzentration in gewissem Umfang durch Steigerung der Vergasungstemperatur ausgeglichen wird. Es ist daher verständlich, daß Staubvergasungsverfahren bei hohen Temperaturen betrieben werden müssen.

Die Forderung nach hohen Temperaturen bei der Staubvergasung zieht aber wieder die Notwendigkeit der Koppelerzeugung von Dampf nach sich, der zur Kühlung benötigt wird.

Man erkennt, daß die aus wirtschaftlichen Überlegungen bei der Staubvergasung erhobenen Forderungen sich weitgehend mit jenen technischen Bedingungen decken, die zu einer erfolgreichen Staubvergasung unerläßlich sind.

i) Vergleich der Wirtschaftlichkeitsuntersuchung mit den Betriebsergebnissen bekannter Anlagen

Im Anschluß an die vorstehenden Untersuchungen entsteht nun die Frage, ob die Wirtschaftlichkeit der Vergasungsverfahren hinreichend durch Betrachtung des Brennstoff- und Vergasungsmittelverbrauches, sowie der Erzeugung von Koppelprodukten gekennzeichnet werden kann. Diese Frage muß untersucht werden, bevor mit Hilfe der vorliegenden Ergebnisse geklärt werden soll, welche der in Tabelle 7 aufgeführten Schwachgaserzeugungsverfahren noch entwicklungsfähig sind.

Die Untersuchung stützt sich auf die Kenntnis der Kosten einiger bekannter Vergasungsverfahren, wie sie in Tabelle 14 aufgeführt sind [53].

Es sind dies:

Vergasung von Stückkoks im Drehrostgenerator bei Temperaturen unterhalb des Ascheschmelzpunktes, ohne Erzeugung von Koppelprodukten. Die Gestehungskosten betragen 14,20 DM/10^6 kcal, das Verhältnis von Gestehungskosten zu anlegbarem Preis 1,140/1.

Vergasung von stückiger Kohle im Drehrostgenerator - Demag P.-H.-Generator mit Rührarm in der Schwelzone, der die Backeigenschaften der Kohle unwirksam macht - bei Temperaturen unterhalb des Ascheschmelzpunktes. Als Koppelerzeugnis fällt Teer an. Die Gestehungskosten betragen 12,11 DM/10^6 kcal, das Wirtschaftlichkeitsverhältnis ist 0,973/1.

Vergasung von Feinkohle im FLESCH-Demag-Generator, bei Temperaturen am Ascheschmelzpunkt, mit Erzeugung von Teer als Koppelprodukt. Die Gestehungskosten betragen 13,40 DM/10^6 kcal, das Wirtschaftlichkeitsverhältnis ist 1,069/1.

Vergasung von Staubkohle in der Wirbelkammer bei Temperaturen oberhalb des Ascheschmelzpunktes. Als Koppelprodukt wird Dampf erzeugt. Die Gestehungskosten betragen 11,10 DM/10^6 kcal, das Wirtschaftlichkeitsverhältnis ist 0,90/1.

Aus der Zusammenstellung geht hervor, daß die Wirtschaftlichkeit mit fallenden Brennstoffpreisen und zunehmendem Wert der Koppelerzeugnisse ansteigt. Eine Ausnahme bildet der FLESCH-Demag-Generator, dessen Wirtschaftlichkeit trotz niedrigerer Brennstoffkosten schlechter ist als die des Demag P.-H.-Generators. Der Grund hierfür ist darin zu sehen, daß die hohen Kapitalkosten, die 23,6 % der Gestehungskosten ausmachen, infolge der geringfügigen Erzeugung von Koppelprodukten nicht ausgeglichen werden können. Während die Gutschrift für Teer beim P.-H.-Generator 1,19 DM/ 1000 Nm^3 Gas beträgt, wurden beim FLESCH-Demag-Generator nur 0,69 DM/1000 Nm^3 gutgeschrieben. Die geringere Teerausbeute hat unter anderem ihre Ursache in der Anwendung höherer Temperaturen bei diesem Verfahren. Die Verschlechterung der Wirtschaftlichkeit mit abnehmender Teerausbeute bei niedrigen Brennstoffpreisen geht aus Abbildung 28 deutlich hervor. Die Wirtschaftlichkeit des FLESCH-Demag-Verfahrens würde steigen, wenn bei Wahl höherer Temperaturen Dampf als Koppelerzeugnis gewonnen werden könnte. Der außerordentliche Einfluß dieses Koppelproduktes auf die Wirtschaftlichkeit geht deutlich aus den Betriebszahlen der Wirbelkammer hervor: Die Kapitalkosten, die 22,8 % der Gestehungskosten ausmachen, werden nahezu durch die Dampfgutschrift ausgeglichen.

Aus vorstehenden Betrachtungen darf also gefolgert werden, daß die Wirtschaftlichkeit der Vergasungsverfahren tatsächlich in ausreichender Annäherung mit Hilfe des Brennstoff- und Vergasungsmittelverbrauches, sowie der Erzeugung von Koppelprodukten beurteilt werden kann. Für die folgende Auswertung der Tabelle 7, die die denkbaren Vergasungsverfahren kennzeichnet, spielt natürlich gleichzeitig die technische Möglichkeit zur Durchführung eines Vergasungsverfahrens eine ausschlaggebende Rolle.

j) Untersuchung der in Tabelle 7 erfaßten, bisher jedoch nicht entwickelten Schwachgaserzeugungsverfahren

Die Schwachgaserzeugung ist durch Verwendung von Luft bzw. Luft + Wasserdampf als Vergasungsmittel bei stetiger Verfahrensweise festgelegt. Die Kennzahlen der Schwachgasverfahren sind daher auf Grund der gewählten Klassifikation in Tabelle 7 eine an dritter Stelle stehende 1 (Vergasungsmittel Luft) oder 3 (Vergasungsmittel Luft + Wasserdampf). Eine Ausnahme bildet die unstetige Wassergaserzeugung im Drehrostgenerator.

F a l t t a f e l 1

(schraffiert) = nur Braunkohl

Brennstoff	Steinkohle, Braunkohle, Koks																				
Korngröße	Stücke ~ 8 bis 50 mm																				
Vergasungsmittel	Luft	H_2OD*					Luft + H_2OD*					O_2 + H_2OD*						Luft	H_2O_D*		
Beheizung	dir.	indirekt					dir.	indir. + dir.				dir.		indir. + dir.				dir.	indirekt		
Wärmeträger++)		fe	fl	Wä		Ab		fe	fl	Wä	Ab			fe	fl	Wä	Ab		fe	fl	Wä
Verfahren Nr. 1 Druck ~ 1 at, Temp. < Aschenschmelzpunkt	11.11	11.22	11.23	11.24 a	11.24 b	11.25	11.31	11.32	11.33	11.34	11.35	11.41		1142	1143	1144	1145	12.11	1222	1223	1224
Bezeichnung des Verfahrens				KOPPERS-Schwarzheide	PINTSCH-HILLEBRAND	DIDIER-BUBIAG	Drehrost-Generator	Drehrost-Wassergas-Generator											I.C.I.		
Leistung kg/m^2h				300	300	?	250	600											420		
Leistung Nm^3/m^2h				450	450		1150	1110											316		
Verbrauch an Luft od. O_2 Nm^3/Nm^3				-	-	-	0,8	1,8											-		
Verbr. H_2O_D kg/Nm^3				0,32	0,32	0,3	0,13	1,1											0,5		
Wälzgasmenge Nm^3/Nm^3				0,95	0,95	-	-	-											-		
Verhältnis H_2/CO				2/1	2/1	2,6/1	-	1,3/1											1,5/1		
CH_4-Gehalt %				2,0	2,0	1,7	0,4	1											1,7		
Hu Gas $kcal/Nm^3$				2400	2400	2450	1200	2550											2300		
Gasaustrittstemp. aus Generator °C				700	700	950	700												950		
η Vergasung %				60	60	70	79	70													
Verfahren Nr. 2+++) Druck ~ 1 at, Temp. > Aschenschmelzpunkt												a	b								
Bezeichnung des Verfahrens	Abstich-Generator											THYSSEN-GALOCSY	LEUNA-Abstichgen.								
Leistung kg/m^2h	1000											1900	2000								
Leistung Nm^3/m^2h	4000											4000									
Verbrauch an Luft od. O_2 Nm^3/Nm^3	0,85											0,3	0,24								
Verbr. H_2O_D kg/Nm^3	0,075											0,2	0,31								
Wälzgasmenge Nm^3/Nm^3	-											-	-								
Verhältnis H_2/CO	-											0,33/1	0,5/1								
CH_4-Gehalt %	4,5											0,2	0,0								
Hu Gas $kcal/Nm^3$	1550											2700	2650								
Gasaustrittstemp. aus Generator °C	800											800	400								
η Vergasung %	75											86	86								

+) bezieht sich auf Nm^3 ($CO+H_2$) ++) fe = fest, fl = flüssig, Wä = gasförmig (Wälzgas), Ab = Außenbeheizung +++) Erste Zahl der

~ 1 bis 8 mm										Staub ~ 0 bis 1 mm																
t + H_2OD^*				$O_2 + H_2OD^*$						Luft		H_2OD^*				Luft + H_2OD^*					$O_2 + H_2O_D^*$					
indir. + dir.				dir.		indir. + dir.				dir.		indirekt				dir.	indir. + dir.				dir.		indir. + dir.			
e	fl	Wä	Ab	a	b	fe	fl	Wä	Ab			fe	fl	Wä	Ab		fe	fl	Wä	Ab			fe	fl	Wä	Ab
32	1233	1234	1235	12.41		1242	1243	1244	1245	13.11		1322	1323	13.24	1325	1331	1332	1333	1334	1335	13.41		1342	1343	1344	1345
																					a	b				
				WINKLER	FLESCH-DEMAG							LURGI-Ruhrgas		SCHMALFELD		PANINDCO					KOPPERS-TOTZEK	PANINDCO				
				660	620							2200														
				1220	1140							1250				0,565					0,31	0,38 Luft 0,086 O_2				
				0,35+								-		-		0,203					0,305	0,37				
				0,99+												-					-	-				
				-								-		-												
				1,6/$_1$	1,2/$_1$							2,4/$_1$		2/$_1$		-					0,7/$_1$	1,2/$_1$				
				1,5	2,5							12,0				0,3					< 0,1	0,6				
				2120	2430							3620		2175		1060					2440	1790				
				900	350									1100							1200					
				80	78											54					67	66				
										a	b										a	b				
										Wirbel-kammer	Schwing-rohr		Schlacke-schmelzgen.					Schlacke-schmelzgen.			MORGANTOWN	DUPONT				
										1250	15000							2500				750				
																						1240				
										0,81												0,337+)				
										-	-											0,503+)				
										-	-		-					-			-	-				
										-	-											0,98/$_1$				
										0,6	0,0											0,7				
										937	880							1340				2290				
										1200	1200							1000								
										63	54															

on, die drei anderen Zahlen wie oben

* Bei der Bezeichnung H_2OD handelt es sich um Wasserdampf aus Gebrauchswasser

F a l t t a f e l 2

Brennstoff	Steinkohle, Braunkohle, Koks															▨ = nur Braunkohl			
Korngröße	Stücke ~ 8 bis 50 mm																		
Vergasungsmittel	Luft	H_2O_D*				Luft + H_2O_D*					O_2 + H_2O_D*					Luft	H_2O_D*		
Beheizung	dir.	indirekt				dir.	indir. + dir.				dir.	indir. + dir.				dir.	indirekt		
Wärmeträger ++)		fe	fl	Wä	Ab		fe	fl	Wä	Ab		fe	fl	Wä	Ab		fe	fl	Wä
Verfahren Nr. 3 +++) Druck > 1at, Temp. < Ascheschmelzpunkt																			
Bezeichnung des Verfahrens											LURGI-Druckgenerator								
Leistung kg/m^2h											1000								
Leistung Nm^3/m^2h											1200								
Verbr. an Luft oder O_2 Nm^3/Nm^3											0,2								
Verbr. H_2O_D kg/Nm^3											2,0								
Wälzgasmenge Nm^3/Nm^3											-								
Verhältnis H_2/CO											1,9/1								
CH_4-Gehalt %											16,9								
Hu Gas $kcal/Nm^3$											3690								
Gasaustrittstemp. aus Generator °C											550								
η Vergasung %											75								
Verfahren Nr. 4 +++) Druck > 1at, Temp. > Ascheschmelzpunkt																			
Bezeichnung des Verfahrens																			
Leistung kg/m^2h																			
Leistung Nm^3/m^2h																			
Verbr. an Luft oder O_2 Nm^3/Nm^3																			
Verbr. H_2O_D kg/Nm^3																			
Wälzgasmenge Nm^3/Nm^3																			
Verhältnis H_2/CO																			
CH_4-Gehalt %																			
Hu Gas $kcal/Nm^3$																			
Gasaustrittstemp. aus Generator °C																			
η Vergasung %																			

+) bezieht sich auf Nm^3 ($CO+H_2$)   ++) fe = fest, fl = flüssig, Wä = gasförmig (Wälzgas), Ab = Außenbeheizung   +++) Erste Zahl der

…n ~ 1 bis 8 mm										Staub ~ 0 bis 1 mm															
+ H_2OD*				$O_2 + H_2OD$*						Luft	H_2OD*				Luft + H_2O_D*					$O_2 + H_2O_D$*					
…ndir. + dir.				dir.		indir. + dir.				dir.	indirekt				dir.	indir. + dir.				dir.		indir.			
	fl	Wä	Ab	a	b	fe	fl	Wä	Ab		fe	fl	Wä	Ab		fe	fl	Wä	Ab			fe	fl	Wä	Ab
																				a	b				
																				TEXACO	MORGANTOWN-Druckgenerator				
																					2960				
																					4700				
																				0,35	0,34+)				
																					0,203+)				
																				-					
																				1	1				

…ion, die drei anderen Zahlen wie oben

* Bei der Bezeichnung H_2OD handelt es sich um Wasserdampf aus Gebrauchswasser

Im folgenden soll untersucht werden, ob es neben den ausgeführten Erzeugungsverfahren noch entwicklungswürdige Schwachgasverfahren gibt. Das Verfahren wird dann als nichtentwicklungswürdig angesehen, wenn ein stichhaltiger Grund wirtschaftlicher oder technischer Art gegen seine Durchführung spricht.

Verfahren bei einem Druck von >1 at und Temperaturen unter dem Ascheschmelzpunkt

Brennstoff	Verg.-Mittel	Wärme-träger	
Stücke	Luft	-	(11.11)
Feinkorn	"	-	(12.11)
Staub	"	-	(13.11)

Bei niedrigen Temperaturen sind Verfahren, die als Vergasungsmittel Luft verwenden, unwirtschaftlich, weil der Vergasungswirkungsgrad niedrig ist (Abb. 14) und keine wertvollen Koppelprodukte erzeugt werden können. Bei der Koppelerzeugung von Teer müssen die Brennstoffpreise sehr niedrig liegen, wenn die Wirtschaftlichkeit bei geringem Vergasungswirkungsgrad besser sein soll als bei hohem (Abb. 28). Die Verwendung billiger, d.h. feinkörniger bis staubförmiger Steinkohlen verbietet sich aber, weil bei der notwendigen Gleichstromvergasung die Reaktionstemperatur zu niedrig ist, um einen ausreichenden Kohlenstoff-Umsatz zu gewährleisten.

Stücke	Luft + H_2O_D	fl[4]	(11.33)
Feinkorn	Luft + H_2O_D	fl	(12.33)
Staub	Luft + H_2O_D	fl	(13.33)

Die Verfahren sind technisch nicht durchführbar, da es bei Temperaturen unter dem Ascheschmelzpunkt keine geeigneten, flüssigen Wärmeträger gibt.

Stücke	Luft + H_2O_D	Wä	(11.34)
Feinkorn	Luft + H_2O_D	Wä	(12.34)
Staub	Luft + H_2O_D	Wä	(13.34)

4. fe = fest; fl = flüssig; Wä = gasförmig; Ab = Außenbeheizung

Die Verfahren lassen keine großen wirtschaftlichen Vorteile erwarten. Die Kosten, die bei der Vergasung teurer Brennstoffe (11.34) dadurch eingespart werden, daß die für einen Teil der Wasserdampfvergasung mit dem Wälzgas aufzubringende Wärme mit billigen Brennstoffen erzeugt werden kann, werden auf der anderen Seite durch höhere Anlagekosten wieder verursacht.

Bei Vergasung von billigen Brennstoffen (12.34, 13.34) kann die aufzubringende Wärmemenge auch durch Wälzgas nicht preisgünstiger erzeugt werden. Dazu kommt, daß die bei der Gleichstromvergasung ohnehin niedrige Konzentration zwischen Kohlenstoff und Sauerstoff noch weiter erniedrigt wird, wenn man das sauerstoffhaltige Vergasungsmittel durch Zugabe von Wälzgas verdünnt.

Brennstoff	Verg.-Mittel	Wärmeträger
Stücke	Luft + H_2O_D	Ab (11.35)
Feinkorn	Luft + H_2O_D	Ab (12.35)
Staub	Luft + H_2O_D	Ab (13.35)

Die Vergasung mit Außenbeheizung erscheint wegen der hohen Anlagekosten und des schlechten Wärmeübergangs nur dann gerechtfertigt, wenn das Gas ohne Verwendung von reinem Sauerstoff stickstoffrei sein soll. Da diese Forderung an ein Schwachgas nicht gestellt zu werden braucht, sind diese Verfahren unwirtschaftlich.

Verfahren bei einm Druck von ~ 1 at und Temperaturen über dem Ascheschmelzpunkt

Feinkorn Luft - (21.31)

Das Verfahren ist technisch nicht durchführbar, weil geschmolzene Schlacke im Wirbelbett den Fortgang der Vergasung verhindert.

Stücke	Luft + H_2O_D	-	(21.31)
Feinkorn	Luft + H_2O_D	-	(22.31)
Staub	Luft + H_2O_D	-	(23.31)

Durch Zusatz von Wasserdampf zum Vergasungsmittel wird der Vergasungswirkungsgrad verbessert (Abb. 14). Da bei den hohen Vergasungstemperaturen jedoch die Möglichkeit zur Erzeugung der wertvollen Koppelprodukte Roheisen und Dampf gegeben ist, wirkt sich eine Verbesserung des Vergasungswirkungsgrades verschlechternd auf die Wirtschaftlichkeit des Verfahrens aus, und zwar umsomehr, je billiger der Vergasungsbrennstoff oder umso wertvoller das Koppelprodukt ist. Aus diesem Grund ist es verständlich, daß Vergasungsverfahren in diesem Temperaturbereich wirtschaftlicher ohne besonderen Zusatz von Wasserdampf zur Vergasungsluft arbeiten.

Brennstoff	Verg. Mittel	Wärmeträger
Stücke	Luft + H_2O_D	fe (21.32)
Feinkorn	Luft + H_2O_D	fe (22.32)
Staub	Luft + H_2O_D	fe (23.32)

Bei Vergasung stückigen Kokses ist die Möglichkeit gegeben, den Vergasungsbrennstoff als festen Wärmeträger zu verwenden. Da die Verfahrensweise hierdurch jedoch umständlicher wird, auf der anderen Seite aber keine Vorteile zu erwarten sind, ist das Verfahren technisch uninteressant.

Die Vergasung feinkörniger und staubförmiger Brennstoffe unter Zuhilfenahme fester Wärmeträger ist in diesem Temperaturbereich nicht durchzuführen, da die schmelzende Schlacke den Durchgang des Vergasungsbrennstoffes durch die Wärmeträger verhindern würde.

Stücke	Luft + H_2O_D	fl	(21.33)
Feinkorn	Luft + H_2O_D	fl	(22.33)

Der Vorteil der Verwendung flüssiger Wärmeträger - als solcher kommt in erster Linie flüssige Schlacke in Betracht - liegt unter anderem in dem guten Wärmeübergang und der damit verbundenen sehr raschen Vergasung begründet. Dieser Vorteil würde bei einer Vergasung stückiger Brennstoffe mit Hilfe geschmolzener Schlacke, selbst wenn sie mit einfachen Mitteln durchführbar wäre, nicht besonders zur Geltung kommen, da die Erwärmung des stückigen Brennstoffes eine verhältnismäßig lange Zeit in Anspruch nehmen würde.

Die Vergasung feinkörniger Kohle im Wirbelbett bei Bildung flüssiger Schlacke läßt sich nicht durchführen. Dagegen ist an die Möglichkeit zu denken, feinkörnige Kohle in einem aufgewirbelten Bett flüssiger Schlacke zu vergasen. Eine derartige Verfahrensweise ist allerdings schon dem RUMMEL-Verfahren (23.33) verwandt.

Brennstoff	Verg.-Mittel	Wärmeträger	
Stücke	Luft + H_2O_D	Wä	(21.34)
Feinkorn	Luft + H_2O_D	Wä	(22.34)
Staub	Luft + H_2O_D	Wä	(23.34)

Für stückige Brennstoffe läßt die Verfahrensweise keine wirtschaftlichen Vorteile erwarten. Die umzuwälzenden großen Gasmengen würden die Anlagekosten erhöhen, so daß die Ersparnis, die durch die billiger erzeugte Wärme erzielt wird, wieder aufgehoben würde. Wirbelbettverfahren sind bei den hohen Vergasungstemperaturen nicht durchführbar, Staubvergasungsverfahren würden wegen Abnahme der Konzentration infolge Verdünnung des Vergasungsmittels unwirtschaftlich.

Stücke	Luft + H_2O_D	Ab	(21.35)
Feinkorn	Luft + H_2O_D	Ab	(22.35)
Staub	Luft + H_2O_D	Ab	(23.35)

Die Verfahren sind wegen der hohen Anlagekosten, des schlechten Wärmeübergangs und der geringen Durchsatzleistung unwirtschaftlich, sofern ihre Durchführung technisch unmöglich ist.

Verfahren bei einem Druck >1 at und Temperaturen unter dem Ascheschmelzpunkt

Alle Schwachgasverfahren, die unter diesen Bedingungen arbeiten sollen, sind, wie aus den Abbildungen 25 und 26 zu entnehmen ist, unwirtschaftlicher als entsprechende Verfahren bei normalem Druck. Ihre Durchführung ist daher von vornherein uninteressant.

Verfahren bei einem Druck >1 at und Temperaturen über dem Ascheschmelzpunkt

Sofern eine Möglichkeit gegeben ist, den Druck des erzeugten Gases auszunutzen, besteht die Wahrscheinlichkeit, daß sich einige der Vergasungsverfahren wirtschaftlich verwirklichen lassen (Abb. 24).

Folgerung

Die vorstehenden Untersuchungen zeigen, daß von den denkbaren Schwachgaserzeugungsverfahren jene bereits entwickelt worden sind oder in der Entwicklung stehen, die die besten Voraussetzungen für eine gute Wirtschaftlichkeit haben. Die wirtschaftlichen Verfahren fallen dabei insbesondere in den Vergasungsbereich, der durch Reaktionstemperaturen über dem Ascheschmelzpunkt und Normaldruck gekennzeichnet ist.

4. Kennzeichnende Merkmale für die Wirtschaftlichkeit der Starkgaserzeugung durch Vergasung

a) Der Einfluß von Druck, Temperatur, Vergasungsmittel und Brennstoffpreis auf die Wirtschaftlichkeit

Da der hohe Heizwert des Starkgases durch seinen niedrigen Gehalt an Stickstoff und seinen hohen Gehalt an Methan bedingt ist, müssen Vergasungsverfahren, die die Starkgaserzeugung zum Ziel haben, grundsätzlich ein Vergasungsmittel verwenden, das weitgehend stickstoffrei ist. Diese Forderung wird von einem Gemisch aus Sauerstoff und Wasserdampf, bzw. von Wasserdampf allein, erfüllt.

Die nutzbare Methanbildung bei der Vergasung wird durch Erhöhung des Druckes bei niedrigen Temperaturen erzielt. Man hat es damit verfahrensmäßig in der Hand, ob das Methan bereits während der Vergasung im Generator (Druckvergasung) oder erst in einem an die Vergasung anschließenden Verfahren gebildet werden soll (Methanisierung, Hydrierung).

Im folgenden soll untersucht werden, welche dieser Verfahrensweisen die wirtschaftlichsten Möglichkeiten bieten. Dabei wird, wie im vorhergehenden Teil, davon ausgegangen, daß Brennstoff, Vergasungsmittel und Koppelprodukte den entscheidenden Anteil an der Wirtschaftlichkeit haben.

Um den Einfluß von Druck, Temperatur und Vergasungsmittel auf die Vergasung zu kennzeichnen, sind Vergasungsrechnungen durchgeführt worden, die das gesamte, mögliche Mischungsverhältnis von Sauerstoff und Wasserdampf erfassen. Der Gang der Rechnung ist im Anhang (S.114) angegeben, die Ergebnisse sind in den Tabellen 16 und 17 zusammengefaßt und in den Abbildungen 35 bis 39 dargestellt. Wie oben wurde die Rechnung für Temperaturen von 800°C und 1200°C durchgeführt, wobei Drücke von 1; 20; 40 und 100 Atm zugrundegelegt worden sind. Als Unvollkommenheitsbeiwert für die Methanbildungsreaktion wurde 0,115 eingesetzt; dieser Faktor gilt für nicht sehr reaktionsfreudige Brennstoffe und wird in der Praxis oft überschritten werden. Er bedeutet, daß nur 11,5 % der Methanmenge entsteht, die bei vollkommener Gleichgewichtseinstellung gebildet werden könnte.

Abbildung 35 veranschaulicht für verschiedene Drücke und Temperaturen die Abhängigkeit des Vergasungswirkungsgrades vom Wasserdampfgehalt im Vergasungsmittel. Man erkennt, daß der Vergasungswirkungsgrad mit zunehmendem Dampfgehalt ansteigt, daß er bei gleichem Dampfgehalt mit zunehmendem Druck fällt, wobei der Druckeinfluß bei niedrigen Temperaturen groß und bei hohen Temperaturen gering ist.

Die Wirkungsgradkurven sind bis zu 100 % Wasserdampf im Vergasungsmittel eingezeichnet worden. Dabei ergeben sich "Vergasungswirkungsgrade" bis zu 130 % deshalb, weil der zur Wärmeerzeugung notwendige Brennstoff nicht mitberücksichtigt worden ist. Diese Brennstoffmenge ergibt sich aus dem Unterschied zwischen dem berechneten "Vergasungswirkungsgrad" und dem praktisch erreichbaren, der infolge der auftretenden Verluste in keinem Fall 85 % übersteigt. Bei der kontinuierlichen Vergasung mit reinem Wasserdampf wird bekanntlich die Wärme indirekt durch Außenbeheizen oder Wärmeträger zugeführt.

Abbildung 36 kennzeichnet den Zusammenhang zwischen Gasheizwert und Vergasungsmittel bei den verschiedenen Drücken und Temperaturen. Während im Temperaturbereich von 800°C der Heizwert bei 1 Atm nahezu unabhängig von der Vergasungsmittelzusammensetzung ist, steigt er bei höheren Drücken mit zunehmendem Wasserdampfgehalt an. Im Temperaturbereich von 1200°C fällt dagegen der Heizwert des Gases mit zunehmendem Druck, und zwar bei niedrigem Druck stärker als bei höherem Druck. Infolge der größeren CO-Ausbeute liegt der Heizwert bei der Reaktionstemperatur von 1200°C etwas höher als bei einer Temperatur von 800°C. In beiden Fällen steigt er jedoch nicht über 3000 kcal/Nm^3. Daraus wird ersichtlich, daß durch die Druckvergasung allein kein Starkgas gewonnen werden kann. Aus den später zu besprechenden Abbildungen, die die Gaszusammensetzung veranschaulichen, geht hervor, daß mit zunehmender CH_4-Bildung zugleich auch der CO_2-Gehalt im Rohgas steigt. Um aus dem durch Druckvergasung gewonnenen CH_4-haltigen Rohgas ein Starkgas herzustellen, muß das gebildete CO_2 in jedem Falle ausgewaschen werden.

Aus den in Abbildung 36 eingezeichneten Wirkungsgradkurven geht hervor, daß bei gleichem Vergasungswirkungsgrad der Heizwert des Rohgases mit zunehmendem Druck fällt.

Abbildung 37 macht die Abhängigkeit des Brennstoffverbrauches von der Vergasungsmittelzusammensetzung deutlich. Es wird ersichtlich, daß im Gegensatz zur Schwachgaserzeugung mit Luft und Wasserdampf der Brennstoffverbrauch mit steigendem Dampfgehalt und zunehmendem Druck fällt. Sofern der Vergasungswirkungsgrad 85 % übersteigt, ist zu dem Vergasungsbrennstoff die zur Wärmeerzeugung notwendige Brennstoffmenge zugeschlagen worden, und zwar in der Weise, daß gerade ein Vergasungswirkungsgrad von 85 % eingehalten wird.

Aus der Abbildung kann weiterhin entnommen werden, daß der Brennstoffverbrauch bei gleichen Vergasungswirkungsgraden im Temperaturbereich von 1200°C höher liegt als bei 800°C. So beträgt beispielsweise der Brennstoffverbrauch bei Vergasungswirkungsgraden von 80 % und Drücken von 20 Atm 0,46 kg/Nm^3 bei 1200°C und 0,333 kg/Nm^3 bei 800°C. Diese Gegenüberstellung wird allerdings erst in das richtige Licht gerückt, wenn man berücksichtigt, daß der Heizwert des bei 1200°C erzeugten Gases 2920 kcal/Nm^3 beträgt, während er im anderen Falle nur eine Höhe von 2150 kcal/Nm^3 erreicht.

Abbildung 38 kennzeichnet den Sauerstoffverbrauch, der bei gleichem Vergasungswirkungsgrad mit zunehmendem Druck geringer wird. Wie der Brennstoffverbrauch ist er, bezogen auf 1 Nm^3 erzeugtes Rohgas, bei 1200°C höher als bei 800°C.

Abbildung 39 zeigt den Anstieg des Wasserdampfverbrauches, der mit wachsendem Druck zunimmt.

Abbildung 40. Setzt man für die ermittelten Verbrauchswerte Kosten ein, und zwar für Brennstoff 8 Dpf/kg, für Sauerstoff 4 Dpf/Nm^3 und für Wasserdampf 0,8 Dpf/kg, so ergeben sich bei Berücksichtigung der Heizwerte die "Gestehungskosten" je 10^6 kcal, die lediglich die Brennstoff- und Vergasungsmittelkosten erfassen. Bei Vergasungswirkungsgraden über 85 % wurde neben dem Vergasungsbrennstoff die zur Wärmeerzeugung aufzuwendende Brennstoffmenge bewertet, während die Verbrennungsluft unberücksichtigt gelassen wurde. Der Preis des für die Wärmeerzeugung eingesetzten Brennstoffes entspricht dem Preis des Vergasungsbrennstoffes.

Aus der Abbildung wird deutlich, daß die "Gestehungskosten" bei gleichem Vergasungswirkungsgrad mit zunehmendem Druck ansteigen, wobei der Anstieg bei der Reaktionstemperatur von 800°C beträchtlich viel größer ist als bei 1200°C. Zugleich geht aus der Abbildung hervor, daß die Kosten je 10^6 kcal bei 800°C höher sind als bei 1200°C. Diese theoretisch begründete Feststellung wird durch praktische Betriebszahlen bestätigt, wie eine aus Tabelle 16 ersichtliche Gegenüberstellung von Kennwerten des LURGI-Druckgenerators [54] und des Leuna-Abstichgenerators zeigt. Danach betragen bei gleichen Preisen die Brennstoff- und Vergasungsmittelkosten bei der Druckvergasung DM 24,94 10^6 kcal, während sie beim Abstichgenerator nur DM 18,68/10^6 kcal ausmachen.

Für die Auswahl eines billigen Synthesegasverfahrens ergeben sich aus Abbildung 40 folgende Forderungen: Hohe Temperatur, hoher Vergasungswirkungsgrad, möglichst weitgehende Einschränkung des Sauerstoffverbrauches durch Zuhilfenahme anderer Wärmeträger.

Da die verschiedenen Synthesegase, deren "Gestehungskosten" Abbildung 40 veranschaulicht, in der vorliegenden Untersuchung als Ausgangserzeugnisse für die Starkgasherstellung anzusehen sind, ergibt sich die Richtigkeit der Aussage erst aus einem Kostenvergleich nach der Umwandlung in Starkgas. Zuvor soll jedoch überprüft werden, welchen Einfluß die Erzeugung von Koppelprodukten auf die Wirtschaftlichkeit ausübt.

b) Der Einfluß der Erzeugung von Koppelprodukten auf die Wirtschaftlichkeit

Als wirtschaftlich interessante Koppelprodukte bei der Sauerstoffvergasung können Teer und Benzin bei Vergasungstemperaturen unterhalb des Ascheschmelzpunktes, Roheisen dagegen bei Temperaturen oberhalb des Ascheschmelzpunktes angesehen werden.

Eine begünstigte Erzeugung von Dampf bei solchen Verfahren bietet keinen wirtschaftlichen Anreiz, da die Gestehungskosten des Dampfes immer mit den Sauerstoffkosten belastet sind.

In Tabelle 17 sind einige Betriebsergebnisse eines mit Sauerstoff betriebenen Niederschachtofens und eines LURGI-Druckgenerators gegenübergestellt. aus denen der Einfluß einer Gewinnung von Teer, Benzin und Roheisen auf die Wirtschaftlichkeit der Vergasung hervorgeht. Für den Vergleich wurden die gemessenen Verbrauchswerte von Brennstoff, Sauerstoff und Wasserdampf zugrundegelegt. Von den sich aus diesen Werten ergebenden Kosten, die auf gleicher Preisgrundlage ermittelt wurden, ist der Erlös für die verschiedenen Koppelerzeugnisse abgezogen worden.

Ohne Berücksichtigung der Koppelerzeugnisse ergeben sich beim LURGI-Druckgenerator "Gestehungskosten" von DM 25,55/10^6 kcal. Diese Kosten erniedrigen sich durch den Erlös für die Koppelprodukte um etwa 9,4 % auf DM 23,14/10^6 kcal.

Beim Niederschachtofen betragen die "Gestehungskosten" DM 16,50/10^6 kcal und fallen bei Berücksichtigung der Roheisenerzeugung um etwa 41 % auf DM 9,67/10^6 kcal.

Aus diesem Vergleich, der selbstverständlich die wirklichen Verhältnisse nur größenordnungsmäßig erfaßt, da er Kapitalkosten und sonstige Betriebskosten nicht berücksichtigt, geht die Überlegenheit einer Koppelerzeugung von Roheisen gegenüber einer solchen von Teer und Benzin klar hervor. Dieses Ergebnis bestätigt somit die obigen Untersuchungen, nach denen die "Gestehungskosten" bei Hochtemperaturvergasungsverfahren niedriger sind als bei Mitteltemperaturverfahren.

c) Die Umwandlung von Wassergas in Starkgas durch Methanisierung und Hydrierung

Aus der Bewertung des Wassergases je 10^6 kcal läßt sich noch nicht ohne weiteres herleiten, welches Gas besondere wirtschaftliche Eignung für eine

Umwandlung in Starkgas besitzt, da für diese Umwandlung die Gaszusammensetzung eine wichtige Bedeutung hat.

Die Abbildungen 41 bis 44 kennzeichnen die Gaszusammensetzung des trockenen Gases in Abhängigkeit vom Vergasungsmittel. Aus Abbildung 41 ist ersichtlich, daß bei einer Temperatur von 800°C der CO_2-Gehalt mit steigendem Druck ganz wesentlich zunimmt, während er bei 1200°C verhältnismäßig druckunabhängig ist. Auch der in Abbildung 42 dargestellte CO-Gehalt ist bei der niedrigen Temperatur stark abhängig vom Druck, und zwar fällt er mit zunehmendem Druck und Vergasungswirkungsgrad. Abbildung 43 zeigt die Änderung des H_2-Gehaltes, der mit zunehmendem Wasserdampfgehalt im Vergasungsmittel ansteigt und auch im niedrigen Temperaturbereich verhältnismäßig druckunabhängig ist. Abbildung 44 schließlich veranschaulicht das Anwachsen des CH_4-Gehaltes mit steigendem Wasserdampfgehalt und Druck im Temperaturbereich von 800°C. Die verhältnismäßig geringfügige Zunahme im vorliegenden Fall erklärt sich aus dem niedrigen Unvollkommenheitsbeiwert bei der Methanbildungsreaktion. Bei einer Reaktionstemperatur von 1200°C tritt auch bei höheren Drücken praktisch kein Methan mehr auf.

Die Methanisierung

Eine Möglichkeit zur Herstellung von Starkgas aus Wassergas bietet die Methanisierung, die nach den oben angegebenen Reaktionsgleichungen abläuft. Nach einem von der Ruhrgas AG. und von der Ruhrchemie entwickelten Verfahren [55] wird das Gas, nachdem es von CO_2 und Schwefelverbindungen gereinigt worden ist, in einen Methanisierungsofen geleitet, in dem sich über einem Nickelkatalysator bei 160 bis 180°C und 20 at CH_4 bildet.

Aus Abbildung 45, das dem KOPPERS-Handbuch entnommen wurde, ist nun abzulesen, wieviel Nm^3 gereinigtes Wassergas in Abhängigkeit vom Heizwert benötigt werden, um 1 Nm^3 Starkgas mit einer Verbrennungswärme von H_o = 4500 kcal/Nm^3 zu erzeugen.

Rechnet man die in Abbildung 46 und der Tabelle 15 wiedergegebenen Brennstoff- und Vergasungsmittelkosten je Nm^3 Wassergas auf 1 Nm^3 gereinigtes Wassergas, also Reingas, um, so ergeben sich mit Hilfe von Abbildung 45 die "Gestehungskosten" je Nm^3 Starkgas. Die Ergebnisse der Rechnungen für die verschiedenen Wassergase sind in den Tabellen 18 und 19 zusammengefaßt und in den Abbildungen 47 bis 50 dargestellt.

Abbildung 47 zeigt die Abhängigkeit der Brennstoff- und der Vergasungsmittelkosten des gereinigten und methanisierten Wassergases von der Zusammensetzung des Vergasungsmittels bei verschiedenen Drücken und Vergasungswirkungsgraden. Vergleicht man die "Gestehungskosten" bei gleichen Vergasungswirkungsgraden, so erkennt man, daß sie bei 800°C höher liegen als bei 1200°C. Diese Aussage ist die gleiche, wie sie schon auf Grund der Bewertung des Wassergases nach 10^6 kcal gemacht werden konnte. Vergleicht man nun die "Gestehungskosten" bei den verschiedenen Drücken im Temperaturbereich von 800°C, so findet man, daß bei gleichem Vergasungswirkungsgrad die Kosten zunächst mit zunehmendem Druck ansteigen, um dann wieder abzufallen. Bei einem Vergasungswirkungsgrad von 80 % betragen beispielsweise die Kosten bei 1 Atm Dpf 9,8/Nm^3, bei 40 Atm Dpf 10,3/Nm^3 und bei 100 Atm Dpf 9,8/Nm^3. Hier tritt also ein deutlicher Unterschied gegenüber der Bewertung des Wassergases nach 10^6 kcal auf. Nach dieser Bewertung nehmen die Kosten auch bei einer Drucksteigerung auf 100 Atm zu.

Bei der Vergasungstemperatur von 1200°C ist die Druckabhängigkeit der "Gestehungskosten" unbedeutend. Es ist jedoch eine geringfügige Zunahme der Kosten mit wachsendem Druck festzustellen.

Bei Vergasung mit reinem Wasserdampf liegen die "Gestehungskosten" unter Berücksichtigung des Brennstoffaufwandes und eines Vergasungswirkungsgrades von 85 % am niedrigsten. Während sie bei einer Vergasungstemperatur von 1200°C für alle Drücke etwa Dpf 7,3/Nm^3 betragen, ergeben sich für 800°C und die Drücke 20; 40 und 100 Atm Kosten von Dpf 8/Nm^3 und für den Druck von 1 Atm Dpf 7,40/Nm^3.

In den Abbildungen 48 bis 50 ist die Abhängigkeit der Gestehungskosten des methanisierten Wassergases vom Brennstoffpreis dargestellt. Abbildung 48 kennzeichnet diese Abhängigkeit bei 1 Atm, Abbildung 49 bei 40 Atm und Abbildung 50 bei 100 Atm. Da der Preis für Kokereigas gleichen Heizwertes etwa Dpf 5/Nm^3 beträgt, kann die Verwendung von methanisiertem Wassergas nur dann wirtschaftlich sein, wenn seine "Gestehungskosten" unter Dpf 5/Nm^3 liegen. Aus den Abbildungen wird deutlich, daß ohne Erzeugung von Koppelprodukten solche Gestehungskosten erst erreicht werden können, wenn der Brennstoffpreis niedriger als Dpf 5/kg ist.

Diese Bedingung aber erfüllt im Bereich der Steinkohle nur der Staub, so daß bei Nichterzeugung von Koppelprodukten die Staubvergasungsverfahren die Voraussetzung für eine wirtschaftliche Starkgaserzeugung durch Methanisierung haben. Die Wirtschaftlichkeit wird dabei umso größer sein, je weniger Sauerstoff man für die Vergasung benötigt.

Verwendet man für die Vergasung stückige Brennstoffe mit einem höheren Preis, so kann dieser nur durch gleichzeitige Gewinnung von Koppelprodukten mehr oder weniger ausgeglichen werden.

Folgerung

Vorstehender Kostenvergleich, der für eine Verbrennungswärme von H_o = 4500 kcal/Nm^3 des methanisierten Wassergases ermittelt wurde, berechtigt zu der Folgerung, daß Starkgas durch Methanisierung nur dann wirtschaftlich erzeugt werden kann, wenn das Wassergas bei Temperaturen oberhalb des Ascheschmelzpunktes mit hohem Vergasungswirkungsgrad, bei Verwendung eines billigen Brennstoffes unter weitgehender Einschränkung des Sauerstoffverbrauches hergestellt wird. Die bei dieser Verfahrensweise mögliche Herstellung von Roheisen als Koppelprodukt hat eine weitere, beachtliche Kostensenkung des Wassergases und damit auch des Starkgases zur Folge. Die Untersuchungen widerlegen die Auffassung, daß Starkgas durch Methanisierung nur dann wirtschaftlich zu erzeugen ist, wenn bereits bei der Vergasung größere Mengen Methan gebildet werden.

Die Hydrierung

Eine andere Möglichkeit, aus Wassergas Starkgas herzustellen, ist durch die Hydrierung von festem Brennstoff gegeben. Hierauf ist in der letzten Zeit insbesonders von DENT [56] hingewiesen worden. DENT macht den Vorschlag, das bei der Vergasung im LURGI-Druckgenerator entstehende Rohgas in halber Höhe des Generators abzuziehen, von CO_2 und Wasserdampf zu befreien, um es anschließend wieder in den Generator einzuführen. Dieses hat zur Folge, daß der Anteil des Wasserstoffes und damit auch sein Partialdruck erhöht werden. Da der Partialdruck des Wasserstoffes einen unmittelbaren Einfluß auf die Methanbildung ausübt, wird durch diese Maßnahme erreicht, daß der Heizwert des LURGI-Druckgases angehoben wird.

Im Folgenden soll nun untersucht werden, welche wirtschaftlichen Möglichkeiten sich in bezug auf den Brennstoff- und Vergasungsmittelverbrauch aus der Hydrierung eines Wassergases ergeben. Dabei wird davon ausgegangen, daß das bei der Vergasung gebildete Wassergas von CO_2 und H_2O befreit und anschließend in den Generator zurückgeleitet wird. Das gebildete Endgas hat nach seiner Reinigung von CO_2 und H_2O eine Verbrennungswärme von $H_o = 4500$ kcal/Nm^3.

Mit Hilfe des von TRAUSTEL [57] angegebenen Rechnungsverfahrens für die Vergasung mit beliebigem Vergasungsmittel läßt sich auch die Zusammensetzung eines Gases bestimmen, das durch Reaktion von Kohlenstoff mit Wassergas entsteht. Der Rechnungsgang ist im Anhang auf Seite 120 erläutert, die Ergebnisse sind in Tabelle 20 zusammengestellt und in den Abbildungen 51 a bis 51 c dargestellt. Als Reaktionstemperatur für die Hydrierung wurde 800°C gewählt. Der Unvollkommenheitsbeiwert für die Methanbildung beträgt 0,5. Dieser verhältnismäßig hohe Wert wurde eingesetzt, um für die Hydrierungsreaktion ähnlich günstige Bedingungen vorauszusetzen, wie sie bei der Methanisierungsreaktion vorliegen.

Bei der Untersuchung interessiert insbesondere die Frage, in welcher Weise die "Gestehungskosten" des auf Ferngasheizwert hydrierten Wassergases von der Gaszusammensetzung des Hydriermittels abhängen. Die Antwort auf diese Frage gibt Abbildung 52, in der die "Gestehungskosten" des Ferngases in Abhängigkeit vom H_2/CO-Verhältnis des bei verschiedenen Drücken erzeugten und anschließend gereinigten Wassergases aufgetragen sind. Abbildung 51 läßt erkennen, daß die "Gestehungskosten" mit zunehmendem H_2-Gehalt im Hydriermittel fallen.

Wie aus Abbildung 52 zu entnehmen ist, steigt aber der H_2-Gehalt im Wassergas mit wachsendem H_2O_D-Anteil im Vergasungsmittel; er ist demnach bei Verwendung reinen Wasserdampfes am höchsten. Zugleich steigt der H_2-Gehalt im Wassergas mit zunehmendem Druck. So beträgt beispielsweise bei der den Abbildungen zugrundeliegenden Vergasungstemperatur von 800°C das H_2/CO-Verhältnis bei einem Vergasungsdruck von 1 Atm 1,04, bei 40 Atm 2,36 und bei 100 Atm 2,90. Der Einfluß des H_2-Gehaltes auf die "Gestehungskosten" ist allerdings im gleichen Druckbereich sehr viel größer als sein Einfluß in verschiedenen Druckbereichen. Erhöht man beispielsweise das H_2/CO-Verhältnis des unter 1 Atm erzeugten Wassergases von 0,51 auf 1,12, so fallen die "Gestehungskosten" je Nm^3 Ferngas von Dpf 23,0 auf Dpf 8,90. Erreicht man nun aber bei der Vergasung unter 40 Atm ein H_2/CO-Verhältnis von 2,36, so erniedrigen sich die "Gestehungskosten" nur noch auf Dpf 7,3/Nm^3.

Dieser Kostenvergleich berechtigt weiterhin zu der Folgerung, daß für die Hydrierungsreaktion ein unter erhöhtem Druck erzeugtes Wassergas bessere wirtschaftliche Voraussetzungen besitzt als ein bei 1 Atm gewonnenes Wassergas.

Da bei einer Vergasungstemperatur von 1200°C die Gaszusammensetzung und damit auch das H_2/CO-Verhältnis ähnliche Werte erreicht wie das bei 1 Atm und 800°C erzeugte Wassergas, ergibt sich zugleich die weniger gute Eignung des bei hohen Temperaturen erzeugten Gases für die Hydrierung.

Die Ermittlung der "Gestehungskosten" des hydrierten Wassergases geschah in der Weise, daß die Wassergasmenge ermittelt wurde, die zur Erzeugung von 1 Nm^3 Ferngas notwendig ist. Aus den früher ermittelten Gestehungskosten des Wassergases ergaben sich damit die "Ferngaskosten". Dabei war allerdings zu berücksichtigen, daß sich infolge der hohen C-Konzentration im Hydriermittel bei der Hydrierung fester Kohlenstoff abscheidet. Dieser Kohlenstoff wurde mit dem gleichen Preis bewertet wie der Vergasungskohlenstoff - in dem vorliegenden Fall Dpf 8/kg - und wurde dementsprechend als "Gewinn" von den Brennstoff- und Vergasungsmittelkosten abgezogen.

Folgerung

Vorstehende Untersuchung berechtigt zu dem Schluß, daß die Hydrierung eines Wassergases auf Ferngasheizwert nur dann wirtschaftlich ist, wenn dieses Wassergas bei erhöhtem Druck und niedriger Temperatur erzeugt wurde. Diese Aussage wird noch dadurch unterstützt, daß die Hydrierung bei 210 Atm durchgeführt werden muß, wenn das Wassergas bei 1 Atm hergestellt wurde, daß dagegen nur 21,3 Atm aufgebracht werden müssen, wenn der Druck bei der Wassergaserzeugung 40 Atm betrug.

Es wird deutlich, daß für die Wirtschaftlichkeit der Ferngaserzeugung aus Wassergas unterschiedliche Voraussetzungen gelten, je nachdem, ob man den Heizwert des Wassergases durch Hydrieren oder Methanisieren erhöhen will. Das bedeutet aber, daß die Bewertung des Wassergases nach 10^6 kcal nicht ausreichend ist.

d) Vergleich der Hydrierung mit der Methanisierung

In Abbildung 51 sind neben den "Gestehungskosten" des durch Hydrierung erzeugten Ferngases die "Ferngaskosten" dargestellt, die sich aus der Methanisierung ergeben. Man erkennt, daß das bei einem Vergasungsdruck von 1 Atm hergestellte Wassergas durch Methanisierung wirtschaftlicher in Ferngas überführt werden kann als durch Hydrierung. Diese Verhältnisse ändern sich bei erhöhten Drücken derart, daß bei hohem H_2-Gehalt im Gas die Hydrierung wirtschaftlicher wird. So betragen beispielsweise die "Gestehungskosten" Dpf 7,3/Nm^3, wenn das Ferngas durch Hydrierung eines Wassergases erzeugt wird, das unter einem Druck von 40 Atm erzeugt, ein H_2/CO-Verhältnis von 2,35 aufweist. Die "Gestehungskosten" erhöhen sich dagegen auf Dpf 8,1/Nm^3, wenn das gleiche Wassergas methanisiert wird.

Bei abnehmendem H_2/CO-Verhältnis im Wassergas wird dann allerdings die Hydrierung wieder unwirtschaftlicher. Das H_2/CO-Verhältnis, bei dem die "Gestehungskosten" des hydrierten und methanisierten Wassergases gleich sind, hängt von dem Druck ab, unter dem das Wassergas erzeugt wurde. Bei einem Druck von 40 Atm beträgt dieses berechnete Verhältnis 1,8, bei einem Druck von 100 Atm 2,0.

Für Wassergas, das bei 1200°C erzeugt wurde, gelten die gleichen Aussagen wie für ein bei 800°C und 1 Atm hergestelltes Gas, d.h. die Methanisierung ist in jedem Fall wirtschaftlicher als die Hydrierung.

Ein Vergleich der niedrigsten "Gestehungskosten" bei Methanisierung und Hydrierung zeigt, daß diese Kosten etwa gleich hoch sind. Sie liegen für methanisiertes Wassergas bei Dpf 7,27/Nm^3. Sie belaufen sich auf Dpf 7,30/Nm^3, wenn das Wassergas bei 800°C und 40 Atm hergestellt und anschließend hydriert worden ist. In beiden Fällen betragen die Brennstoffkosten Dpf 8/kg.

Bei Berücksichtigung der temperaturabhängigen Erzeugung von Koppelprodukten wird aber trotzdem der Vorzug der Methanisierung gegeben werden müssen, da, wie bereits gezeigt wurde, Roheisen den Gaspreis wesentlich stärker zu senken vermag als Teer und Benzin.

Zusammenfassung

Wie gezeigt wurde, läßt sich die Wirtschaftlichkeit der Wassergaserzeugung nach verschiedenen Maßstäben beurteilen. Die Gültigkeit des Maßstabes richtet sich dabei nach der Art der Weiterverwendung des Gases.

Die Höhe der "Gestehungskosten" je 10^6 kcal ist die einfachste Form der Bewertung. Streng genommen hat sie jedoch nur dann Gültigkeit, wenn das Wassergas nicht veredelt, sondern unmittelbar als Brenngas verwendet werden soll. In diesem Falle läßt sich die größte Wirtschaftlichkeit der Erzeugung dann erreichen, wenn die Vergasung eines staubförmigen, d.h. billigen Brennstoffes, bei hohen Temperaturen unter weitgehender Einschränkung des Sauerstoffverbrauches durchgeführt wird. Die Höhe des Vergasungsdruckes hat dabei auf die "Gestehungskosten" nur einen unbedeutenden Einfluß.

Soll der Heizwert des Wassergases, zum Zweck seiner Verwendung als Ferngas, durch Methanisierung erhöht werden, so erzielt man ebenfalls die günstigsten "Gestehungskosten", wenn man das Gas bei hohen Temperaturen erzeugt. Die Wahl hoher Reaktionstemperaturen läßt dabei gleichzeitig die Gewinnung des wertvollen Koppelproduktes Roheisen zu, das in besonderem Maß die "Gestehungskosten" erniedrigt.

Beabsichtigt man, den Heizwert des Wassergases durch Hydrierung aufzubessern, indem man das Gas von CO_2 und H_2O befreit und in den Generator zurückleitet, so erzielt man die günstigsten "Gestehungskosten", wenn man den Brennstoff unter erhöhtem Druck bei niedrigen Temperaturen vergast.

Die Untersuchungen können durch Betriebsergebnisse nicht erhärtet werden, da solche Ergebnisse nicht vorliegen. Es konnte lediglich an Hand von Betriebszahlen nachgewiesen werden, daß die "Gestehungskosten" des Wassergases je 10^6 kcal beim LURGI-Druckgenerator höher liegen als beim Leuna-Abstichgenerator.

e) Untersuchung der in Tabelle 7 erfaßten, bisher jedoch nicht entwickelten Vergasungsverfahren

Nach der zugrundegelegten Einteilung sind die Wassergasverfahren in Tabelle 7 durch eine an dritter Stelle stehende 2 gekennzeichnet, wenn die Vergasung mit Wasserdampf allein durchgeführt wird, durch eine 4, wenn Sauerstoff und Wasserdampf eingesetzt werden. Eine Ausnahme bildet die unstetige Wassergaserzeugung im Drehrostgenerator.

Bei den folgenden Betrachtungen soll festgestellt werden, welche der bisher nicht entwickelten Wassergasverfahren entwicklungswürdig sind. Dabei werden zunächst die verfahrenstechnischen Möglichkeiten besprochen, die für die Durchführung eines Verfahrens ausschlaggebend sind. Im Anschluß daran wird auf Grund obiger Untersuchungen nachgeprüft, ob eine Entwicklung der Verfahren wirtschaftlich gerechtfertigt erscheint.

Verfahren bei einem Druck von ~ 1 at und Temperaturen unter dem Ascheschmelzpunkt

Die meisten der bisher entwickelten Wassergasverfahren fallen in diesen Bereich, weil die Vergasung bei Normaldruck und Temperaturen unterhalb des Ascheschmelzpunktes die geringsten verfahrenstechnischen Schwierigkeiten bereitet. Solche Schwierigkeiten treten bei höheren Temperaturen insbesondere durch das unterschiedliche Schmelzverhalten verschiedener Brennstoffaschen auf und werden bei erhöhtem Druck beispielsweise durch die Aschen- bzw. Schlackenabfuhr und die Brennstoffaufgabe hervorgerufen.

Vom wirtschaftlichen Standpunkt bietet die Entwicklung neuer Verfahren innerhalb dieses Bereiches keinen besonderen Anreiz, da infolge der niedrigen Reaktionstemperaturen einerseits die Verwendung billiger, d.h. feinkörniger und staubförmiger Steinkohle sehr erschwert wird, andererseits aber keine wertvollen Koppelprodukte erzeugt werden können. Die Gestehungskosten der unter diesen Bedingungen gewonnenen Wassergase liegen damit oberhalb der Kosten, die eine Veredelung des Wassergases zu Ferngas rechtfertigen. Es kann deshalb darauf verzichtet werden, auf die in diesem Bereich nicht entwickelten Vergasungsverfahren einzeln einzugehen.

Verfahren bei einem Druck von ~ 1 at und Temperaturen über dem Ascheschmelzpunkt

Wie oben gezeigt wurde, hat dieser Vergasungsbereich für die Ferngaserzeugung durch Methanisierung besonderes Interesse, da die "Gestehungskosten" unter diesen Vergasungsbedingungen am weitesten gesenkt werden können. Allerdings ist eine Vergasung im Wirbelbett von vornherein ausgeschlossen, da die Asche in der gesamten Brennstoffschicht gleichzeitig schmilzt und somit einen gleichmäßigen Durchtritt des Vergasungsmittels verhindert.

Verfahren, bei denen auf die Verwendung von Sauerstoff ganz oder teilweise verzichtet werden soll, müssen die notwendige Wärme indirekt zuführen, und zwar durch feste, flüssige oder gasförmige Wärmeträger oder aber durch Außenbeheizung.

Brennstoff	Verg.-Mittel	Wärmeträger
Stücke	H_2O_D	fe (21.22)
Staub	H_2O_D	fe (23.22)

Der Einsatz fester Wärmeträger bei Vergasungstemperaturen oberhalb des Ascheschmelzpunktes ist nicht möglich, da die erweichende Schlacke die Wärmeträger zusammenkitten würde.

Stücke H_2O_D fl (21.23)

Im Bereich feinkörniger bis staubförmiger Brennstoffe kann flüssige Schlakke als besonders geeigneter Wärmeträger angesehen werden, da man durch ihre Verwendung eine außerordentlich rasche Erhitzung des Brennstoffes erreicht. Ihr Einsatz für die Vergasung stückiger Brennstoffe erscheint technisch zu umständlich, zumal die größere Ausdehnung des Brennstoffstückes seine schnelle Durchwärmung verhindert.

Stücke H_2O_D Wä (21.24)

Staub H_2O_D Wä (23.24)

Mit Wälzgas lassen sich die erforderlichen Temperaturen im Generator nicht erreichen.

Stücke H_2O_D Ab (21.25)

Staub H_2O_D Ab (23-25)

Selbst wenn durch Außenbeheizung die hohen Temperaturen im Generator erreicht werden können, rechtfertigen die hohen Kapitalkosten einer solchen Anlage ihren Einsatz in diesem Vergasungsbereich nicht.

Vergasung mit Sauerstoff und Wasserdampf bei Verbindung der direkten und der indirekten Beheizung.

Eine Verknüpfung von direkter und indirekter Beheizung ist wegen der schwierigen oder unmöglichen Verwendung der Wärmeträger ebenfalls wenig aussichtsreich, so daß eine Entwicklung solcher Verfahren wirtschaftlich uninteressant erscheint. Eine Ausnahme bildet der in halbtechnischem Maßstab bereits erprobte Schlacke-Schmelzgenerator von Rummel, den man zweifellos als das aussichtsreichste Verfahren dieses Bereiches ansprechen kann. Er vergast nämlich billige Kohlesorten bei hohen Temperaturen unter weitgehender Einschränkung des Sauerstoffverbrauches und bietet zudem die Möglichkeit einer Erzeugung von Koppelprodukten. Damit erfüllt er praktisch alle Forderungen, die auf Grund der theoretischen Untersuchungen an ein wirtschaftliches Vergasungsverfahren gestellt werden müssen.

Verfahren bei Drücken > 1 at und Temperaturen unter dem Ascheschmelzpunkt

Im Gegensatz zur Vergasung bei Temperaturen oberhalb des Ascheschmelzpunktes, bei der hohe Brennstoffkosten und hoher Sauerstoffverbrauch durch die Koppelerzeugung von Roheisen ausgeglichen werden können, ist es in diesem Vergasungsbereich besonders wichtig, billige Brennstoffe bei möglichst geringem Sauerstoffverbrauch zu vergasen, wenn das Wassergas zu Ferngas veredelt werden soll.

Die Forderung nach billigem, d.h. feinkörnigem und staubförmigem Brennstoff steht jedoch hemmend die Tatsache gegenüber, daß sich Steinkohle wegen ihrer geringen Reaktionsfähigkeit in diesem Temperaturbereich sehr schlecht im Wirbelbett und in der Staubwolke vergasen läßt.

Brennstoff	Verg.-Mittel	Wärme-träger
Stücke	H_2O_D	fe[5] (31.22)
Feinkorn	H_2O_D	fe (32.22)
Staub	H_2O_D	fe (33.22)

Die Verwendung fester Wärmeträger im ruhenden Brennstoffbett ist technisch zu umständlich, als daß sich aus ihr wesentliche Vorteile ergeben würden. Wirbelbett- und Staubvergasungsverfahren sind aus den genannten Gründen ungeeignet.

Brennstoff	Verg.-Mittel	Wärme-träger
Stücke	H_2O_D	fl (31.23)
Feinkorn	H_2O_D	fl (32.23)
Staub	H_2O_D	fl (33.23)

5. Wärmeträger: fe = fest, fl = flüssig, Wä = gasförmig (Wälzgas), Ab = Außenbeheizung

Der Einsatz flüssiger Schlacke als Wärmeträger ist wegen der niedrigen Vergasungstemperatur nicht möglich. Man kann jedoch daran denken, einen bei niedrigen Temperaturen schmelzenden Stoff als Wärmeträger zu verwenden. Dies hätte gegenüber dem Schlackeschmelzverfahren den Vorteil, daß man von der Eigenart der Asche unabhängig wäre.

Während der Einsatz eines solchen Wärmeträgers für Festbett- und Wirbelbettverfahren ungeeignet ist, besteht die Möglichkeit, daß man auf Grund des guten Wärmeüberganges Steinkohlenstaub auch bei den niedrigen Temperaturen noch vergasen könnte. Voraussetzung dafür ist, daß die Umsetzung von Kohlenstoff und Vergasungsmittel sich wie beim RUMMEL-Verfahren weitgehend im Schmelzbad vollzieht. Die Anwendung erhöhten Druckes bringt verfahrenstechnisch keine Vorteile mit sich.

Stücke	H_2O_D	Wä	(31.24)
Feinkorn	H_2O_D	Wä	(32.24)
Staub	H_2O_D	Wä	(33.24)

Die Druckvergasung hat verfahrenstechnisch vor der Vergasung bei Normaldruck den Vorteil, daß sich alle Gasvolumen entsprechend ihrem Druck verringern, also auch das Volumen eines gasförmigen Wärmeträgers. Es erscheint daher nicht ausgeschlossen, daß unter Druck arbeitende Wälzgasverfahren zu wirtschaftlicheren Ergebnissen führen, als dies bei Normaldruck der Fall ist.

Während Wirbelbett- und Staubvergasungsverfahren aus den vorerwähnten Gründen für die Vergasung von Steinkohle in diesem Bereich nicht eingesetzt werden können, läßt es sich denken, daß der FLESCH-DEMAG-Generator für eine derartige Verfahrensweise geeignet sein könnte, da er die Vergasung im Wirbelbett mit der Festbettvergasung verbindet. Dabei würde jeweils das beim Wirbeln gebildete Gas des einen Schachtes zur Erwärmung des ruhenden Brennstoffes im anderen Schacht benutzt und dabei gleichzeitig hydriert werden.

Brennstoff	Verg.-Mittel	Wärmeträger
Stücke	H_2O_D	Ab (31.25)
Feinkorn	H_2O_D	Ab (32.25)
Staub	H_2O_D	Ab (33.25)

Für Verfahren mit Außenbeheizung lassen sich durch Anwendung erhöhten Druckes keine Vorteile erwarten, zumal die Werkstoffrage bei den unter Druck stehenden Wänden außerordentlich schwierig zu lösen wäre.

Für die Veredelung des unter diesen Bedingungen mit Wasserdampf erzeugten Gases läßt die Hydrierung eine bessere Wirtschaftlichkeit erwarten als die Methanisierung (Abb. 51).

Feinkorn $H_2O_D + O_2$ - (32.41)

Staub $H_2O_D + O_2$ - (33.41)

Wirbelbett- und Staubvergasungsverfahren sind für Steinkohle ungeeignet, da, wie bereits erwähnt, der Kohlenstoffumsatz zu klein ist. Eine Ausnahme bildet der FLESCH-DEMAG-Generator auf Grund seiner Verbindung von Festbett und Wirbelbett.

Würde man das trotz der schlechten Voraussetzungen hergestellte Wassergas methanisieren, so würden ohnehin die "Gestehungskosten" des Starkgases erst bei sehr hohen Vergasungsdrücken ähnliche Werte erreichen, wie sie bei einem unter Normaldruck erzeugten Wassergas erzielt werden (Abb. 48 - 50).

Die Hydrierung des unter erhöhtem Druck gewonnenen Wassergases ist wiederum nur dann wirtschaftlicher als seine Methanisierung, wenn es bei hohem Druck mit hohem Vergasungswirkungsgrad hergestellt wird. Aber auch dann liegen seine "Gestehungskosten" über denen, die bei Methanisierung eines unter Normaldruck erzeugten Wassergases erreicht werden (Abb. 51).

Verfahren, die direkte und indirekte Beheizung verbinden,

werden angewandt, wenn die Wärmezufuhr mittels Wärmeträger nicht ausreicht, so daß ein Teil der Wärme mit Sauerstoff im Generator selbst erzeugt werden muß. Die Entwicklungsfähigkeit solcher Verfahren unterliegt deshalb denselben Voraussetzungen, wie sie bei den Verfahren ohne Verwendung von Sauerstoff gelten. Es kann daher darauf verzichtet werden, die einzelnen Gründe nochmals anzuführen.

Methanisiert man das unter diesen Bedingungen erzeugte Wassergas, so sind die "Gestehungskosten" des Starkgases höher, als wenn das Wassergas unter Normaldruck hergestellt würde. Die "Gestehungskosten" des methanisierten

Wassergases bei Verbindung von direkter und indirekter Beheizung liegen in den Abbildungen 48 bis 50 zwischen der 85 %-Wirkungsgradlinie und 100 % Wasserdampf im Vergasungsmittel.

Die Hydrierung des unter gleichen Bedingungen erzeugten Wassergases ist den "Gestehungskosten" nach wirtschaftlicher als die Methanisierung, zugleich aber wieder teurer als die Methanisierung von Wassergas, das bei Normaldruck erzeugt wurde.

Verfahren bei Drücken >1 at und Temperaturen über dem Ascheschmelzpunkt

Die Vergasung in diesem Bereich unterliegt den gleichen Einschränkungen, wie sie für die Verfahren bei Normaldruck genannt wurden. Danach ist also wegen der hohen Temperaturen die Vergasung im Wirbelbett nicht durchführbar. Feste Wärmeträger können nicht verwendet werden, während die Beheizung von außen oder mittels Wälzgas für ungeeignet gehalten wird. Entwicklungsfähig sind deshalb nur die Verfahren mit Verwendung flüssiger Wärmeträger sowie der direkten Beheizung mittels Sauerstoffs.

Die indirekte Wärmezufuhr mit flüssiger Schlacke

Brennstoff	Verg.-Mittel	Wärmeträger
Stücke	H_2O_D	fl (41.23)
Stücke	$H_2O_D+O_2$	fl (41.43)
Staub	H_2O_D	fl (43.23)
Staub	$H_2O_D+O_2$	fl (43.43)

Während die Verwendung flüssiger Schlacke für die Vergasung grobstückigen Brennstoffes für ungeeignet gehalten wird, lassen sich aus der Anwendung erhöhten Druckes beim Schlacke-Schmelzgenerator keine bedeutenden verfahrenstechnischen Vorteile erwarten. Die Durchsatzleistung wird zwar auf Grund der kleineren Gasvolumen gesteigert, doch wird auf der anderen Seite die Beherrschung der flüssigen Schlacke, die schon bei Normaldruck nicht ganz einfach ist, wahrscheinlich erschwert.

Die "Gestehungskosten" des methanisierten Gases entsprechen etwa den Kosten des bei 1 at hergestellten Gases. Die "Gestehungskosten" bei der Hydrierung liegen dagegen durchweg höher.

Die Vergasung mit Sauerstoff und Wasserdampf bei direkter Beheizung

Stücke $H_2O_D + O_2$ - (41.41)

Bei einem unter Druck betriebenen Abstichgenerator werden die Vorteile der größeren Durchsatzleistung besser zur Geltung kommen, da die Schlackenführung keine so großen Schwierigkeiten bereitet wie beim Schlacke-Schmelzgenerator.

Wenngleich die "Gestehungskosten" bei der Methanisierung etwa die gleichen sind wie bei einem unter Normaldruck erzeugten Gas, kann auf Grund verfahrenstechnischer Vorteile die Entwicklung des Druckabstichgenerators empfohlen werden.

Die Hydrierung eines unter diesen Bedingungen erzeugten Gases ist unwirtschaftlich.

Folgerung

Aus vorstehenden Betrachtungen ergibt sich, daß nur wenige der zunächst denkbaren Wassergasverfahren entwicklungswürdig sind. Die Aussicht auf größte Wirtschaftlichkeit haben die Verfahren, die bei Temperaturen oberhalb des Ascheschmelzpunktes staubförmige Brennstoffe vergasen. Insbesondere muß hier wieder das bereits in Entwicklung befindliche Schlacke-Schmelzverfahren genannt werden, das ganz ausgezeichnete Voraussetzungen für die Starkgasherstellung durch Methanisierung besitzt.

Aus den Vergasungsbereichen unterhalb des Ascheschmelzpunktes wird die Entwicklung des unter Druck arbeitenden FLESCH-DEMAG-Generators für aussichtsreich gehalten, besonders wenn es gelingt, das Wassergas direkt im Generator zu hydrieren.

Weiterhin besteht in diesen Vergasungsbereichen die Möglichkeit, Staubkohle in Schmelzbädern zu vergasen, deren Schmelztemperatur unterhalb des Ascheschmelzpunktes liegt.

Die Entwicklung neuer oder die Weiterentwicklung alter Vergasungsverfahren muß in erster Linie darauf hinarbeiten, billige Brennstoffe zu vergasen, wobei gleichzeitig auf die Gewinnung von Koppelprodukten Wert gelegt werden sollte.

5. Zusammenfassung

In der vorliegenden Arbeit ist versucht worden, die Auswirkungen neuer Gaserzeugungsverfahren zu kennzeichnen. Die Behandlung dieser Frage zerfällt dabei im wesentlichen in zwei Teile. Einmal wurde es für notwendig gehalten, den Bedarf an neuen Gaserzeugungsverfahren festzustellen, weil dieser Bedarf eine der Voraussetzungen für die Möglichkeit einer Auswirkung überhaupt ist. Zum anderen erschien es erforderlich, die Wirtschaftlichkeit dieser Verfahren zu untersuchen. Dabei wurden die zu Schwachgas und die zu Starkgas führenden Verfahren getrennt behandelt.

Der Bedarf an neuen Gaserzeugungsverfahren hängt im wesentlichen von dem Verhältnis von Gasbedarf zu Kokereigaserzeugung ab. Die Steigerung des Gasbedarfes wurde auf Grund der Verbrauchsentwicklung der letzten Jahre bei Berücksichtigung der zu erwartenden Verschiebungen auf dem Energiebedarfsmarkt vorausgeschätzt. Dabei sind die einzelnen Verbrauchergruppen getrennt untersucht worden. Die Vorausschau sollte zugleich zeigen, ob die Entwicklung des Gasbedarfes von 1950 bis 1953 die im Generalplan angegebenen Voraussagen bestätigt.

Es wurde gefunden, daß von der heutigen Wirtschaftslage her gesehen, für das Jahr 1960 ohne Berücksichtigung der Unterfeuerung mit einem Kokereigasbedarf von 14,2 Mia Nm^3 gerechnet werden muß, der sich bis zum Jahr 1961 auf 14,66 Mia Nm^3 erhöhen dürfte. Zählt man zu dem Kokereigasbedarf die voraussichtlich von den Gaswerken aufzubringende Gasmenge hinzu, so ergibt sich im Jahr 1960 ein Starkgasbedarf von 17,03 Mia Nm^3. Diese Zahl liegt etwa um 1,5 Mia Nm^3 unter dem im Generalplan geschätzten Bedarf von 18,5 Mia Nm^3. Der Grund für die Abweichung liegt insbesondere darin, daß nach heutiger Lage der Dinge mit einem geringeren Anstieg des Gasbedarfes im Haushaltsbereich gerechnet werden muß. Im Jahr 1950 konnte man zweifellos annehmen, daß Gas als Brennstoff für die Raumheizung schnell an Bedeutung gewinnen würde. Inzwischen hat sich jedoch ergeben, daß Gas für diesen Verwendungszweck im allgemeinen zu teuer ist.

Die wirtschaftlich vertretbare Kokereigaserzeugung hängt in erster Linie vom Koksbedarf ab. Demnach können Aussagen über die wahrscheinliche Zunahme der Gaserzeugung erst dann gemacht werden, wenn zuvor das Anwachsen des Koksbedarfes untersucht worden ist.

Das Ergebnis dieser Untersuchung, die wiederum für die einzelnen Verbrauchergruppen getrennt durchgeführt wurde, läßt erwarten, daß der Bedarf an Kokereikoks im Jahr 1961 42,6 Mio t betragen wird. Um diese Koksmenge zu erzeugen, müssen aber etwa 55,5 Mio t Kohle in der Kokerei durchgesetzt werden, bei deren Verkokung zugleich 18,3 Mia Nm^3 Gas anfallen. Zieht man von dieser Gasmenge den ermittelten Gasbedarf von 14,66 Mia Nm^3 ab, so steht für die Unterfeuerung eine Kokereigasmenge von 3,64 Mia Nm^3 entsprechend ungefähr $16 \cdot 10^{12}$ kcal zur Verfügung.

Bei einem Unterfeuerungsverbrauch von 540 kcal/kg Kohle beträgt aber im Jahr 1961 der Unterfeuerungsbedarf etwa $30 \cdot 10^{12}$ kcal; demzufolge müssen $14 \cdot 10^{12}$ kcal durch andere Gase aufgebracht werden. Dabei ist es zunächst gleichgültig, ob diese Gase selbst für die Unterfeuerung eingesetzt werden, oder ob sie das in anderen Verwendungsbereichen benötigte Kokereigas für die Unterfeuerung "freimachen". Diese Frage wird weitgehend von der Wirtschaftlichkeit der Gaserzeugung bestimmt.

Das Ergebnis der Untersuchung über das künftige zu erwartende Verhältnis von Gasbedarf zu Kokereigaserzeugung berechtigt zu der Folgerung, daß die Bedeutung der Vergasung für die Gaswirtschaft zunimmt. Während im Jahr 1951 $8{,}2 \cdot 10^{12}$ kcal zusätzlich aufgebracht werden mußten, sind es im Jahr 1961 wahrscheinlich $14 \cdot 10^{12}$ kcal; dabei ist diese Aussage an die Voraussetzung geknüpft, daß der Unterfeuerungsverbrauch bei der Verkokung von 650 auf 540 kcal/kg zurückgeht.

Ausgangspunkt für die wirtschaftliche Kennzeichnung der Vergasung bildet eine Beschäftigung mit den bekannten Vergasungsverfahren, die in Schwachgas-, Wassergas- und Starkgasverfahren eingeteilt werden. Die Veränderlichen, die Gasart und Verfahrensart bestimmen, ließen sich dabei in der Weise ordnen, daß auch bisher unbekannte Vergasungsverfahren erfaßt werden konnten. Alle Vergasungsmöglichkeiten für feste Brennstoffe sind in einer Tabelle aufgeführt; diese Tabelle enthält zugleich die wichtigsten Betriebsergebnisse der bekannten Verfahren, soweit sie im Schrifttum veröffentlicht sind. Es ergibt sich, daß von 180 denkbaren Verfahren zur Vergasung fester Brennstoffe 28 Verfahren untersucht wurden, von denen allerdings nur 14 eine wirtschaftliche Bedeutung erlangt haben.

Nach einer Beschreibung der bekannten Vergasungsverfahren wendet sich dann die Arbeit der Wirtschaftlichkeitsbetrachtung zu. Diese Betrachtung soll klären, welche Verfahren geeignet sind, das Angebot an Kokereigas zu ergänzen. Die Untersuchung muß sich daher auf die rechnerisch erfaßbaren Einflüsse wie Brennstoff- und Vergasungsmittelverbrauch beschränken, die allerdings auch für die Wirtschaftlichkeit am bedeutsamsten sind. Durch Vergasungsrechnungen wurde der Brennstoff- und Vergasungsmittelverbrauch aller aufgeführten Verfahren ermittelt. Mit dieser Untersuchung sollten weniger die absoluten Verbrauchszahlen festgestellt werden; vielmehr wurde Wert darauf gelegt, Unterlagen für einen Wirtschaftlichkeitsvergleich zu erhalten. Für einen solchen Vergleich spielte zudem die Möglichkeit einer Erzeugung von Koppelprodukten eine wichtige Rolle.

Als Wirtschaftlichkeitsmaßstab für die Beurteilung von Schwachgasverfahren wurde das Verhältnis von Brennstoff- und Vergasungsmittelkosten zu anlegbarem Gaspreis gewählt. Die Untersuchung führte zu folgenden Ergebnissen: Die Bedeutung des Vergasungswirkungsgrades nimmt mit geringer werdendem Brennstoffpreis ab, wenn keine Koppelprodukte erzeugt werden (Abb. 24). Bei Temperaturen unterhalb des Ascheschmelzpunktes werden Schwachgasverfahren mit steigendem Druck unwirtschaftlicher. Bei Temperaturen oberhalb des Ascheschmelzpunktes ist die Wirtschaftlichkeit unabhängig vom Druck (Abb. 25, 26).

Durch die Erzeugung von Koppelprodukten, wie Dampf, Teer oder Roheisen, steigt die Wirtschaftlichkeit bei niedrigen Brennstoffpreisen mit fallendem Vergasungswirkungsgrad. Die wirtschaftliche Bedeutung der Koppelprodukte steigt dabei in der Reihenfolge Teer, Dampf, Roheisen (Abb. 27, 28, 29).

In die Wirtschaftlichkeitsbetrachtung wurde auch das Gichtgas einbezogen, für dessen Bewertung ein objektiver Maßstab vorgeschlagen wird. Diesem Maßstab liegt das Verhältnis von direkter zu indirekter Reduktion bei der Verhüttung zugrunde.

Auf Grund der Untersuchungen knüpfen sich an ein wirtschaftliches Schwachgasverfahren folgende Forderungen: Billiger Brennstoff, hohe Temperatur, geringer Druck, niedriger Vergasungswirkungsgrad bei möglichst großer Ausbeute an Koppelprodukten.

Die Voraussetzung zur Erfüllung dieser Bedingungen bringen einerseits das Wirbelkammerverfahren der Ruhrgas AG. sowie das Schlacke-Schmelzverfahren von RUMMEL mit sich; als Koppelprodukt wird bei diesen Verfahren Dampf erzeugt, doch erscheint auch eine Kopplung mit der Roheisenerzeugung möglich. Auf der anderen Seite bietet sich der Niederschachtofen an, bei dem die höheren Brennstoffkosten durch den hohen Roheisenerlös ausgeglichen werden.

Obwohl diese Verfahren bisher nicht in technischen Maßstab eingesetzt wurden, kann es für sicher gehalten werden, daß das Wirtschaftlichkeitsverhältnis unter 1 liegt, d.h. daß die Gestehungskosten geringer sind als der im Vergleich zum Kokereigas anlegbare Gaspreis.

Damit kann diesen beiden Verfahren ein fördernder Einfluß auf Kokerei und Gaswirtschaft zugeschrieben werden.

Die Untersuchung der Schwachgasverfahren zeigte weiterhin, daß die bisher nicht entwickelten Verfahren aus technischen und wirtschaftlichen Gründen nicht entwicklungswürdig sind.

Betrachtet man das Wassergas als Ausgangserzeugnis für die Starkgasherstellung, so muß sein Wert je nach dem angewandten Veredelungsverfahren verschieden beurteilt werden.

Will man das Wassergas methanisieren, so verbinden sich mit der Wassergaserzeugung folgende Forderungen: Billiger Brennstoff, hohe Temperaturen, hoher Vergasungswirkungsgrad bei Nichterzeugung von Koppelprodukten. Einschränkung des Sauerstoffverbrauches durch Zuhilfenahme geeigneter Wärmeträger (Abb. 48, 49, 50). Der Vergasungsdruck hat bei den hohen Temperaturen praktisch keinen Einfluß auf die Brennstoff- und Vergasungsmittelkosten. Da das Gas jedoch unter Druck methanisiert wird, die Erhöhung des Druckes bei der Vergasung zudem aber eine Verringerung der Anlagegröße bewirkt, kann die Anwendung erhöhten Druckes von Vorteil sein; Voraussetzung ist natürlich, daß die verfahrenstechnischen Schwierigkeiten nicht zu groß werden. Als Koppelprodukt vermag in diesem Vergasungsbereich nur Roheisen die Gestehungskosten zu senken, während bei Verwendung von Sauerstoff für die Vergasung der Wert des Dampfes nicht genügend hoch ist.

Die gestellten Forderungen werden wiederum vom Schlacke-Schmelzverfahren erfüllt, das auf die Verwendung von Sauerstoff weitgehend verzichten kann. Es wird deswegen auch für die Erzeugung von Wassergas, das methanisiert werden soll, für besonders aussrichtsreich gehalten. Man darf erwarten, daß die Gestehungskosten des methanisierten Wassergases nicht höher liegen als die Kosten von Kokereigas.

Ebenfalls aussichtsreich erscheint vom wirtschaftlichen Standpunkt die Erzeugung von Wassergas im Niederschachtofen, da der hohe Roheisenerlös die Sauerstoffkosten und die größeren Brennstoffkosten auszugleichen vermag.

Beabsichtigt man, den Heizwert des Wassergases durch Hydrierung aufzubessern, indem man beispielsweise das gereinigte Gas in den Generator zurückleitet, so sollte das Wassergas unter folgenden Bedingungen erzeugt werden: Billiger Brennstoff, niedrige Temperatur, erhöhter Druck, möglichst hohe Ausbeute an Teer und Benzin (Abb. 51).

Da unter diesen Bedingungen der LURGI-Druckgenerator arbeitet, scheint er für die Hydrierung von Wassergas geeignet zu sein.

Für aussichtsreich wird in diesem Zusammenhang auch eine Weiterentwicklung des FLESCH-DEMAG-Verfahrens gehalten, das unter erhöhtem Druck betrieben, zu einer direkten Erzeugung von Starkgas führen könnte.

Ein Vergleich zwischen Methanisierung und Hydrierung zeigt, daß die Hydrierung erst dann wirtschaftlicher wird als die Methanisierung, wenn das Wassergas unter erhöhtem Druck bei Verwendung eines lediglich aus Wasserdampf bestehenden Vergasungsmittels erzeugt wurde (Abb. 51, 52).

Obwohl man z.Zt. mit der Veredelung von Wassergas zu Starkgas in großtechnischem Maßstab noch keine Erfahrung hat, kann man auf Grund der Untersuchungen annehmen, daß die Starkgaserzeugung durch Vergasung wirtschaftlich möglich sein muß. Es ist jedoch nicht zu erwarten, daß Starkgas durch Vergasung derart preisgünstig hergestellt werden kann, daß der Absatz von Kokereigas gefährdet werden könnte.

Zusammenfassend kann festgestellt werden, daß von einigen neuen Gaserzeugungsverfahren ein fördernder Einfluß auf die Gaswirtschaft im allgemeinen und auf den Kokereibetrieb im besonderen erwartet werden darf, da der über die Kokereigaserzeugung hinausgehende Gasbedarf gedeckt werden muß und von einigen Verfahren auch wirtschaftlich gedeckt werden kann.

T E I L III

A n h a n g

1. Berechnung der Verbrennungstemperatur (33)*

Bei Berücksichtigung der Dissoziation von CO_2 und H_2O sowie der Vorwärmung gilt nach BRÜCKNER 58 für die Berechnung der Grenztemperatur folgende Gleichung:

$$tg = \frac{Hu - (\alpha CO_2 \cdot V_{CO_2} \cdot Hu_{CO} + \alpha H_2O \cdot V_{H_2O} \cdot Hu_{H_2}) + Q}{V_{CO_2}\left[(1-\alpha_{CO_2}) \cdot c_{PmCO_2} + \alpha_{CO_2} \cdot c_{PmCO} + \frac{\alpha}{2} CO_2 \cdot c_{PmO_2}\right] + V_{H_2O}\left[(1-\alpha_{H_2O}) \cdot c_{PmH_2O} + \alpha_{H_2O} \cdot c_{PmH_2} + \frac{\alpha}{2} H_2O \cdot c_{PmO_2}\right] + V_{N_2} \cdot c_{PmN_2}} \quad [^\circ C]$$

Darin bedeuten:

α = Dissoziationsgrad
V = Abgasmenge/Nm^3 Frischgas
c_{Pm} = mittlere spez. Wärme kcal/Nm^3,°C
Q = Vorwärmung kcal/Nm^3 Frischgas

Beispiel: Die Grenztemperatur von Gichtgas mit folgender Zusammensetzung:

Frischgas Vol.-%		Abgas	Nm^3/Nm^3 Frischgas	%
CO_2	10,0			
CO	28,0	CO_2	0,382	24,1
H_2	2,0	H_2O	0,024	1,5
CH_4	0,2	N_2	1,178	74,4
N_2	59,8			
Σ	100,0	Σ	1,584	100,0

Hu = 915 kcal/Nm^3

*Die in Klammern angegebenen Zahlen beziehen sich auf die zugehörigen Seiten im Hauptteil

Der Dissoziationsgrad hängt vom Partialdruck und der Temperatur ab; er ist:

Bei 1900°C CO_2: Partialdruck = 0,241 at, α_{CO_2} = 0,057

H_2O: Partialdruck = 0,015 at, α_{H_2O} = 0,057

Zur Ermittlung von Q ist angenommen worden, daß die im Abgas verfügbare Wärme bei seiner Abkühlung auf 220°C zu 80 % von der Verbrennungsluft aufgenommen wird.

$$Q = 494 \text{ kcal/Nm}^3 \text{ Frischgas.}$$

Die spez. Wärmen bei 1900° sind

CO_2	:	c_{Pm}	=	0,576	kcal/Nm³, °C
CO	:	c_{Pm}	=	0,356	"
O_2	:	c_{Pm}	=	0,367	"
H_2O	:	c_{Pm}	=	0,458	"
H_2	:	c_{Pm}	=	0,329	"
N_2	:	c_{Pm}	=	0,352	"

Mit diesen Werten ergibt sich als Mittelwert aus geschätztem und errechnetem tg:

$$tg = 1950°C$$

2. Vergasung von Kohlenstoff mit Luft (53)

Bei der Rechnung müssen 5 Unbekannte ermittelt werden, nämlich die Zusammensetzung des Gases aus CO, CO_2 und N_2, sowie der Brennstoffverbrauch B kg/Nm³ und der Vergasungsmittelverbrauch M Nm³/Nm³.

Zur Lösung dieser Aufgabe stehen 5 Gleichungen zur Verfügung:

1) $v_{CO} + v_{CO_2} + v_{N_2} = 1$ [v = Vol.% in 1 Nm³ erzeugtes Gas]

2) $$K_{PG} = \frac{(v_{CO})^2 \cdot P}{v_{CO_2}}$$

3) $B = \frac{12}{22,4} (v_{CO_2} + v_{CO})$ [kgC/Nm³ erzeugtes Gas]

4) $M = \frac{1}{0,21} (v_{CO_2} + \frac{1}{2} v_{CO})$ [Nm³O₂/Nm³ erzeugtes Gas]

5) $M = \frac{1}{0,79} \cdot v_{N_2}$ [Nm³N₂/Nm³ erzeugtes Gas]

Durch Auflösen dieser Gleichungen ergibt sich:

$$v_{CO} = -0,3025 \frac{K_{PG}}{P} \pm \sqrt{\left(0,3025 \frac{K_{PG}}{P}^2\right) + 0,21 \frac{K_{PG}}{P}^1} \quad [\text{Vol.-\%}]$$

$$v_{CO_2} = 0,21 - 0,605 \cdot v_{CO} \quad [\text{Vol.-\%}]$$

$$v_{N_2} = 0,79 - 0,395 \cdot v_{CO} \quad [\text{Vol.-\%}]$$

$$B = 0,536\ (0,21 + 0,395\ v_{CO} \quad [\text{kgC/Nm}^3]$$

$$M = 1 - 0,5\ v_{CO} \quad [\text{Nm}^3/\text{Nm}^3]$$

3. Vergasung von Kohlenstoff mit Luft und Wasserdampf (52)

Bei Wahl von Luft und Wasserdampf als Vergasungsmittel bildet sich ein Gas, das die Bestandteile CO_2, CO, H_2, CH_4, N_2 und H_2O_D enthält. Um die Gaszusammensetzung zu ermitteln, müssen demnach 6 Gleichungen zur Verfügung stehen.

Zur Lösung dieser Aufgabe wurde das von SCHUSTER [47] abgewandelte Verfahren nach DERINGER verwandt, aus dem sich folgende Bestimmungsgleichungen ergeben:

$$V_{CO_2} = \frac{2m_L \frac{a}{100} - m_D\ (x - 1)}{2 + r\ 1 - x\ (1 + 2s)} \quad [\text{Nm}^3/\text{Nm}^3]$$

$$V_{H_2} = \frac{2m_D\ (1 - rs) - 2m_L \frac{a}{100}\ r\ (1 + 2s)}{2 + r\left[1 - x\ (1 + 2s)\right]} \quad \text{"}$$

$$V_{CO} = x \cdot V_{H_2} \qquad [Nm^3/Nm^3]$$

$$V_{CH_4} = r \cdot s \cdot V_{CO_2} \qquad "$$

$$V_{N_2} = m_L \frac{100 - \alpha}{100} \qquad "$$

$$V_{H_2O_D} = r \cdot V_{CO_2} \qquad "$$

Darin bedeuten:

V = Menge des je Nm^3 Vergasungsluft erzeugten Gasbestandteils Nm^3/Nm^3

m_L = 1 Nm^3 Vergasungsluft

m_D = Nm^3 Vergasungsdampf/Nm^3 Vergasungsluft

$$x = \frac{V_{CO}}{V_{H_2}}$$

$$r = \frac{K_G}{K_W} \cdot \frac{1}{x}$$

$$s = K_W \cdot K'_M \cdot \frac{1}{x}$$

a = % O_2 in der Vergasungsluft

$$K_G = K_{P\,Generatorgas} = \frac{(V_{CO})^2 \cdot P}{V_{CO_2} \cdot V_f}$$

$$K_W = K_{P\,Wassergas} = \frac{V_{CO} \cdot V_{H_2} \cdot P}{V_{H_2O_D} \cdot V_f}$$

$$K'_M = x^* \cdot K_M = x^* \frac{V_{CH_4} \cdot V_f}{(V_{H_2})^2 \cdot P}$$

x^* = Unvollkommenheitsbeiwert für die Methanreaktion

Die Zusammensetzung des trockenen Gases ergibt sich durch:

$$v = \frac{V}{\sum V_{tr}} \quad [\text{Vol.-\%}]$$

Der Brennstoffaufwand errechnet sich aus der Kohlenstoffbilanz:

$$B = 0{,}536 \; \frac{v_{CO_2} + v_{CO} + v_{CH_4}}{100} \; (\text{kgC/Nm}^3 \text{ erzeugtes, trockenes Gas})$$

Der Vergasungsmittelaufwand je Nm^3 erzeugtes Gas ergibt sich durch:

$$M_L = \frac{m_L}{\sum V_{tr}} \quad [\text{Nm}^3/\text{Nm}^3]$$

$$M_D = \frac{m_D}{\sum V_{tr}} \quad [\text{Nm}^3/\text{Nm}^3]$$

$$= 0{,}804 \; \frac{m_D}{\sum V_{tr}} \quad [\text{kg/Nm}^3]$$

Die Gasausbeute ermittelt sich aus

$$G = \frac{1}{B} \quad [\text{Nm}^3/\text{kg Kohlenstoff}]$$

Der Vergasungswirkungsgrad wird bestimmt durch:

$$\eta \, \text{Verg} = \frac{\text{Hu Gas}}{\text{Hu Brennstoff} \cdot B} \quad \%$$

Der äquivalente Gaspreis ergibt sich aus der Gleichung:

$$E_2 = \frac{\text{Hu Schwachgas} \cdot \eta \, \text{th}}{\text{Hu Kokereigas} \cdot \eta \, \text{th}} \cdot \text{Kokereigaspreis} \quad [\text{Dpf/Nm}^3]$$

Der thermische Wirkungsgrad errechnet sich nach:

$$\eta \, \text{th} = \frac{i_1 - i_2}{i_1} \cdot 100 \quad [\%]$$

Darin bedeuten:

$i_1 = \frac{Hu\ Gas}{V_o}$ [kcal/Nm^3]

V_o = Abgasmenge je Nm^3 Frischgas bei theoretischer Verbrennung [Nm^3/Nm^3]

$i_2 = t \cdot \sum c_p \cdot v$ [kcal/Nm^3]

t = Abgastemperatur [°C]

C_p = spez. Wärme eines Einzelgases im Abgas [kcal/Nm^3, °C]

v = Raumanteil des Einzelgases im Abgas [Nm^3/Nm^3]

Menge und Zusammensetzung des Abgases ergeben sich in bekannter Weise durch stöchiometrische Rechnung:

$$H_2 + \frac{1}{2} O_2 + 1{,}88\ N_2 = H_2O + 1{,}88\ N_2$$

$$CO + \frac{1}{2} O_2 + 1{,}88\ N_2 = CO_2 + 1{,}88\ N_2$$

$$CH_4 + 2O_2 + 7{,}52\ N_2 = CO_2 + 2H_2O + 7{,}52\ N_2$$

Beispiel

Vergast werden soll Kohlenstoff mit Luft und Wasserdampf bei einer Temperatur von 1200°C und einem Druck von 1 Atm.

Die Gleichgewichtskonstanten sind:

$$K_G = 1{,}2727 \cdot 10^3$$

$$K_W = 4{,}925 \cdot 10^2$$

$$K'_M = x^* \cdot K_M = 0{,}115 \cdot 2{,}9237 \cdot 10^{-3}$$

Die Rechnung wird derart durchgeführt, daß bei einer vorgegebenen Wasserdampfmenge je Nm^3 Vergasungsluft ein Wert für

$$x = \frac{V_{CO}}{V_{H_2}}$$

geschätzt wird. Die Richtigkeit der Schätzung wird nach Beendigung der Rechnung durch einen Vergleich der für V_{CO} und V_{H_2} gefundenen Werte mit der Gleichgewichtskonstanten für Generatorgas überprüft:

$$K_G = \frac{(V_{CO})^2 \cdot P}{V_{CO_2} \cdot V_{feucht}}$$

Bei einer Wasserdampfmenge von 0,14001 Nm^3/Nm^3 Vergasungsluft wird das Verhältnis x zu 4,0 geschätzt. Damit ergibt sich

$$r = \frac{K_G}{K_W} \cdot \frac{1}{x} = 0{,}6462$$

$$s = K_W \cdot K'_M \cdot \frac{1}{x} = 0{,}412$$

Da es sich bei der Vergasungsluft um Normalluft handelt, ist a = 21. Mit diesen Werten ergibt sich

$$V_{CO_2} = \frac{0{,}42 - 0{,}42003}{2+0{,}6462\,[1-4(1+0{,}0824)]} = 0{,}00019 \quad [Nm^3/Nm^3 \text{ Vergasungsluft}]$$

$$V_{H_2} = \frac{0{,}28002(1-0{,}0266)-0{,}2937}{2+0{,}6462\,[1-4(1+0{,}0824)]} = 0{,}1394 \quad \text{" "}$$

$$V_{CO} = 4 \cdot 0{,}1394 = 0{,}5578 \quad \text{" "}$$

$$V_{CH_4} = 0{,}6462 \cdot 0{,}0412 \cdot 0{,}00019 = 0{,}0000 \quad \text{" "}$$

$$V_{N_2} = \frac{100 - 21}{100} = 0{,}79 \quad \text{" "}$$

$$\overline{\sum V_{tr}} = 1{,}4875 \quad \text{" "}$$

$$V_{H_2O} = 0{,}6462 \cdot 0{,}00019 = 0{,}0001 \quad \text{" "}$$

$$\overline{\sum V_f} = 1{,}4876 \quad \text{" "}$$

Überprüfung des gewählten Verhältnisses (x = 4)

$$K_G = \frac{(V_{CO})^2 \cdot P}{V_{CO_2} \cdot V_f} = \frac{0,3112 \cdot 1}{0,00029} = 1,058 \cdot 10^3$$

$$K_{G_{wirklich}} = 1,2727 \cdot 10^3$$

Die Übereinstimmung kann als ausreichend angesehen werden. Rechnet man nämlich bei gleichem x mit einer Dampfmenge von 0,14008, so ergibt sich eine Gleichgewichtskonstante von $K_G = 0,131 \cdot 10^3$, wohingegen die Gaszusammensetzung nahezu konstant bleibt.

Mit obigen Werten wird folgende Gaszusammensetzung ermittelt:

$$v_{CO_2} = 0,03 \%$$

$$v_{CO} = 37,50 \%$$

$$v_{H_2} = 9,37 \%$$

$$v_{CH_4} = 0 \%$$

$$v_{N_2} = 53,10 \%$$

$$\sum = 100,00 \%$$

Daraus errechnet sich ein Brennstoffverbrauch von:

$$B = 0,536 \frac{0,03+37,50+0}{100} = 0,2011 \qquad [kgC/Nm^3 \text{ Gas}]$$

Der Vergasungsmittelverbrauch ergibt sich zu

$$\text{Luft: } M_L = \frac{1}{1,4875} = 0,6722 \qquad [Nm^3/Nm^3 \text{ Gas}]$$

$$\text{Wasserdampf } M_D = \frac{0,14001}{1,4875} = 0,0940 \qquad [Nm^3/Nm^3 \text{ Gas}]$$

$$= 0,0761 \qquad [kg/\ Nm^3 \text{ Gas}]$$

Die Gasausbeute ist

$$G = \frac{1}{0,2011} = 4,972 \qquad [Nm^3/kgC]$$

Der Vergasungswirkungsgrad ist

$$\eta_{Verg} = \frac{1373 \cdot 100}{1609} = 85,33 \qquad [\%]$$

Aus der Zusammenstellung auf Seite 105 ergibt sich für das vorliegende Rechnungsbeispiel eine Abgasmenge Vo = 1,8811 Nm^3/Nm^3 und eine Abgaszusammensetzung von

$$v_{CO_2} = 19,95 \quad \text{Vol.-\%}$$
$$v_{H_2O} = 4,98 \quad \text{"}$$
$$v_{N_2} = 75,07 \quad \text{"}$$

Des weiteren sind in die Tabelle die spez. Wärmen bei einer Abgastemperatur von 220°C eingetragen.

Anhand der gewonnenen Werte ergibt sich

$$i_1 = \frac{1373}{1,8811} = 729,89 \quad kcal/Nm^3$$

$$i_2 = 220\ (0,1995 \cdot 0,433 + 0,0498 \cdot 0,363 + 0,7507 \cdot 0,31)$$
$$= 74,14 \quad kcal/Nm^3$$

$$\eta_{th} = 89,84\ \%$$

Nutzwert = 1373 · 0,8984 = 1233,5 $kcal/Nm^3$.

Aufgrund des Nutzwertes für Kokereigas von 3505 $kcal/Nm^3$ und einem Kokereigaspreis von 5 Dpf/Nm^3 errechnet sich im vorliegenden Fall ein äquivalenter Schwachgaspreis von

$$E_2 = \frac{1233,5}{3505} \cdot 5 = 1,759\ Dpf/Nm^3$$

4. Wirtschaftlichkeitsverhältnis (55)

Bei einem Brennstoffpreis von 8 Dpf/kgC und einem Vergasungsmittelpreis von 0,1 Dpf/Nm^3 für Luft und 0,8 Dpf/kg für Dampf ergeben sich bei dem oben ermittelten Verbrauch "Gestehungskosten" von

$$B + M_L + M_D = 1,736\ Dpf/Nm^3\ \text{Gas}$$

Kennwerte für die Verbrennung des erzeugten Gases

Die Verbrennungswerte werden übersichtlich durch folgendes Schema 49 ermittelt, aus dem Menge und Zusammensetzung des Abgases zu entnehmen sind:

Spalte Nr.	1	2	3	4	5	6	7
	Frischgas-analyse	Einzelgas kcal/Nm³	Beitrag	Beitrag zum Abgas an CO_2	H_2O	N_2	
Rechnungs-gang			Spalte 1 x 2	Spalte 1 x a	Spalte 1 x b	Spalte 1 x c	Spalte 4+5+6
H_2	0,0937	Ho=3050 Hu=2570	240,8		b=1,0 0,0937	c=1,88 0,1761	0,2698
CO	0,3750	Ho=3020 Hu=3020	1132,5	a=1,0 0,375		c=1,88 0,705	1,080
CH_4	0,00	Ho=9535 Hu=8575		a=1,0	b=2,0	c=7,52	
CO_2	0,0003			0,0003			0,0003
N_2	0,531					0,531	0,531
Summe	1,00		Hu=1373,3	0,3753	0,0937	1,4121	1,8811
Abgas- % zusammen-setzung				19,95	4,98	75,07	100,00
spez. Wärme der Einzel-gase im Abgas bei 220°C				0,433	0,363	0,31	

Das Wirtschaftlichkeitsverhältnis ist damit

$$\frac{B + M_L + M_D}{E_2} = \frac{1{,}736}{1{,}759} = \frac{0{,}987}{1}$$

5. Einfluß der Koppelerzeugung von Dampf auf das Wirtschaftlichkeitsverhältnis (58)

Es ist angenommen, daß durch die Koppelerzeugung von Dampf der Gesamtwirkungsgrad 90 % erreicht. Im vorliegenden Fall (η_{Verg} = 85,33) steht damit folgende Wärmemenge für die Dampferzeugung zur Verfügung:

$$Hu \cdot B \cdot 0{,}9 - Hu_{Gas} = 1448 - 1373 = 75 \text{ kcal/Nm}^3 \text{ Gas}$$

Um 1 kg Dampf von 400°C und 40 at zu erzeugen, ist eine Wärmemenge von 767 kcal aufzubringen.

Mit der verfügbaren Wärme können somit 0,0978 kg Dampf gewonnen werden, die bei einer Bewertung des Dampfes mit 0,8 Dpf/kg den Gaspreis um 0,07882 Dpf/Nm³ senken, sofern wiederum Anlage- und Unterhaltungskosten nicht berücksichtigt werden.

Das neue Wirtschaftlichkeitsverhältnis ergibt sich zu:

$$\frac{B + M_L + M_D - \text{Dampferlös}}{E_2} = \frac{0{,}942}{1}$$

6. Einfluß der Koppelerzeugung von Teer auf das Wirtschaftlichkeitsverhältnis (62)

Der Betrachtung liegt eine Anlage der SociétéGaz Intégral zur Erzeugung von Schwachgas mit einem Kohledurchsatz von 43 t/24 h zugrunde [52]. Die Summe von Betriebs- und Kapitalkosten beträgt ohne Brennstoffkosten 547,- DM/24 h.

Bei einem Heizwert der Kohle von Hu = 6400 kcal/kg ergibt sich eine aufgewendete Wärmemenge von $275 \cdot 10^6$ kcal/24 h.

Bei verschiedenen Vergasungswirkungsgraden wurde nun angenommen, daß sich durch Koppelerzeugung von Teer ein Gesamtwirkungsgrad von 90 % erreichen läßt. Die Rechnung wurde für Vergasungswirkungsgrade von 70, 80 und 90 %

durchgeführt und soll im folgenden für einen Vergasungswirkungsgrad von 80 % und einem Brennstoffpreis von 60,- DM/t dargestellt werden:

Durchgesetzte Kohle	$275 \cdot 10^6$ kcal
η Verg	80 %
Gaserzeugung	$220 \cdot 10^6$ kcal
HuGas	1550 kcal/Nm^3
η Gesamt	90 %
Wärme im Teer	$10^6 (275 \cdot 0{,}9 - 220) = 27{,}5 \cdot 10^6$ kcal
HuTeer	10000 kcal/kg
Teererzeugung	2,75 t
Teerpreis	85,- DM/t
Einnahme durch Teer	234 DM
Brennstoffkosten	2580 DM
Übrige Ausgaben	547 DM
Ausgaben - Einnahmen	2893 DM
Gaskosten	2,036 Dpf/Nm^3
Äquivalenter Gaspreis	1,997 Dpf/Nm^3 (aus Abb. 20/21)
Wirtschaftlichkeitsverhältnis	1,019/1

7. Anlegbarer Gaspreis (55)

Anlegbarer Gaspreis = Äquivalenter Wärmepreis - Abzüge. Die Abzüge setzen sich zusammen aus:

a) Zusätzlicher Lohnaufwand durch eine Schlosserschicht je Tag bei Verbundofenanlagen. Bezogen auf 10^6 kcal

$$\frac{12 \cdot 1{,}45}{550 \cdot 0{,}9} = 0{,}035 \text{ DM}$$

Dabei ist folgendes zugrunde gelegt:

Tagesdurchsatz einer normalen Koksofenanlage 900 t Kohle. Wärmeverbrauch bei reiner Schwachgasbeheizung unter der Voraussetzung, daß Gichtgas nach Druck und Zusammensetzung gleichmäßig geliefert wird, 550 kcal/kg Kohle.

Lohn eines Schlossers	12 DM/Schicht
Zuschlag für soziale Aufwendungen	5,40 DM/Schicht = 45 %

b) Erhöhte Baukosten für Verbundofenanlagen.

Die Mehrkosten gegenüber einem Starkgasofen betragen je Verbundkoksofen etwa	5800 DM
Tagesdurchsatz je Ofen	21 t Kohle
Wärmeverbrauch bei Schwachgasbeheizung	550 kcal/kg Kohle
Kapitaldienst insgesamt	10 %
Zahl der Heiztage mit Schwachgas	270

Hieraus ergibt sich folgende Belastung der Unterfeuerungswärme durch den Baukostenunterschied:

Tagesbedarf an Unterfeuerungswärme

$$550 \cdot 21\,000 = 11{,}55 \cdot 10^6 \text{ kcal/Tag}$$

$$\text{Kapitaldienst } \frac{5800 \cdot 0{,}1}{270} = 2{,}15 \text{ DM/Tag}$$

$$\text{oder } \frac{2{,}15}{11{,}55} \cdot 10^6 = 0{,}186 \text{ DM}/10^6 \text{ kcal}$$

Insgesamt werden also vom äquivalenten Wärmepreis der Schwachgase abgezogen:

$$0{,}035 + 0{,}186 = 0{,}22 \text{ DM}/10^6 \text{ kcal}$$

8. Fortleitungskosten bei Gichtgas (61)

Die Fortleitungskosten setzen sich aus den Verdichtungs- und den Rohrleitungskosten zusammen.

In der folgenden Berechnung der Verdichtungskosten, deren Grundlage die Druckverlustrechnung ist, wurde die Formel über inkompressible Medien zugrunde gelegt. Der dabei entstehende Fehler bei größeren Druckverlusten ist in Abbildung 32 dargelegt. Bei 15 km langer Fortleitung des Gichtgases beträgt der Fehler 10 %.

Alle Werte, die zur Ermittlung der Verdichtungskosten notwendig sind, sowie die Kosten selbst, sind für verschiedene Gasmengen und Rohrdurchmesser für eine Leitungslänge von 1000 m in Tabelle 123 zusammengestellt. Der Gang der Rechnung wird anhand des folgenden Beispiels nachgewiesen:

Es sollen V = 20 480 Nm^3/h Gichtgas durch eine l = 1000 m lange Leitung, die einen Durchmesser von d = 0,8 m, entsprechend einem Querschnitt von f = 0,502 m^2, hat, befördert werden.

Die Geschwindigkeit im Rohr ist:

$$w = \frac{V}{F \cdot 3600} = \frac{20\ 480}{0{,}502 \cdot 3600} = 11{,}35 \text{ m/s}$$

$$\frac{w^2}{d} = \frac{11{,}35^2}{0{,}8} = 161{,}4$$

Der Druckverlust ist

$$\Delta P = P_1 - P_2 = \lambda \frac{l}{d} \cdot \frac{w^2 \cdot \gamma}{2\ g}$$

$$\gamma = 1{,}3$$

Rohrreibungsziffer λ = 0,02 (Erfahrungswert der Ruhrgas A.G.)

$$\Delta P = 214 \text{ kg/m}^2$$

Die Verdichterleistung ist

$$N = \frac{P \cdot V(m^3/s)}{102 \cdot \eta} \text{ ; } \eta = 0{,}8 \text{ Verdichterwirkungsgrad}$$

$$N = 14{,}9 \text{ kW}$$

Die Verdichtungskosten betragen bei einer Jahresbenutzungsdauer von 8000 h und einem Preis von 0,05 DM/kWh:

	K 1 = 14,9 · 8000 · 0,05 =		5960 DM/Jahr
Dazu kommen 25 % dieser Summe für Kapitaldienst der Verdichter-Anlage	K_2 =		1490 DM/Jahr
Gesamtkosten	K =		7450 DM/Jahr
Verdichtungskosten je Nm^3	$K_m = \frac{7450}{20\ 480 \cdot 8000}$		= 0,00455 Dpf/Nm^3

Rohrleitungskosten

Die zur Fortleitung des Gichtgases notwendige Rohrleitung soll oberirdisch verlegt werden. Folgende Werte, die von der Vereinigten Rohrleitungsbau GmbH, Düsseldorf, angegeben wurden, sind der Berechnung zugrunde gelegt:

1 t Stahlrohr kostet	800 DM
+ 2 % Fracht	16 DM
	816 DM
+ 30 % Montage	245 DM
Summe	1061 DM
1 t Stützen mit Montage und Betonfundamenten kostet	1600 DM
1 Stütze wiegt	500 kg

Wandstärke der bei Gichtgasfortleitung zu verlegenden Rohre $\frac{di\ (mm)}{100}$

Bei einem Innendurchmesser von 800 mm ist also die Wandstärke 8 mm.

Der Gang der Kostenrechnung für die Rohrleitung ist aus Tabelle 13 ersichtlich. Man ermittelt das Gewicht der Rohre und daraus mit dem angegebenen Preis die Kosten je 1000 m.

Die Zahl der Stützen je 1000 m Rohr ergibt sich aus der Formel für den beiderseitig eingespannten "Balken" unter der Voraussetzung, daß er sich in der Mitte nicht mehr als 1 cm durchbiegen darf. Die Länge l gibt dabei an, in welchem Abstand die einzelnen Stützen aufgestellt werden müssen.

$$l = 5{,}35 \sqrt[4]{f \cdot \frac{J}{q}} \quad [m]$$

f = Durchbiegung $[cm]$

J = Trägheitsmoment $= \frac{\pi}{64} (d_a^4 - d^4) \quad [cm^4]$

q = Gewicht/m.

Somit ergibt sich z.B. bei einem Innendurchmesser von 0,8 m, einer Wandstärke von 8 mm, entsprechend einem Gewicht des Rohres von 159,4 kg/m und einem Trägheitsmoment von 166 500 cm^4,

$$l = 30{,}4 \text{ m},$$

d.h. für 1000 m Rohr braucht man

$$\frac{1000}{30{,}4} \cdot 1{,}22 = 40 \text{ Stützen.}$$

Dabei ist 1,22 ein angenommener Sicherheitsfaktor.

Hiermit ergeben sich aus Preis, Anzahl und Gewicht die Kosten der Stützen je 1000 m Rohrleitung im vorliegenden Fall zu 32 000 DM. Dazu kommen die Rohrkosten in Höhe von 169 050 DM, so daß sich Anlagekosten von 201 050 DM je 1000 m ergeben. Der Kapitaldienst der Leitung wird nach Angaben der Ruhrgas AG zu 12 % angesetzt. Damit betragen die Gesamtkosten der Leitung je 1000 m im vorliegenden Fall 24 150 DM/Jahr.

Der wirtschaftliche Rohrleitungsdurchmesser

Trägt man die ermittelten Werte, nämlich Verdichtungskosten/Jahr und Leitungskosten/Jahr, in Abhängigkeit vom Durchmesser graphisch auf, so ergeben sich durch Addition zueinander gehörender Werte neue Kurven. Das Minimum dieser Kurven kennzeichnet für ein gegebenes Fördervolumen den wirtschaftlichen Durchmesser (Abb. 33).

In Abbildung 34 sind die auf diese Weise gefundenen wirtschaftlichen Durchmesser dann noch einmal in Abhängigkeit von der stündlichen Gichtgasmenge aufgetragen worden, so daß für jede Menge der wirtschaftlichste Durchmesser abgelesen werden kann.

Die Abbildungen 33 und 34 mit den zugehörigen Tabellen 12 und 13 sind die Grundlage für die Abbildungen 30 und 31, die die Gichtgaskosten bei verschiedenen Grundpreisen ab Hochofen und verschiedenen Entfernungen von Hütte zu Kokerei kennzeichnen.

9. Bewertung des Gichtgases (60)

Festsetzung des Gichtgaspreises aufgrund der Kohlenstaubkosten

Nach Angaben der Vereinigten Kesselwerke kostet
eine Kohlenstaubmühle mit einer Leistung von 5 t/h 75 000,-- DM

ist der Stromverbrauch der Mühle	25	kWh/t
müssen die Schläger im Dauerbetrieb ausgewechselt werden nach	800	h
kosten die Schläger	500,--	DM/Satz
Der Kohlepreis ist angenommen zu	57,15	DM/t
der Nutzwert der Kohle beträgt ($_{th}$ = 94 %)	6 800	kcal/kg
die Stromkosten betragen	0,05	DM/kWh
die Jahresbenutzungsdauer sei	800	h
der Kapitaldienst der Anlage ist angenommen zu	17	%

Mit diesen Werten ergibt sich folgende Kostenrechnung:

Einsatzkosten/Mühle	40 000 · 57,15 =	2.286 000	DM/Jahr
Kapitalkosten/Mühle	75 000 · 0,17 =	12 750	" "
Kosten für Schläger		5 000	" "
Stromkosten	40 000 · 25 · 0,05 =	50 000	" "
Summe der Kosten		2.353 750	DM/Jahr

1 kg gemahlener Kohlenstaub kostet $\frac{3.353\ 750}{40\ 000}$ = 5,884 Dpf/kg

10^6 kcal gemahlener Kohlenstaub kosten $\frac{5,884}{6,8} \cdot 10^6$ = 8,65 DM

Festsetzung des Gichtgaspreises aufgrund der direkten und indirekten Reduktion

Mit Hilfe der Rechnung soll festgestellt werden, wieviel Kohlenstoff bei einer gegebenen Gichtgaszusammensetzung für die direkte Reduktion verbraucht worden ist. Die benötigte Kohlenstoffmenge dient als Maß für die Gichtgasbewertung; sie läßt sich durch Berechnung der Reduktionsziffer ermitteln.

Den Gang der Rechnung zeigt ein Beispiel, das sich auf folgende theoretische Annahmen stützt:

Auf	100 kg Roheisen	kommen	96,2	kg	Sauerstoff, gebunden an Fe und Mn
"	100 kg "	"	17	kg	CO_2 aus dem Möller
"	100 kg "	"	92	kg	Koks mit 83 % C

In das Roheisen gehen 4 kg C.

Die Gichtanalyse ergibt

34,7 Vol-% CO_2
0 Vol-% CO

Berechnung der Reduktionsziffer

Je 100 kg Roheisen werden mit dem

Koks $92 \cdot 0{,}83$	= 76	kg	C eingebracht
hiervon gehen	4	kg	C ins Roheisen
so daß	72	kg	C im Gichtgas gefunden werden müssen;
dazu kommen $17 \cdot \frac{12}{44}$	= 4,6	kg	C aus dem Möller,
so daß insgesamt	76,6	kg	C im Gichtgas auftreten.

1 Nm^3 CO oder CO_2 enthält	0,536 kg C
1 Nm^3 Gichtgas enthält lt. Analyse	0,347 Nm^3 CO_2
entsprechend $0{,}536 \cdot 0{,}347$ =	0,186 kg C.

Aus 76,6 kg C werden $\frac{76{,}6}{0{,}186} = 412$ Nm^3 Gichtgas erzeugt.

In 412 Nm^3 Gichtgas sind $412 \cdot 0{,}347 = 143$ Nm^3 CO_2 enthalten.

Davon stammen aus dem Möller $\frac{17}{1{,}97} = 8{,}7$ Nm^3 CO_2,

so daß 134,3 Nm^3 CO_2 durch indirekte Reduktion entstanden sind.

Diese Gichtgasmenge enthält $134{,}3 \cdot 1{,}97\ (\gamma) \cdot \frac{16}{44} = 96{,}2$ kg O_2, der durch indirekte Reduktion den Fe- und Mn-Oxyden entzogen wurde.

Reduktionsziffer

$$= \frac{\text{indirekt entzogener Fe- und Mn-Sauerstoff}}{\text{Fe- und Mn-Sauerstoff}} \cdot 100\ \% = \frac{96{,}2}{96{,}2} \cdot 100 = 100\ \%.$$

Im vorliegenden theoretischen Beispiel wird für die direkte Reduktion kein C verbraucht.

Ist die Reduktionsziffer nicht 100, d.h. wird Kohlenstoff für die direkte Reduktion verbraucht, so errechnet sich die Kohlenstoffmenge in folgender Weise:

O_2 im Erz [kg] - indirekt entzogener O_2 [kg] = direkt zu entziehender O_2 [kg]

Für direkte Reduktion aufzuwendender C [kg] $= \frac{12}{16} \cdot$ direkt zu entziehender O_2

Für direkte Reduktion aufzuwendender Koks [kg] $= \frac{C}{\text{C-Gehalt im Koks}}$

$$\text{Gichtgaspreis} = \frac{\text{aufzuwendender Koks} \cdot \text{Kokspreis}}{\text{Gichtgasmenge}} \ \text{Dpf/Nm}^3$$

In der Tabelle 11 ist der Gichtgaspreis bei verschiedenen Gichtgasanalysen ermittelt worden. Man erkennt, daß nach der vorgeschlagenen Bewertung der Gichtgaspreis je Nm^3 mit zunehmendem Heizwert steigt und daß er sich je 10^6 kcal auf etwa 13,80 DM einstellt.

10. Vergasung von Kohlenstoff mit Sauerstoff und Wasserdampf (71)

Die Rechnung wird in der gleichen Weise durchgeführt wie bei der Vergasung von Kohlenstoff mit Luft und Wasserdampf. Es ändert sich lediglich der Wert von a, der nun 100 % beträgt.

Beispiel

Vergast werden soll Kohlenstoff mit Sauerstoff und Wasserdampf bei einer Temperatur von 800°C und einem Druck von 100 Atm.

Die Gleichgewichtskonstanten sind:

$$K_G = 7{,}646$$

$$K_W = 7{,}968$$

$$K'_M = x^* \cdot K_M = 0{,}115 \cdot 4{,}715 \cdot 10^{-2}$$

Das Verhältnis von V_{CO}/V_{H_2} wird geschätzt zu x = 0,5 bei einer Wasserdampfmenge von 6,5 Nm^3/Nm^3 Sauerstoff.

Damit ergibt sich:

$$r = \frac{K_G}{K_W} \cdot \frac{1}{x} = 1{,}92$$

$$s = K_W \cdot K'_M \cdot \frac{1}{x} = 0{,}086$$

Mit diesen Werten und a = 100 % errechnet sich folgende Gaszusammensetzung:

V_{CO_2} = 1,879 Nm^3/Nm^3 Sauerstoff

V_{N_2} = 2,271 " " "

V_{CO} = 1,135 " " "

V_{H_2O} = 3,607 " " "

V_{CH_4} = 0,31 " " "

V_{tr} = 5,595 " " "

V_f = 9,202 " " "

Überprüfung des geschätzten Verhältnisses (x = 0,5)

$$K_G = \frac{(V_{CO})^2 \cdot P}{V_{CO_2} \cdot V_f} = 7{,}46$$

K_G wirklich = 7,64

Die Übereinstimmung kann als ausreichend angesehen werden. Mit obigen Werten wird folgende Zusammensetzung des trockenen Gases ermittelt:

v_{CO_2} = 33,6 %

v_{CO} = 20,3 %

v_{H_2} = 40,7 %

v_{CH_4} = 5,4 %

Der Heizwert beträgt:

$$H_u = 2121 \text{ kcal/Nm}^3$$

Daraus ergeben sich folgende Verbrauchszahlen:

Brennstoff : $B = 0{,}318$ kgC/Nm³ Gas

Sauerstoff : $M_L = 0{,}179$ Nm³/Nm³ Gas

Wasserdampf: $M_D = 0{,}934$ kg/Nm³ Gas = 1,16 Nm³/Nm³ Gas

Der Wasserdampfanteil im Vergasungsmittel ist 86,66 %.
Der Vergasungswirkungsgrad beträgt 83,4 %.

Die "Gestehungskosten", d.h. also die Brennstoff- und Vergasungsmittelkosten ergeben sich durch Einführung folgender Preise:

Brennstoff $B = 8$ Dpf/kg

Sauerstoff $M_L = 4$ Dpf/Nm³

Wasserdampf $M_D = 0{,}8$ Dpf/kg

Sie betragen für das ermittelte Gas 4,0 Dpf/Nm³ bzw. DM 18,85/10^6 kcal.

Für den Brennstoff wurden auch andere Preise eingesetzt. Der Brennstoffverbrauch bei errechneten Vergasungswirkungsgraden über 85 % ergibt sich ohne Berücksichtigung des thermischen Wirkungsgrades bei der zusätzlichen Wärmeerzeugung wie folgt, wenn man einen erreichbaren Vergasungswirkungsgrad von 85 % zugrundelegt (H_u Brennstoff = 8000 kcal/kg).

$$B_{gesamt} = \frac{H_{uGas}}{0{,}85 \cdot 8000} = \frac{H_{uGas}}{6800} \text{ kg/Nm}^3 \text{ Gas}$$

11. Vergasung von Kohlenstoff mit Wasserdampf (71)

Die Rechnung wurde nach dem von TRAUSTEL [57] abgewandelten Verfahren von DERINGER durchgeführt, dessen Kernpunkt also wieder eine Schätzung des Verhältnisses von H_2 zu CO ist.

Für die Berechnung gelten folgende Bestimmungsgleichungen:

$$V_{CO} = (2aO_G - H_G)/\alpha \quad \text{Nm}^3/\text{Nm}^3 \text{ Vergasungsmittel}$$

$$V_{CO} = 2O_G - (2+c)\, V_{CO_2} \quad \text{" " "}$$

$V_{H_2} = a\ V_{CO}$ $\quad Nm^3/Nm^3$ Vergasungsmittel

$V_{CH_4} = b\ V_{CO_2}$ $\quad$ " " "

$V_{H_2O} = c\ V_{CO_2}$ $\quad$ " " "

Darin bedeuten

$a = V_{H_2}/V_{CO}$

$b = a^2 \cdot K'_M$

$c = a \cdot K_W$

$O_G = O_M = V_{CO_2} + 0,5\ V_{CO} + 0,5\ V_{H_2O}\ Nm^3 O_2/Nm^3$ V.Mi.

$H_G = H_M = V_{H_2} + 2V_{CH_4} + V_{H_2O}\ Nm^3 H_2/$ " "

$\alpha = a\,(2 + c) - (2b + c)$

Die Gleichgewichtskonstanten sind:

$$K_G = \frac{(V_{CO})^2 \cdot P}{V_{CO_2} \cdot V_f}$$

$$K_W = \frac{V_{CO} \cdot V_{H_2O}}{V_{H_2} \cdot V_{CO_2}}$$

$$M'_M = x^* \cdot \frac{(V_{CO})^2 \cdot V_{CH_4}}{(V_{H_2})^2 \cdot V_{CO_2}}$$

x* = Unvollkommenheitsbeiwert für die Methanreaktion. Brennstoff- und Wasserdampfverbrauch werden wie bei der Vergasung mit Luft und Wasserdampf ermittelt.

Beispiel

Vergast werden soll Kohlenstoff mit Wasserdampf bei einer Temperatur von 800°C und einem Druck von 100 Atm.

Die Gleichgewichtskonstanten sind:

$$K_G = 7{,}646$$

$$K_W = 0{,}9596$$

$$K'_M = 0{,}115 \cdot 0{,}325 = 0{,}0373$$

Das Verhältnis $a = H_2/CO$ wird zu 2,9 geschätzt.

$$O_G = 0{,}5 \qquad H_G = 1$$

$$b = 2{,}9^2 \cdot 0{,}0373 = 0{,}3136$$

$$c = 2{,}9 \cdot 0{,}9596 = 2{,}7828$$

$$\alpha = 2{,}9\,(2+2{,}7828) - (2 \cdot 0{,}3136+2{,}7828) = 10{,}46$$

Mit diesen Werten ergibt sich folgende Gaszusammensetzung:

$$V_{CO_2} = \frac{(2 \cdot 2{,}9 \cdot 0{,}5 - 1{,}0)}{10{,}46} = 0{,}1816 \text{ Nm}^3/\text{Nm}^3 \text{ Verg.Mi.}$$

$$V_{CO} = 2 \cdot 0{,}5 - (2+2{,}7828) \cdot 0{,}1816 = 0{,}1315 \text{ " " "}$$

$$V_{H_2} = 2{,}9 \cdot 0{,}1315 = 0{,}3813 \text{ " " "}$$

$$V_{CH_4} = 0{,}3136 \cdot 0{,}1816 = 0{,}0569 \text{ " " "}$$

$$V_{H_2O} = 2{,}7828 \cdot 0{,}1816 = 0{,}5053 \text{ " " "}$$

$$V_{trocken} = 0{,}7513 \text{ " " "}$$

$$V_{feucht} = 1{,}2566 \text{ " " "}$$

Überprüfung des gewählten Verhältnisses (a = 2,9)

$$K_G = \frac{(V_{CO})^2 \cdot P}{V_{CO_2} \cdot V_f} = \frac{0{,}1315^2 \cdot 100}{0{,}1816 \cdot 1{,}2566} = 7{,}58$$

$$K_{G\,wirklich} = \qquad = 7{,}64$$

Die Übereinstimmung kann als gut bezeichnet werden.

Die Gaszusammensetzung bezogen auf 1 Nm^3 trockenes Gas ist folgende:

$$v_{CO_2} = 24,17\ \%$$

$$v_{CO} = 17,50\ \%$$

$$v_{H_2} = 50,75\ \%$$

$$v_{CH_4} = 7,58\ \%$$

Der Heizwert des Gases ist:

$$H_u = 2482\ kcal/Nm^3$$

Daraus ergeben sich Brennstoff- und Vergasungsmittelverbräuche von:

$$B = 0,264\ kgC/Nm^3\ Gas$$

$$M_D = 1,331\ Nm^3/Nm^3\ Gas$$

Der Vergasungswirkungsgrad beträgt:

$$\eta\ Verg = 117,6\ \%$$

Der gesamte Brennstoffverbrauch, bezogen auf einen tatsächlich erreichbaren Vergasungswirkungsgrad von 85 % ist:

$$B_{gesamt} = \frac{2482}{6800} = 0,365\ kg\ C/Nm^3$$

Die "Gestehungskosten" sind bei einem Brennstoffpreis von 8 Dpf/kg:

$$B + M_D = 3,9\ Dpf/Nm^3 = 17,04\ DM/10^6\ kcal.$$

Umrechnung von Rohgas in Reingas

Je Nm^3 Vergasungsmittel ergibt sich folgende Reingasausbeute:

V_{CO}	= 0,1315	Nm^3/Nm^3	Vergasungsmittel
V_{H_2}	= 0,3813	" "	"
V_{CH_4}	= 0,05669	" "	"
$V_{Rein-gas}$	= 0,5697	" "	"

Daraus errechnet sich folgende Gaszusammensetzung:

$$v_{CO} = 23{,}1\ \%$$

$$v_{H_2} = 67{,}0\ \%$$

$$v_{CH_4} = 9{,}9\ \%$$

Der Heizwert dieses Reingases ist $H_u = 3266$ kcal/Nm^3.
Die Reingasausbeute je Nm^3 Rohgas ergibt sich zu:

$$\frac{V_{Reingas}}{V_{trocken}} = \frac{0{,}5697}{0{,}7513} = 0{,}7558 \text{ Nm}^3 \text{ Reingas/Nm}^3 \text{ Rohgas}$$

Auf Grund der ermittelten "Gestehungskosten" des Rohgases in Höhe von 3,98 Dpf/Nm^3 ergeben sich für das Reingas "Gestehungskosten" von

$$\frac{3{,}98}{0{,}758} = 5{,}25 \text{ Dpf/Nm}^3 \text{ Reingas}$$

12. Methanisierung (76)

Die "Gestehungskosten" des auf eine Verbrennungswärme von $H_o = 4500$ kcal/Nm^3 methanisierten Wassergases ergeben sich aus dem Reingasbedarf zur Erzeugung von 1 Nm^3 Ferngas, wie er aus Abbildung 45 entnommen werden kann.

Für den vorliegenden Fall ist der Reingasbedarf

1,53 Nm^3 Reingas/Nm^3 Ferngas,

so daß sich die "Gestehungskosten" des Ferngases von

8,03 Dpf/Nm^3 ergeben.

13. Hydrierung (78)

Die Hydrierung kann wie die Wasserdampfvergasung nach dem von TRAUSTEL [57] angegebenen Verfahren berechnet werden, da dieses für beliebige Zusammensetzung des Vergasungsmittels gültig ist. Es genügt daher, den Rechnungsgang für Tabelle 20 an Hand eines Beispiels aufzuzeigen.

Beispiel

Hydriert werden soll das auf Seite 120 ermittelte Reingas, das folgende Zusammensetzung hat:

$$v_{CO} = 23,1\ \%$$

$$v_{H_2} = 67,0\ \%$$

$$v_{CH_4} = 9,9\ \%$$

Die Hydrierung soll in der Weise durchgeführt werden, daß das gereinigte Endgas eine Verbrennungswärme von $H_o = 4500\ kcal/Nm^3$ aufweist. Die Hydrierungstemperatur beträgt 800^oC.

Mit diesen Voraussetzungen ergeben sich folgende Rechenwerte:

$$O_M = O_G = 0,116 \quad Nm^3O_2/Nm^3 \text{ Reingas}$$

$$H_M = H_G = 0,868 \quad Nm^3H_2/Nm^3 \text{ Reingas}$$

$$K_G = 7,36$$

$$K_W = 0,947$$

$$K'_M = 0,5 \cdot 0,323 = 0,162$$

$$a = \frac{V_{H_2}}{V_{CO}} = 6,79 \text{ (geschätzt)}$$

$$b = a^2 \cdot K'_M = 7,469$$

$$c = a \cdot K_W = 6,430$$

$$\alpha = a(2+c) - (2b+c) = 35,871$$

V_{CO_2} = 0,0197 Nm^3/Nm^3 Hydriermittel (Reingas)

V_{CO} = 0,065 " " "

V_{H_2} = 0,441 " " "

V_{CH_4} = 0,147 " " "

V_{H_2O} = 0,127 " " "

$V_{trocken}$ = 0,6727 Nm^3/Nm^3 Hydriermittel (Reingas)

V_{feucht} = 0,7997 " " "

V_{rein} = 0,653 " " "

Mit diesen Werten ergeben sich folgende Gaszusammensetzungen und Verbrennungswärmen bzw. Heizwerte:

trockenes Rohgas	v_{CO_2}	= 2,9 %
	v_{CO}	= 9,7 %
	v_{H_2}	= 65,5 %
	v_{CH_4}	= 21,9 %
	H_u	= 3853 kcal/Nm^3
Reingas	v_{CO}	= 10,0 %
	v_{H_2}	= 67,5 %
	v_{CH_4}	= 22,5 %
	H_u	= 3966 kcal/
	H_o	= 4506 kcal/Nm^3

Um diese Verbrennungswärme des Reingases zu erreichen, muß die Hydrierung bei 28,4 Atm durchgeführt werden.

Der Hydriermittelbedarf zur Erzeugung von 1 Nm^3 Ferngas beträgt:

$$M = 1{,}53 \ Nm^3/Nm^3 \text{ Ferngas}$$

Der Bedarf an Kohlenstoff für die Hydrierung errechnet sich nach der Gleichung:

$$B = \frac{V_{CO_2} + V_{CO} + V_{CH_4} - C_M}{G_B \cdot V_{trocken}} \ kgC/Nm^3 \text{ trockenes Gas}$$

C_M = Kohlenstoffgehalt im Hydriermittel Nm^3C/Nm^3 Hy.M.$=V_{CO_2}+V_{CO}+V_{CH_4}=0{,}33$

C_B = Kohlenstoffgehalt des Brennstoffes = 1,86 Nm^3C/kg Brennstoff

Für das vorliegende Beispiel ergibt sich:

$$B = \frac{(0{,}0197 + 0{,}065 + 0{,}0147) - 0{,}33}{1{,}86 \cdot 0{,}6727} = -0{,}078 \text{ kgC/Nm}^3 \text{ tr. Gas}$$

Infolge des hohen gebundenen Kohlenstoffgehaltes im Hydriermittel stellt sich eine C-Abscheidung ein.

Die "Gestehungskosten" des hydrierten Gases ergeben sich aus dem Hydriermittelbedarf (1,53 Nm^3/Nm^3), den "Gestehungskosten" des Hydriermittels (5,25 Dpf/Nm^3), der C-Abscheidung (0,078 kg/Nm^3) und dem Preis des Kohlenstoffes (8 Dpf/kg). Die Klammerwerte beziehen sich auf das Beispiel.

Die "Gestehungskosten" betragen für den vorliegenden Fall:

$$5{,}25 \cdot 1{,}53 - 0{,}078 \cdot 8 = 7{,}4 \text{ Dpf/Nm}^3 \text{ Ferngas.}$$

Dipl.-Ing. Dietrich WAGENER

14. Literaturverzeichnis

[1] SCHENK, P. — Erhöhung der Elastizität der Gaserzeugung und Gasdarbietung durch Einsatz von Flüssiggas und Öl in Gaswerksbetrieben. GWF 1954, H. 19

[2] MICHEL, E. — Erzeugung von Stadtgas aus gasförmigen und flüssigen Kohlenwasserstoffen. GWF 1954, H. 19

[3] WURZ, F. — Bericht über Versuche des Gaswerkes Baden-Baden, vorgetragen auf der Jahrestagung des DVGW im Juni 1954, Ref. GWF 1954, H. 19

[4] MENGE, A. — Darf man in der Elektrowirtschaft prophezeien? Technik und Wirtschaft 1933, H. 2

[5] SEGELKEN, L. — Generalplan für die Gaswirtschaft des Bundesgebietes. Unveröffentlicht

[6] ZIERVOGEL, F.W. — Aufgaben und Aussichten der Kohle in der Gaswirtschaft. Glückauf 1953, H. 35/36

[7] Zahlen zur Kohlenwirtschaft, Statistik der Kohlenwirtschaft e.V.

[8] Der Investionsbedarf des Steinkohlenbergbaus, Bericht des Unternehmensverbandes Ruhrbergbau, Mai 1954

[9] Die Entwicklung der Gasversorgung im Bundesgebiet, Bericht des Verbandes der deutschen Gas- und Wasserwerke, Mai 1954

[10] Statistisches Jahrbuch des Landes Nordrhein-Westfalen 1953

[11] Investions- und Finanzierungsprobleme in der öffentlichen Elektrizitätsversorgung des Bundesgebietes. Vereinigung Deutscher Elektrizitätswerke VDEW. e.V., April 1954

[12] SÖRGEL, H. — Atlantropa. Behrendt-Verlag, Stuttgart 1948

[13] GRASSMANN, P. — Die Erschließung der Energiequellen der Erde. Brennstoff, Wärme, Kraft 1949, H. 1

[14] GÖTTE, A. — Einige Probleme um eine künftige Gaserzeugung und -versorgung. Aachener Blätter 1954, H.1/2

[15] WACKER, A. und H. GRIESBACH — Zur Atomenergiegewinnung. Angew. Chemie 1954, H. 4

[16] Energiewirtschaftliche Fragen der Stromerzeugung durch Kernspaltung. Brennstoff, Wärme, Kraft 1955, H. 8

[17] HEISENBERG, W. — Die Möglichkeiten der Atomtechnik in Deutschland 1953

[18] SCHMIDT, E. — Das Wachsen des Energiebedarfes der Menschheit. Vortrag an der Techn. Hochschule München 1953

[19] Erzeugung und Verbrauch von Mineral-Ölerzeugnissen in den Ländern der OEEC in den Jahren 1947 bis 1953. Glückauf 1954, H. 29/30

[20] Der Markt für Kohle und Heizöl in Westeuropa. Braunkohle, Wärme und Energie 1954, H. 19/20

[21] BILLE, H. — Die Bedeutung des Verbandes Kohle-Strom für den Braunkohlebergbau. Braunkohle, Wärme, Energie 1953, H. 17/18

[22] PUTNAM, P. — Energy in the Future. New York 1953

[23] SCHUSTER, F. — Möglichkeiten der Einschaltung von Gasen mit außergewöhnlichen Brenneigenschaften in die öffentliche Gasversorgung GWF 1953, H. 15

[24] RADMACHER, F. und H. MANTEL — Internationale Steinkohlen-Klassifikation, Brennstoff-Chemie 1954, H. 9, 10

[25] TRAENCKNER, K. — Vortrag an der Techn. Hochschule Karlsruhe, 1953

[26] KANNEN, L. und Mitarb. — Study of Reaktions of Carbon, Oxygen and Steam. Inst. Gas Technology, Reports Projekt CPR-5, 1953

[27] GUMZ, W. und F. FORSTER — A critical survey of methods of making a high BTU gas from coal. Gas Products Res. Committe American Gas Assoc., Res. Bull. Nr. 6, 1953

[28]	BARKING, H. und C. EYMANN	Über die Herstellung, Vergasung und Verhüttung von eisenreichem Koks zur Schwachgasherstellung. Glückauf 1952, S. 1090
[29]	FLESCH, W.	Beiträge zur restlosen Vergasung von Förderkohle. Vortrag auf der Vergasungstagung in Lüttich 1954
[30]	TRAENCKNER, K.	Gas aus nicht verkokungswürdigen Kohlen. GWF 1952, H. 4
[31]	TRAENCKNER, K.	Pulverized Coal Gasification, Vortrag auf der Jahrestagung der ASME, New York 1952
[32]	NISTLER, F.	Neue Wege zur Schwachgasherstellung aus Steinkohle. Glückauf 1952, S. 346
[33]	WAGENER, D.	Verfahren und Probleme der Vergasung fester Brennstoffe. Erdöl und Kohle 1954, H. 6
[34]	DOLCH, P.	Wassergas, Leipzig 1936
[35]	BIEGER, F.	Erfahrungen mit dem Koppers-Umwälzverfahren. Brennstoff-Chemie 1951, H. 21/22
[36]	MÜLLER, H.	Die Erzeugung von Wassergas aus Braunkohle im Pintsch-Hillebrand-Generator der Hamburger Gaswerke GmbH. GWF 1935, S. 431
[37]	ALLNER, W.	Stadtgas und Synthesegas aus Braunkohle. GWF 1935, S. 438
[38]	NEWMAN, L.	Oxygen in the production of hydrogen or synthesis gas. Ind. Eng. Chem. April 1948
[39]		Gasification and Lignefication of Coal. American Inst. Mining Metallurg. Eng., New York 1953
[40]	GRATKOWSKI, H.W. v.	Kohleveredelung durch Gaserzeugung, Treibstoff- und Chemikaliengewinnung. Brennstoff, Wärme, Kraft 1952, S. 269
[41]	TOTZEK, F. und K. OSTHAUS	Grundlagen des Koppers-Totzek-Verfahrens zur Vergasung von Kohlenstaub. Brennstoff-Chemie 1950, S. 173

[42] MORLEY, R.J. Wintershall-Schmalfeld process for Manufature of Synthesis Gas at Lutzkendorf. B.I.O.S. Final Rep. 1142, 1947

[43] FOCH, P. und L. LOISON Über die Vergasung von Kohlenstaub nach dem Panindco-Verfahren. Vortrag auf der Vergasungstagung in Lüttich 1954

[44] Synthetic Liquid Fuels. U.S. Dep. Interior, Bur. Mines, Rep. Invest. 4942, 1953

[45] GUMZ, W. Staubvergaser zur Synthesegaserzeugung. Brennstoff, Wärme, Kraft 1954, H. 6

[46] JUST, H. Ferngaserzeugung durch Vergasung von Steinkohle nach dem Lurgi-Druckverfahren. Erdöl und Kohle 1954, H. 7

[47] SCHUSTER, F. Vorlesung an der Techn. Hochschule Aachen 1954

[48] GUMZ, W. Vergasung fester Brennstoffe. Springer-Verlag 1952

[49] WAGENER, G. Gaswärme. Vulkanverlag 1948

[50] "Krueger-Gutachten", zusammengestellt vom VDEh 1951

[51] Persönliche Mitteilung der KO-WE Niederschachtofen GmbH., Bad Godesberg

[52] Persönliche Mitteilung der Firma Dr. C. Otto, Bochum

[53] Persönliche Mitteilung der Demag, Duisburg

[54] DANULAT, F. Die restlose Vergasung fester Brennstoffe mit Sauerstoff unter hohem Druck. H. Schack & Co., Frankfurt 1936

[55] Die Gasversorgung. Vulkan-Verlag 1952

[56] DENT, F.J. Die Hydrierung von Kohle zu gasförmigen Kohlenwasserstoffen. Vortrag auf der Vergasungstagung in Lüttich 1954

[57] TRAUSTEL, S. Über die Berechnung von Vergasungsgleichgewichten. Brennstoff, Wärme, Kraft 1952, H. 1

[58] BRÜCKNER, H. Handbuch der Gasindustrie, Bd. 6. Oldenbourg-Verlag 1938

[59] KRÖGER, C. Grundriß der technischen Chemie, Band 4, Vandenhoeck & Ruprecht, Göttingen 1952

15. Abbildungs - Anhang

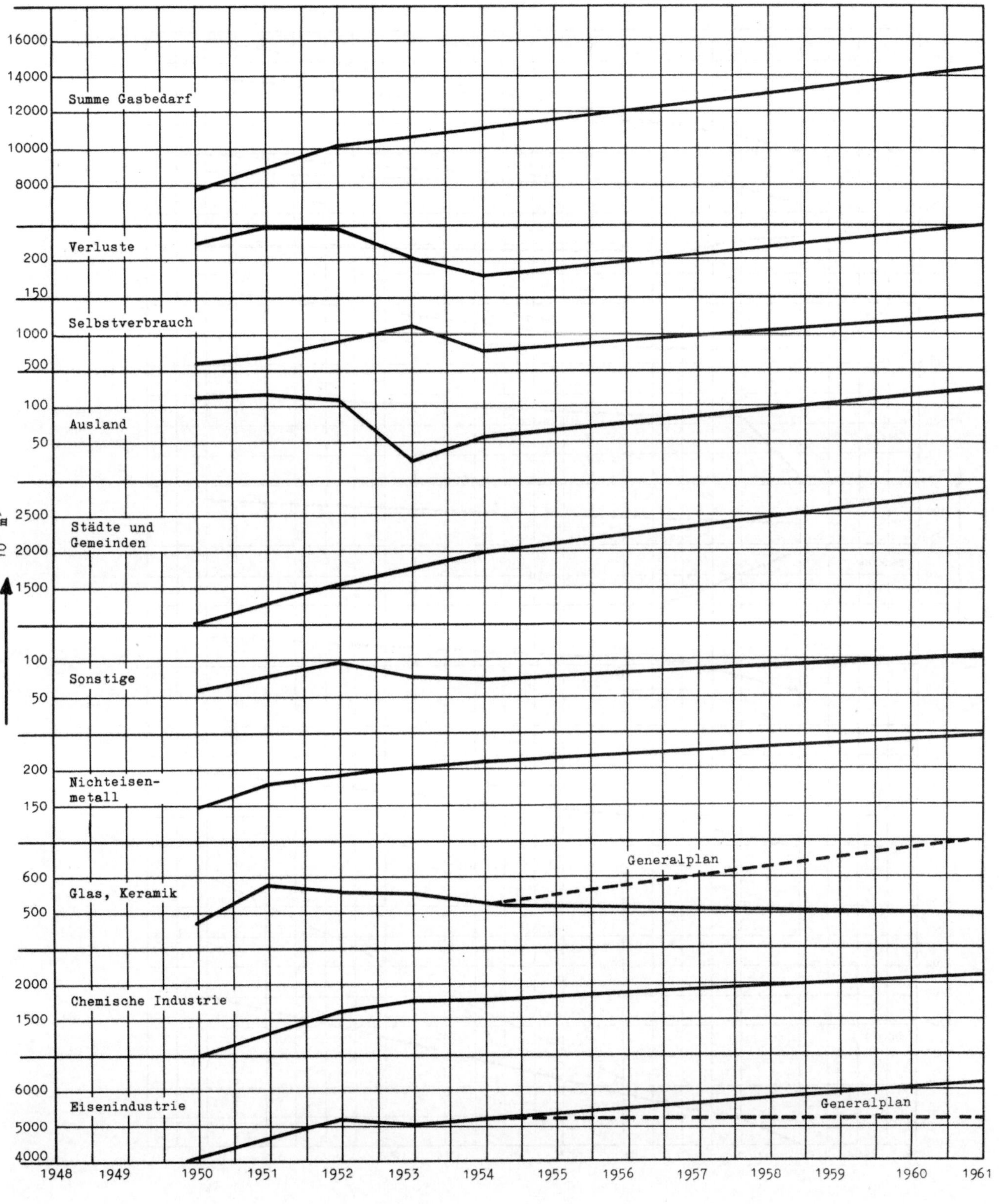

Abbildung 1

Entwicklung des Kokereigasbedarfs bis 1961

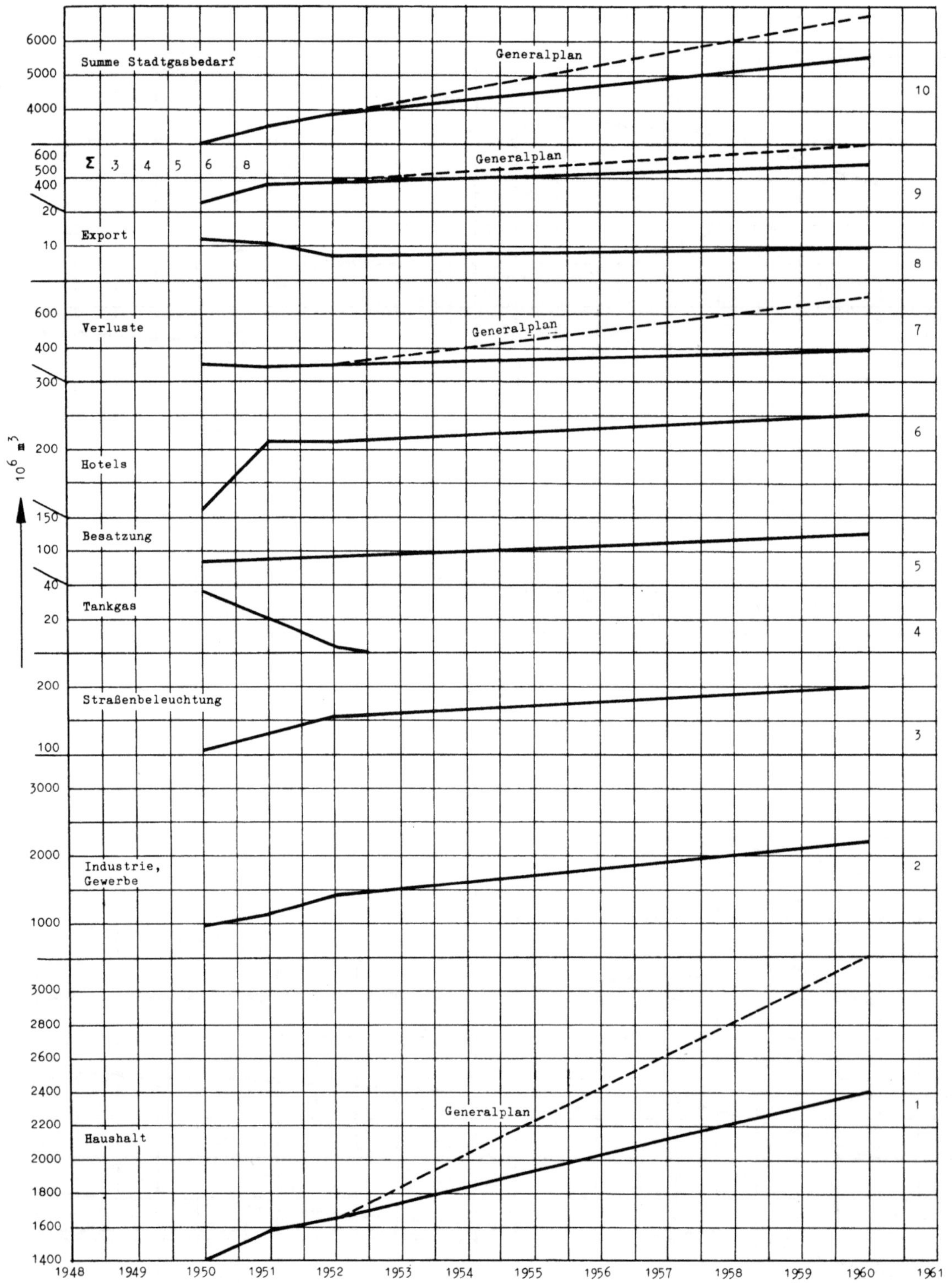

A b b i l d u n g 2

Entwicklung des Stadtgasbedarfs bis 1960

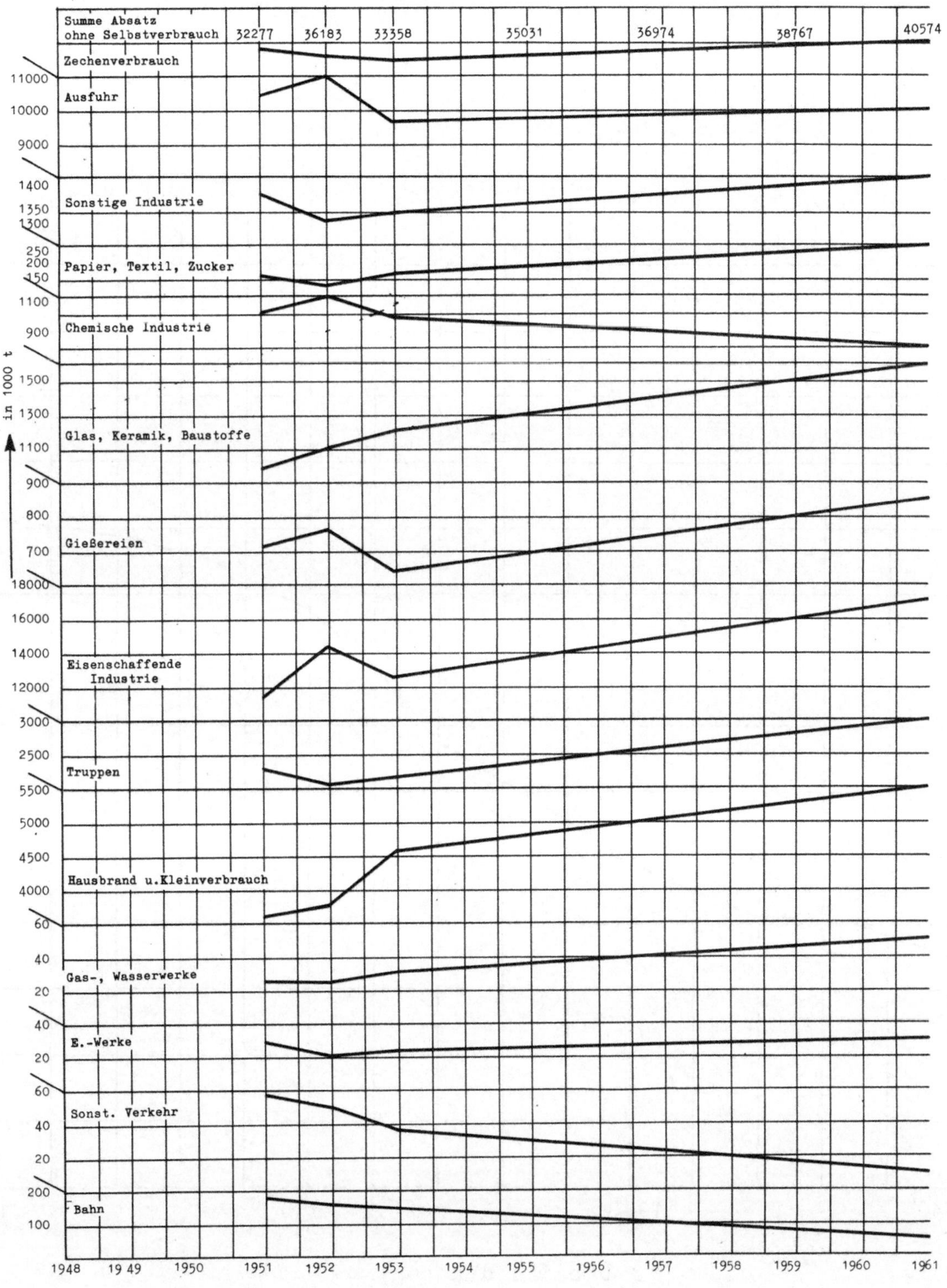

A b b i l d u n g 3

Entwicklung des Kokerei-Koksbedarfs bis 1961

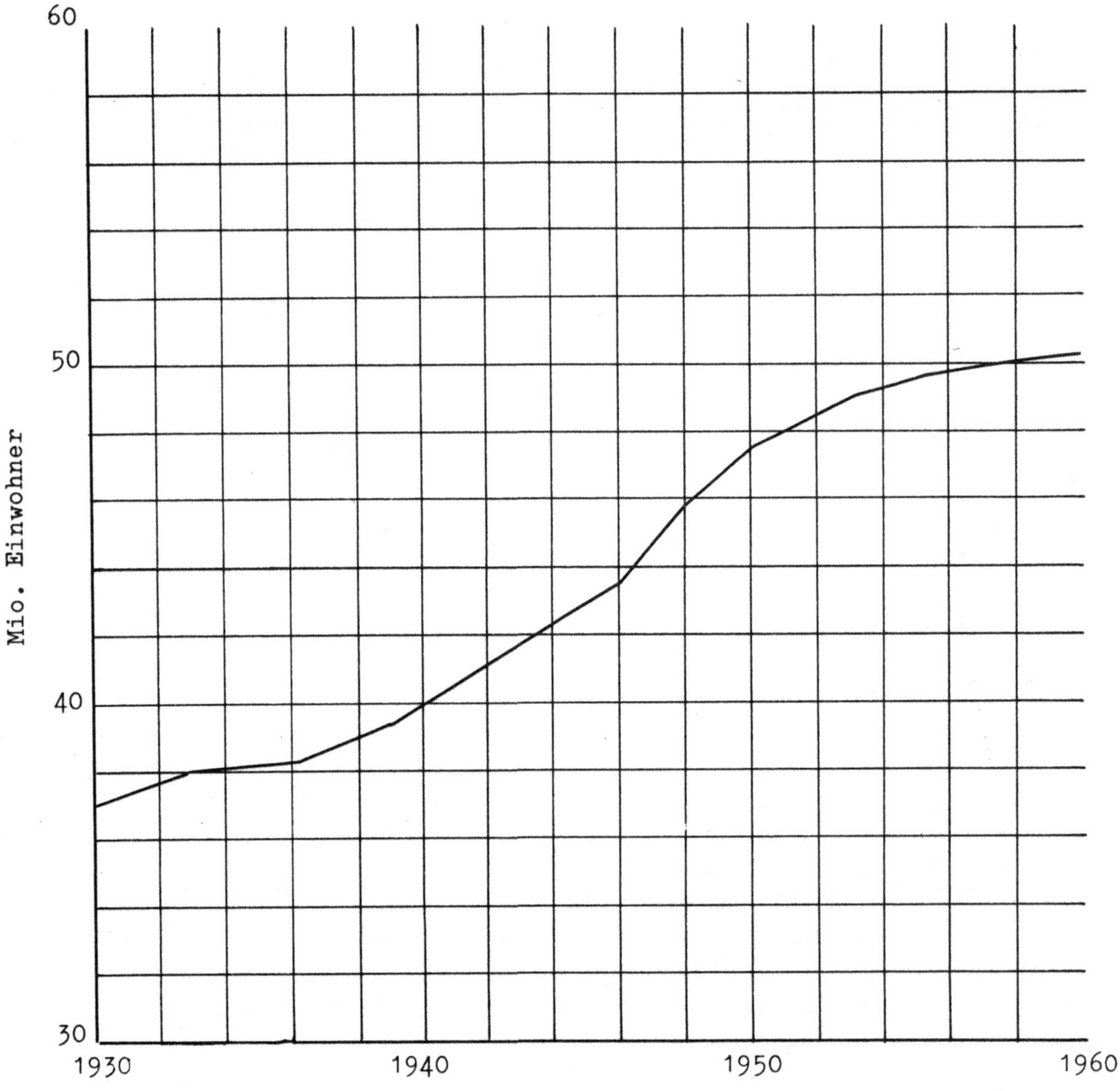

A b b i l d u n g 4

Bevölkerungszunahme im Bundesgebiet
(ab 1953 geschätzt, statistisches Jahrbuch 1953)

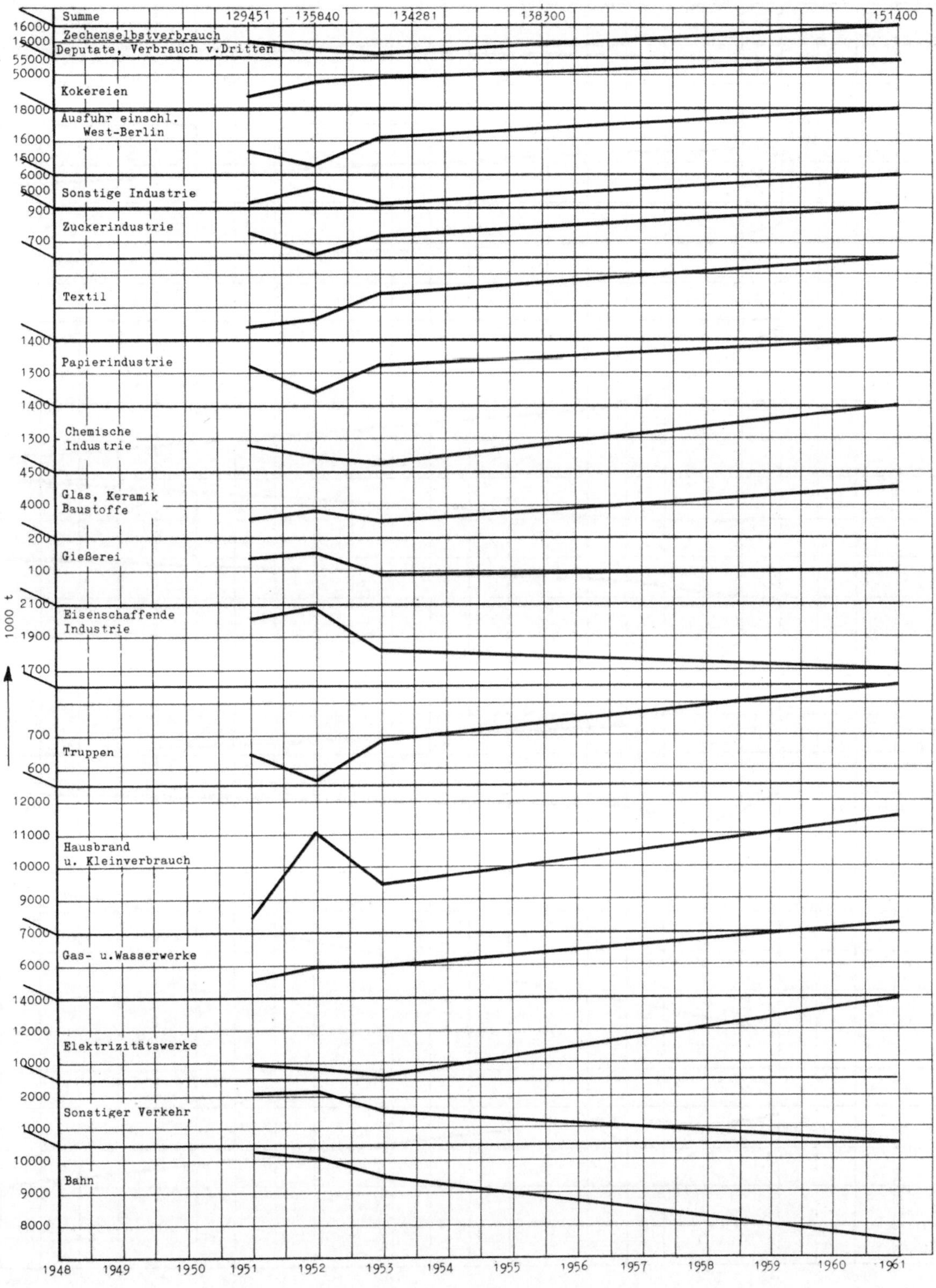

A b b i l d u n g 5

Entwicklung des Steinkohlebedarfs bis 1961

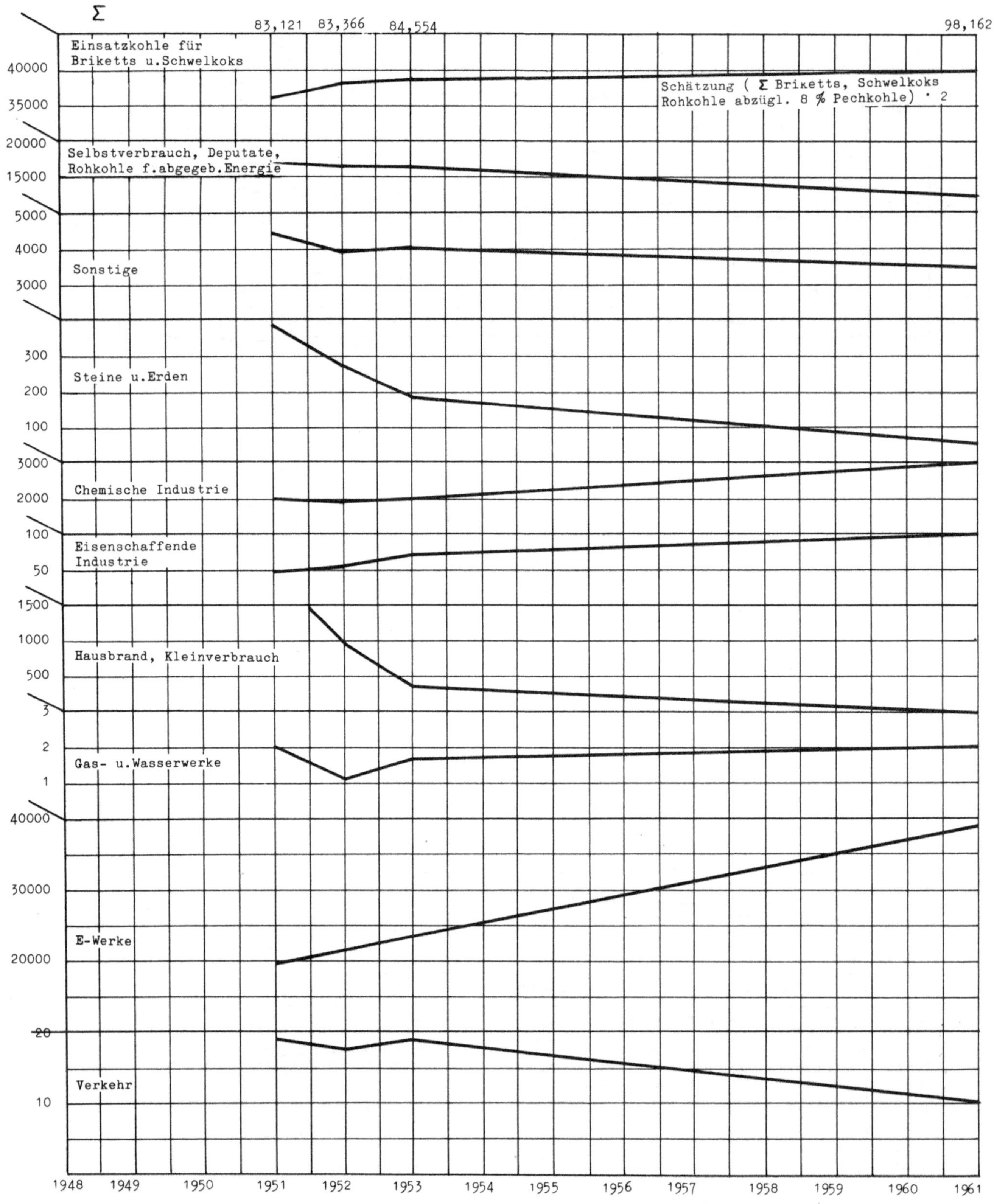

A b b i l d u n g 6

Entwicklung des Braunkohlebedarfs bis 1961

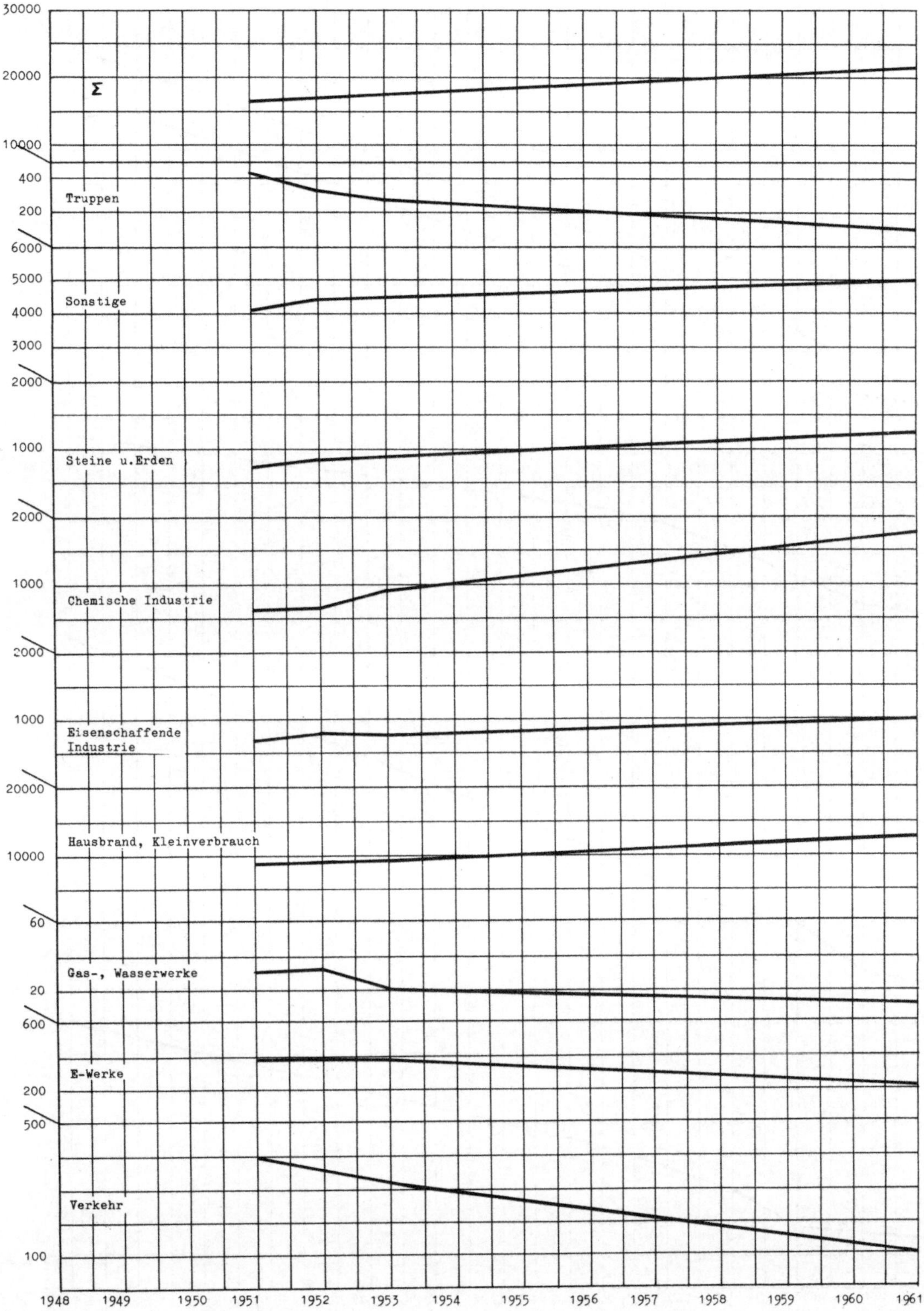

Abbildung 7

Entwicklung des Bedarfs an Briketts, Schwelkoks und Pechkohle bis 1961

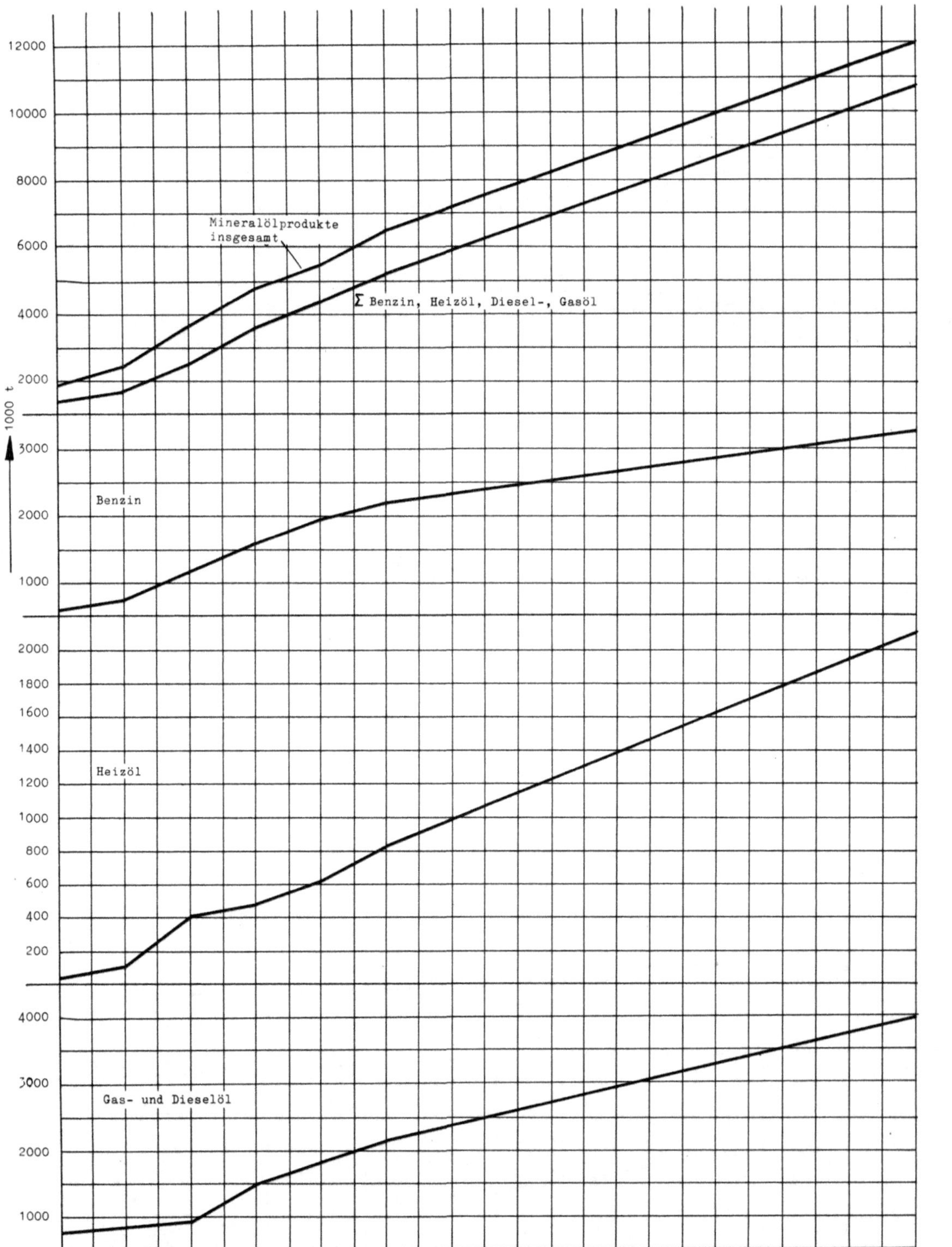

A b b i l d u n g 8

Entwicklung des Mineralölbedarfs bis 1961

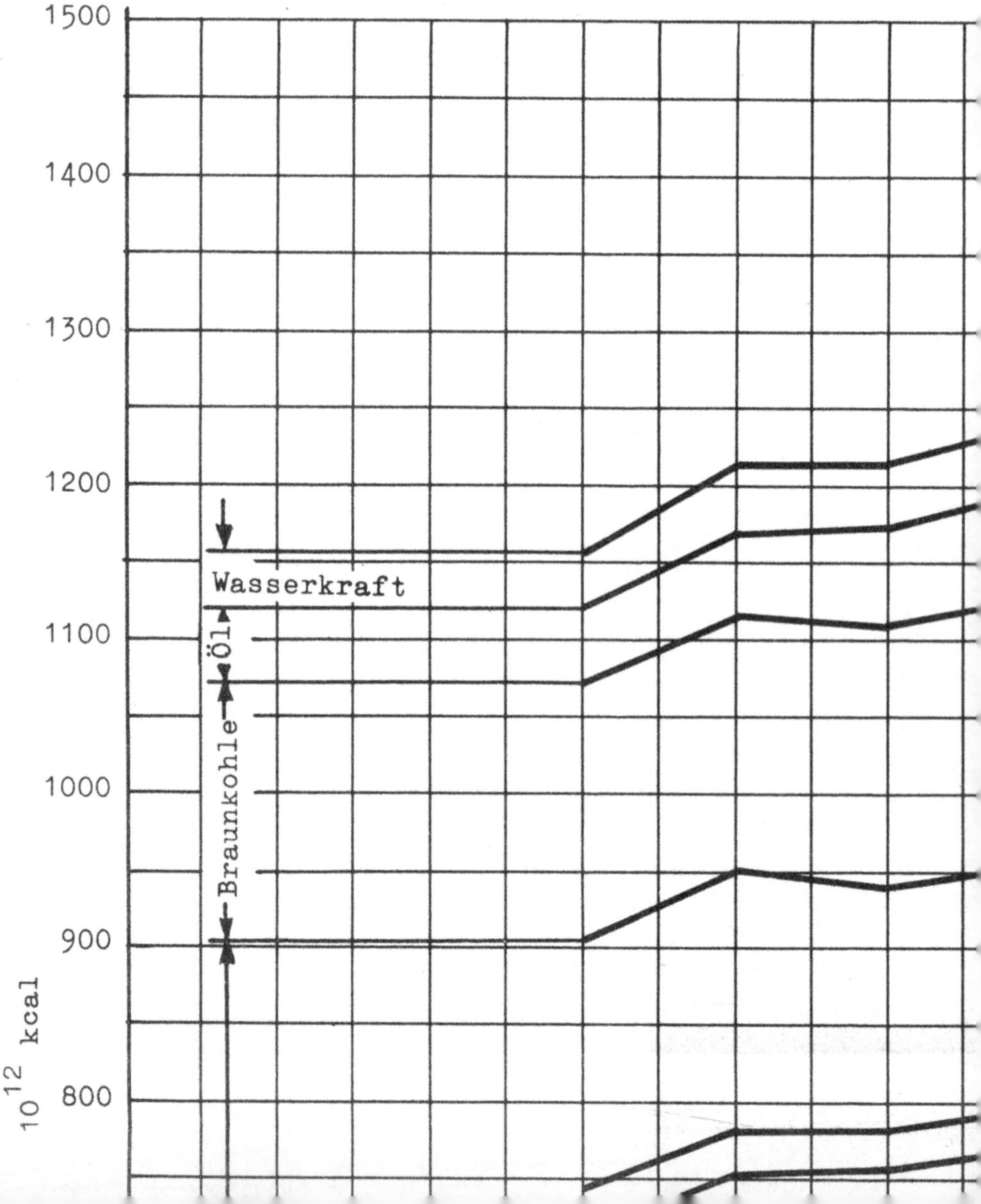

1500
1400
1300
1200
1100
1000
900
800
10^{12} kcal
Wasserkraft
Öl
Braunkohle

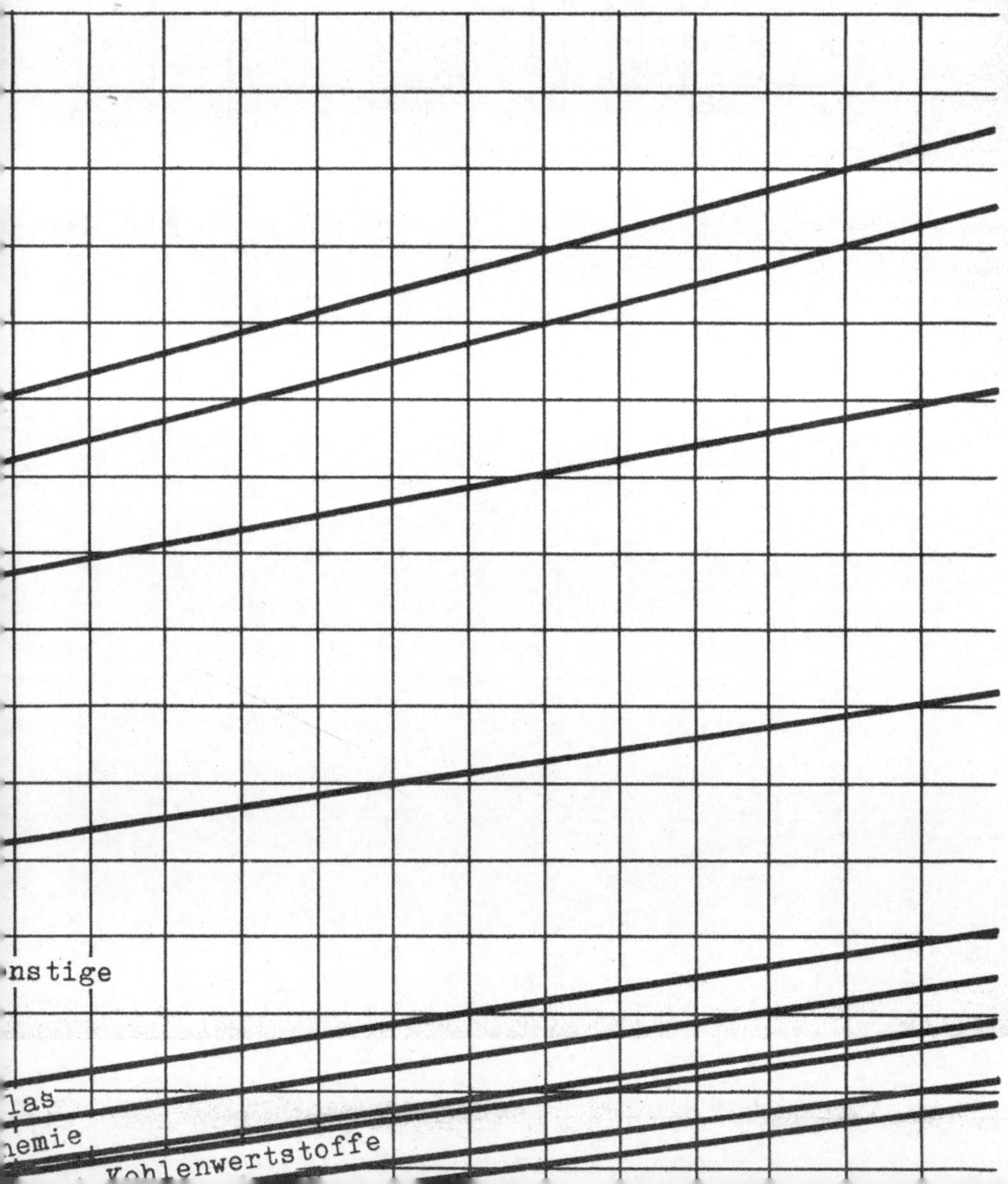
nstige
las
nemie
Kohlenwertstoffe

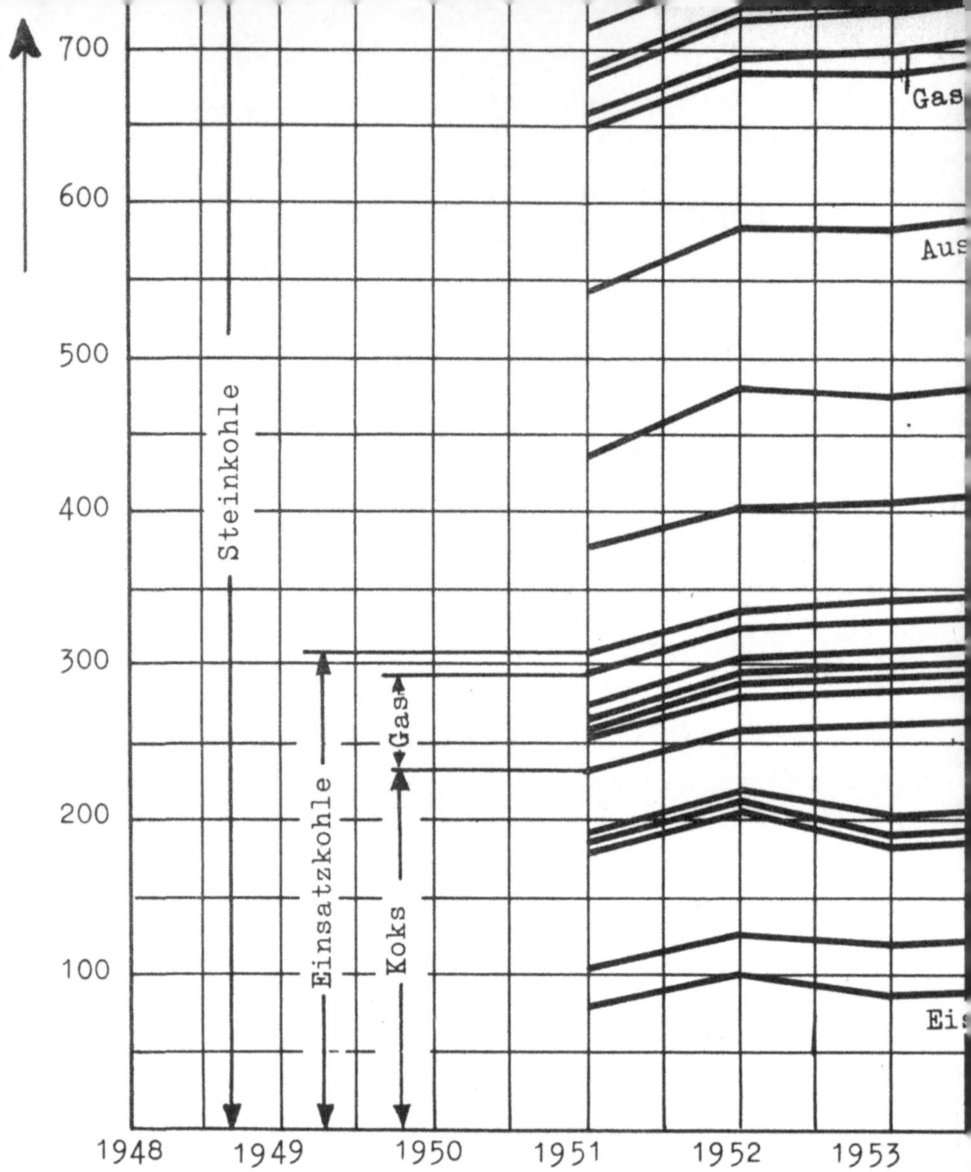

A b

Energiebed

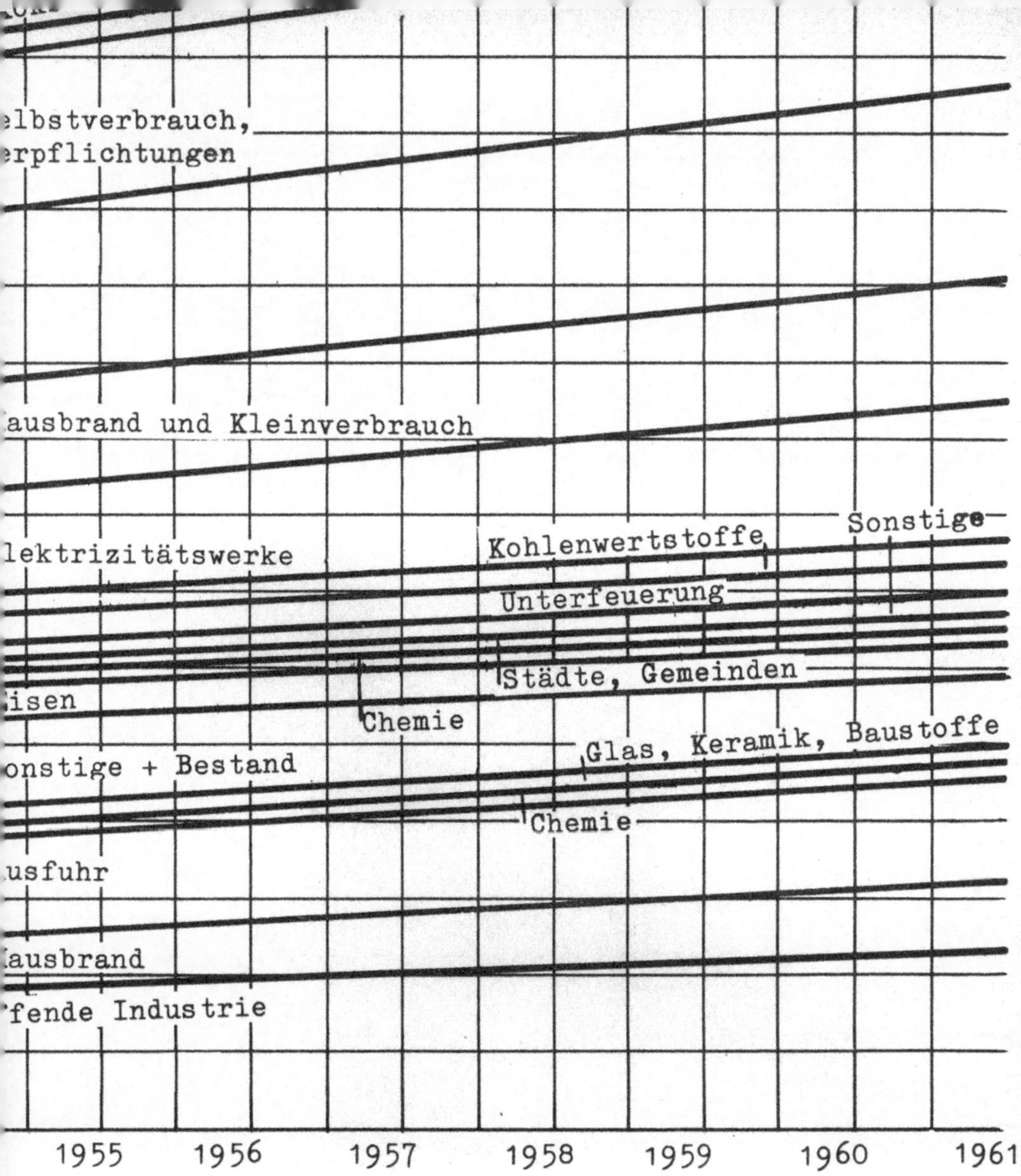

u n g 9

gel 1951 - 1961

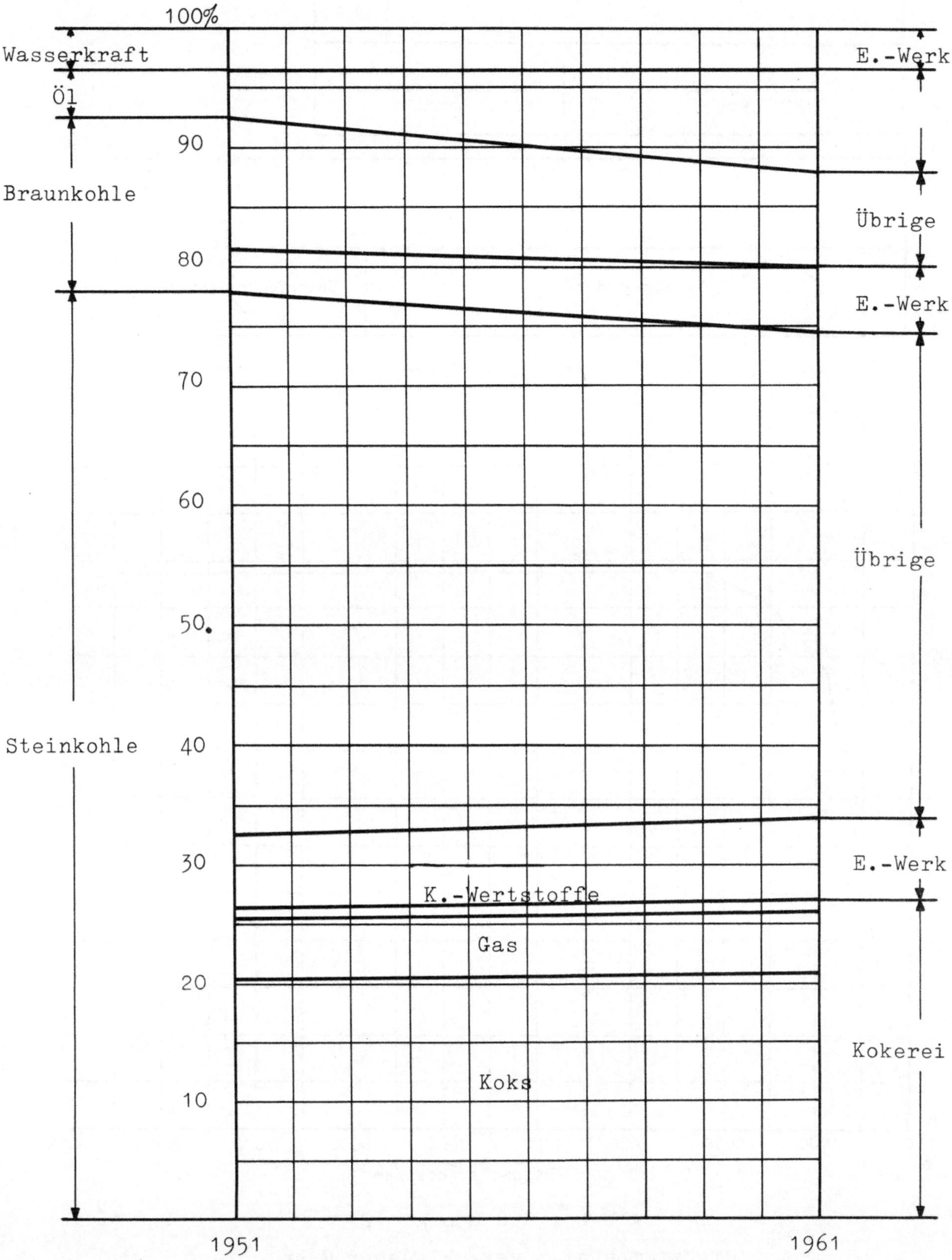

A b b i l d u n g 10

Die voraussichtliche Änderung des Energiebedarfsverhältnisses von 1951 bis 1961

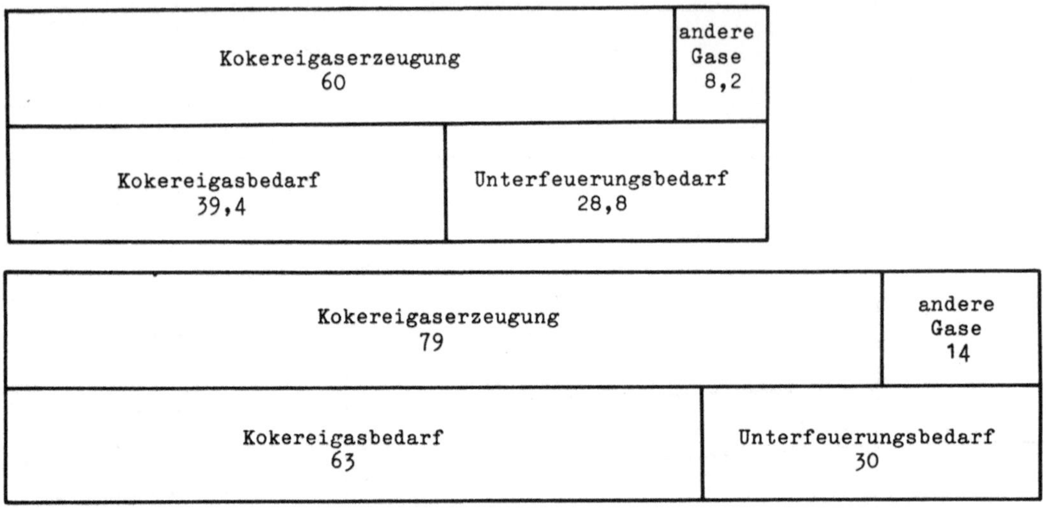

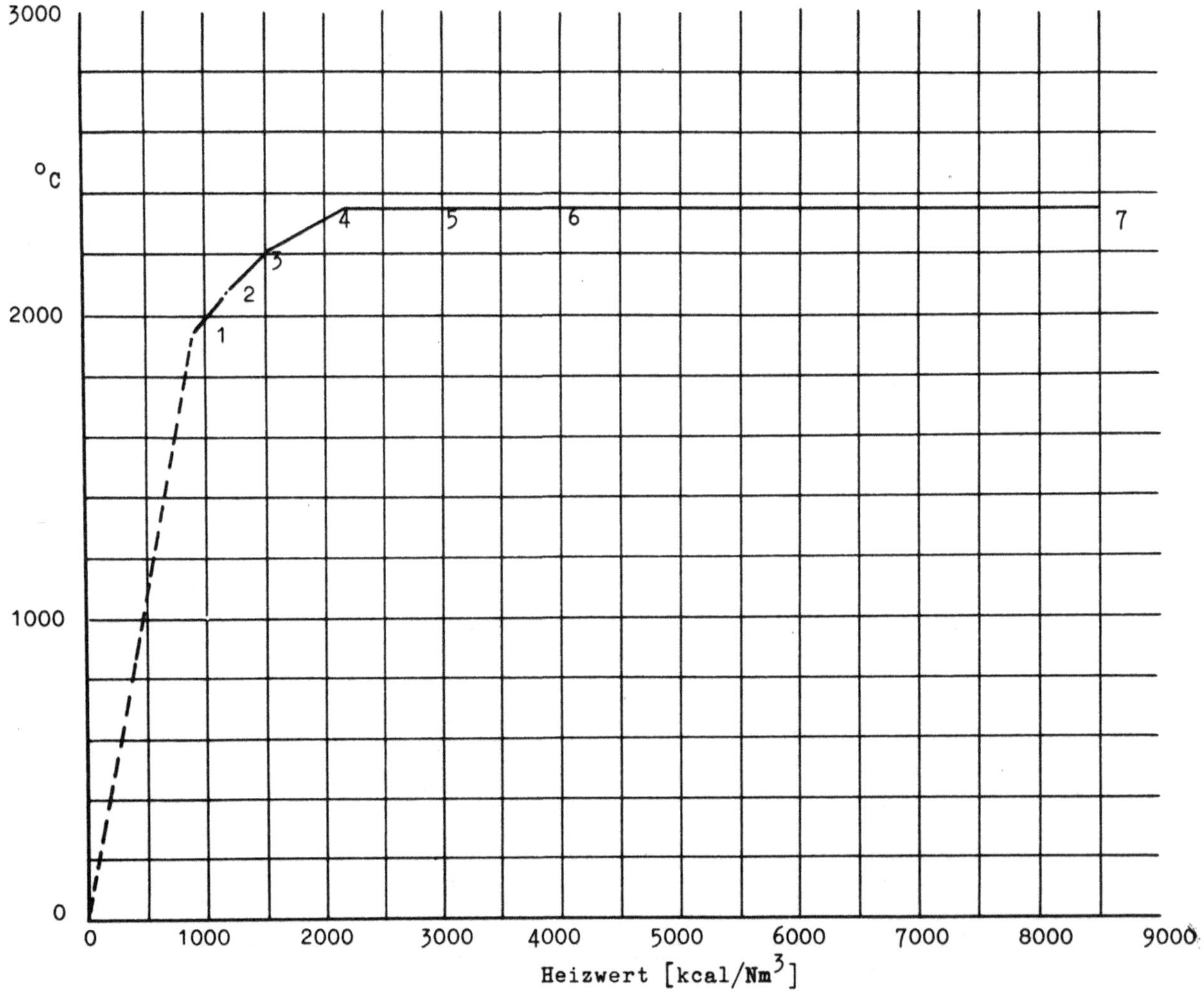

A b b i l d u n g 12

Grenztemperatur verschiedener Gase

1 Gichtgas 2· Koksgeneratorgas 3· Braunkohlenbrikett-Generatorgas

4· Oxigas (mit sauerstoffangereicherter Luft erblasen)

5· Co 6· Kokereigas 7· CH_4

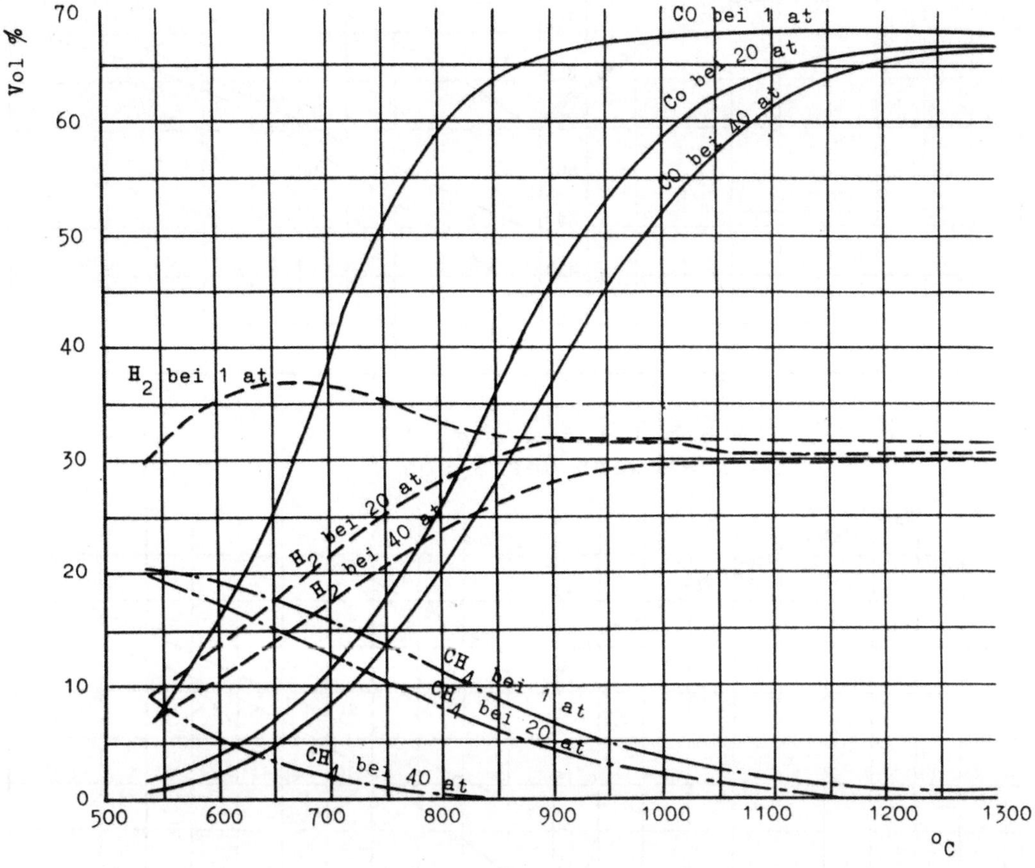

A b b i l d u n g 13

Abhängigkeit der Wassergaszusammensetzung von der Temperatur bei verschiedenen Drücken

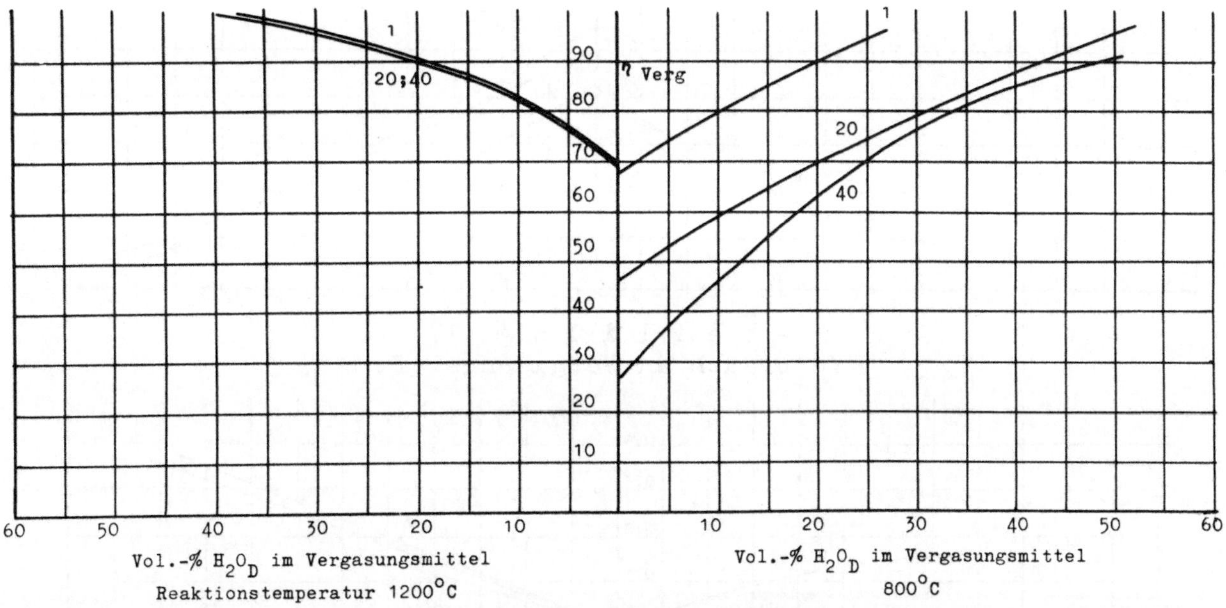

A b b i l d u n g 14

Vergasungswirkungsgrad

Schwachgaserzeugung bei verschiedener Zusammensetzung des Vergasungsmittels, den Reaktionstemperaturen 800°C und 1200°C und den Drücken 1, 20 und 40 Atm

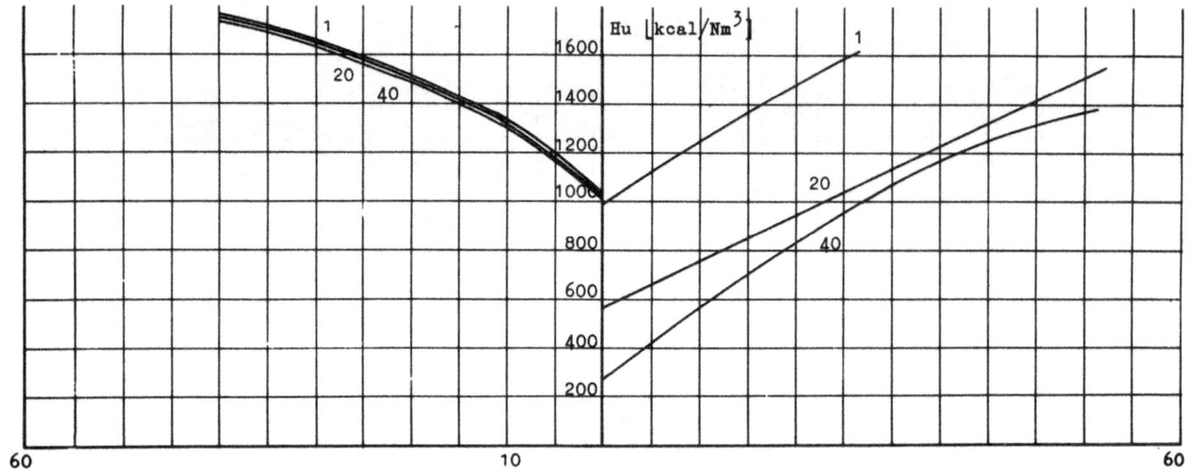

Abbildung 15
Heizwert des Gases

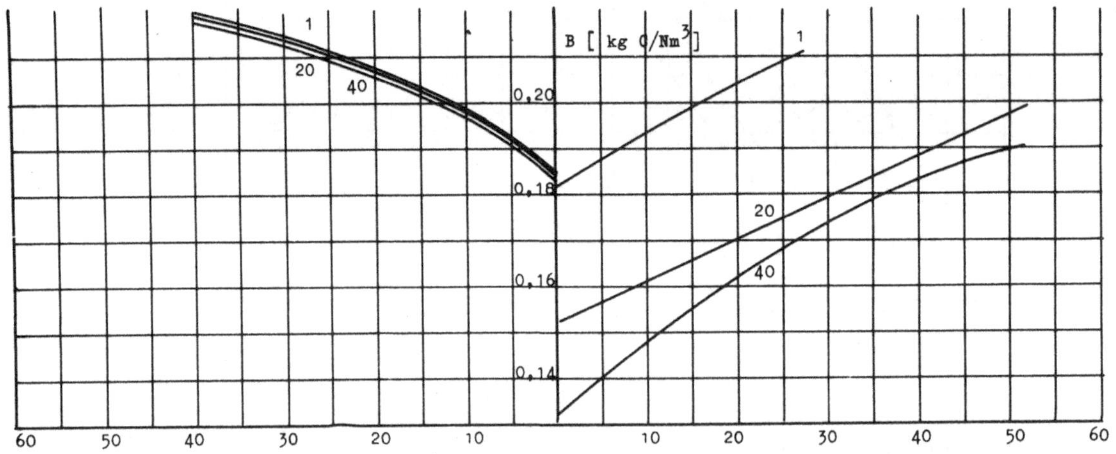

Abbildung 16
Verbrauch an Kohlenstoff für die Vergasung

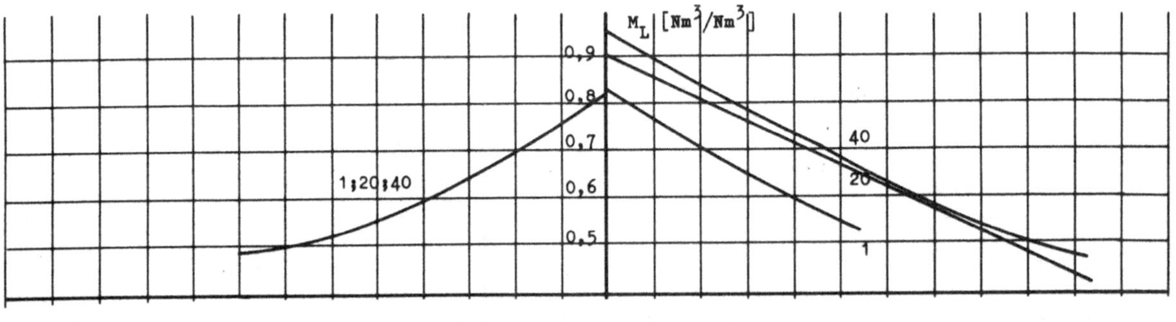

Abbildung 17
Verbrauch an Vergasungsluft

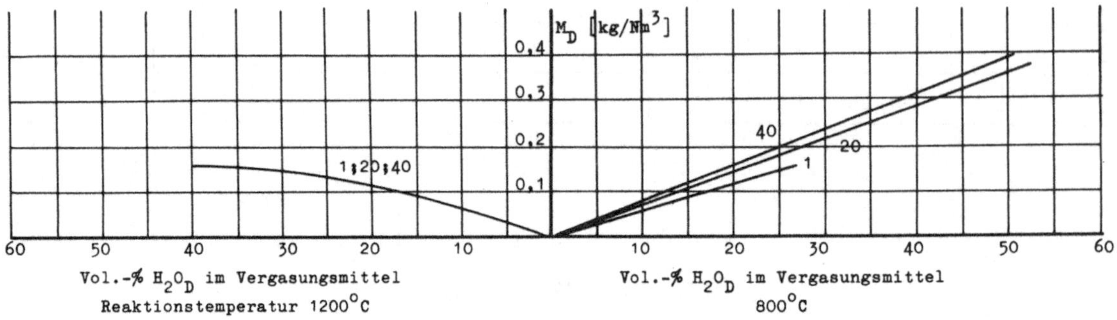

Abbildung 18
Verbrauch an Vergasungsdampf

Schwachgaserzeugung bei verschiedener Zusammensetzung des Vergasungsmittels, den Reaktionstemperaturen 800°C und 1200°C und den Drücken 1, 20 und 40 Atm

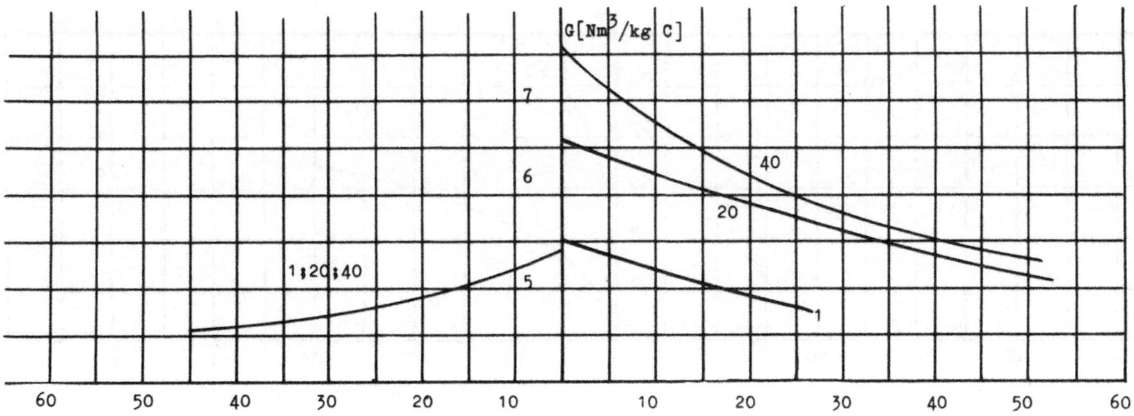

A b b i l d u n g 19
Gasausbeute

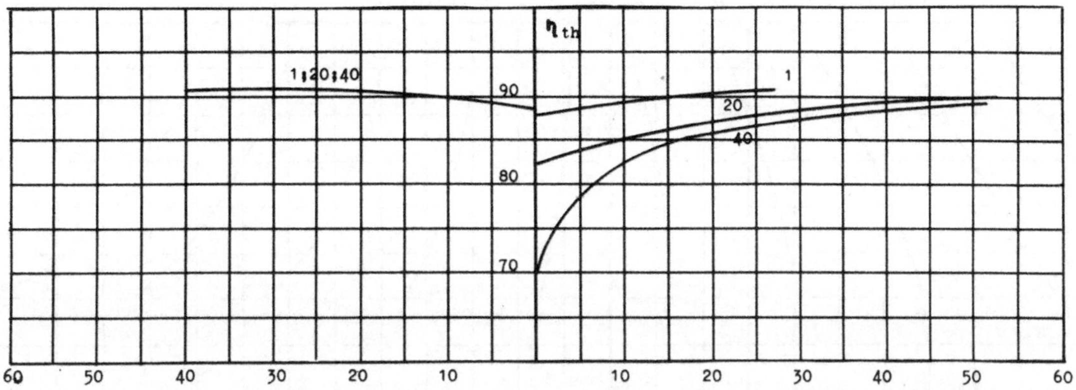

A b b i l d u n g 20
Thermischer Wirkungsgrad bei der Verbrennung

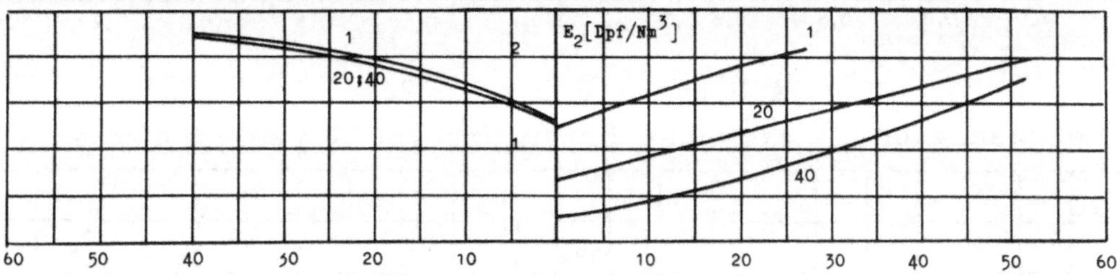

A b b i l d u n g 21
Äquivalenter Gaspreis

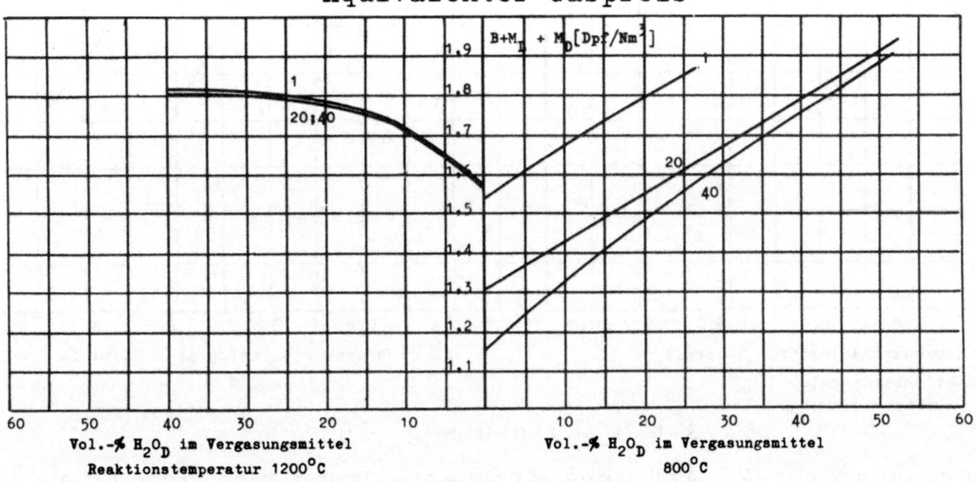

A b b i l d u n g 22
Brennstoff- und Vergasungsmittelkosten

Schwachgaserzeugung bei verschiedener Zusammensetzung des Vergasungsmittels, den Reaktionstemperaturen 800°C und 1200°C und den Drücken 1, 20 und 40 Atm

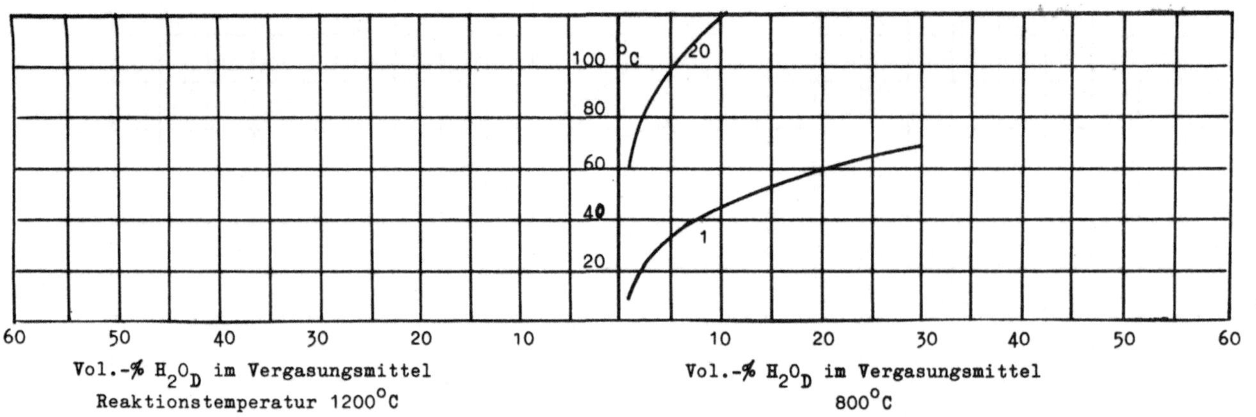

A b b i l d u n g 23

Sättigungstemperatur des Vergasungsmittels

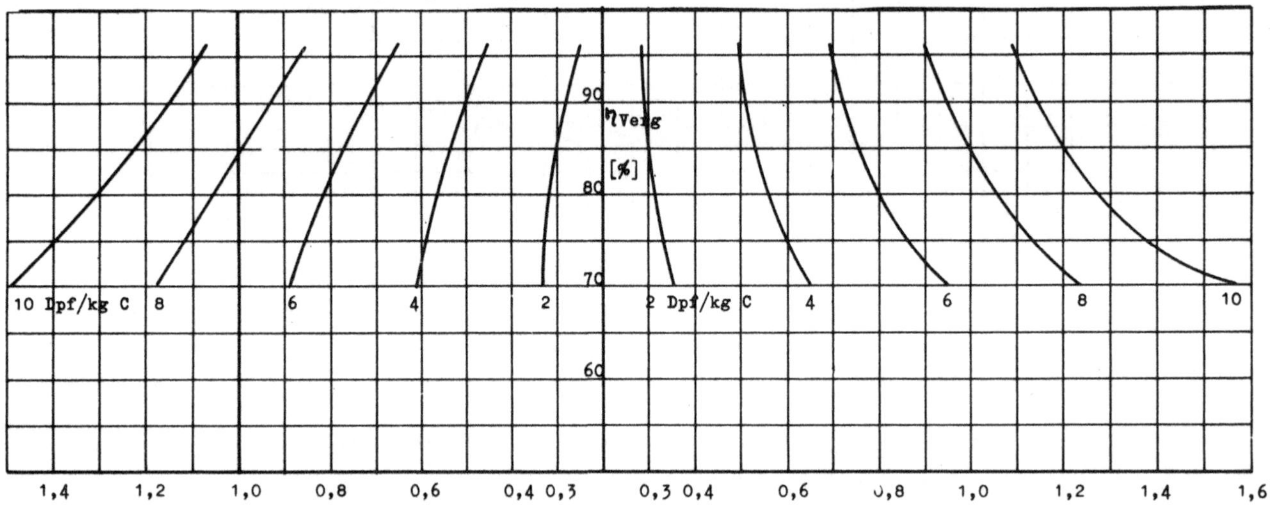

A b b i l d u n g 24

Vergasung bei 1 Atm ohne Erzeugung von Koppelprodukten

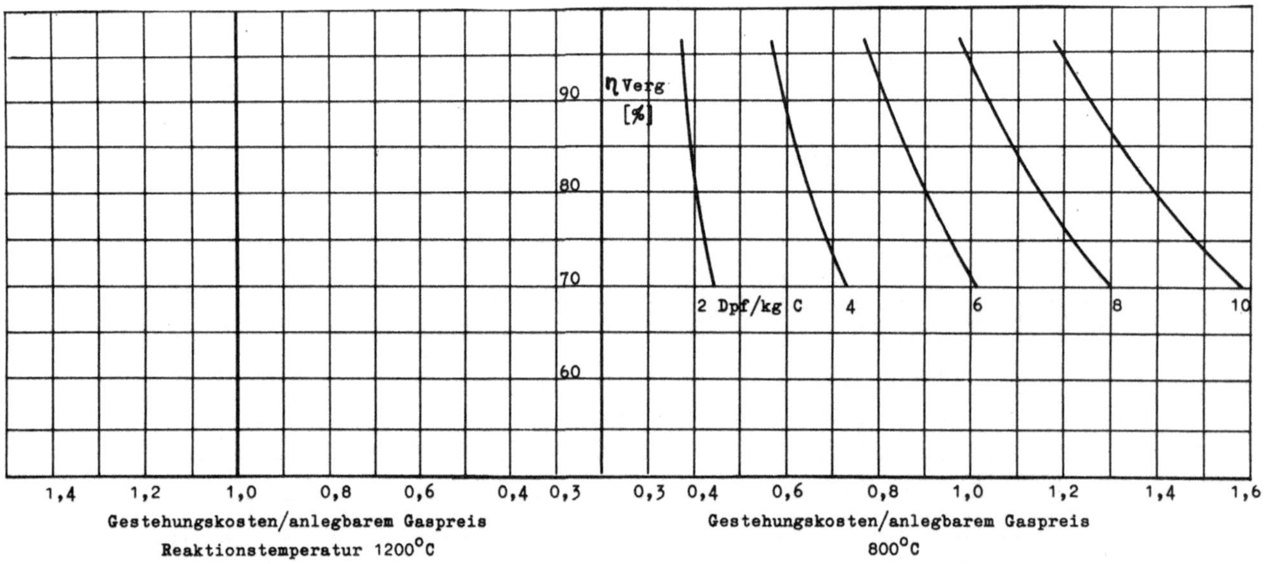

A b b i l d u n g 25

Vergasung bei 20 Atm ohne Erzeugung von Koppelprodukten

Bei einer Temperatur von 1200°C entspricht das Wirtschaftlichkeitsverhältnis bei höheren Drücken demjenigen bei 1 Atm

Das Wirtschaftlichkeitsverhältnis der Schwachgaserzeugung bei verschiedenen Vergasungsbedingungen und Brennstoffpreisen

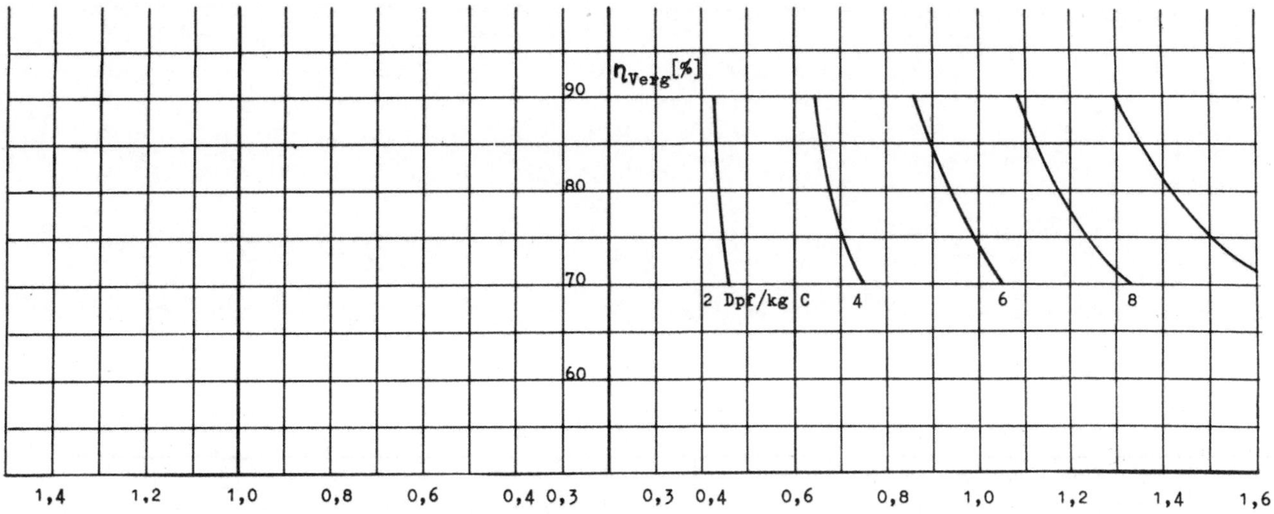

A b b i l d u n g 26

Vergasung bei 40 Atm ohne Erzeugung von Koppelprodukten

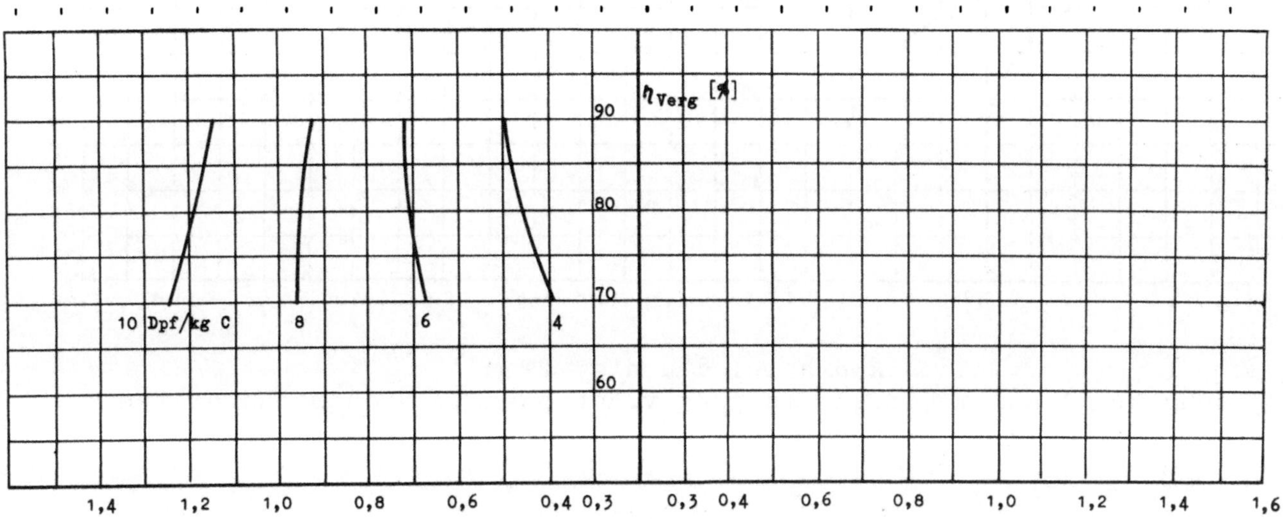

A b b i l d u n g 27

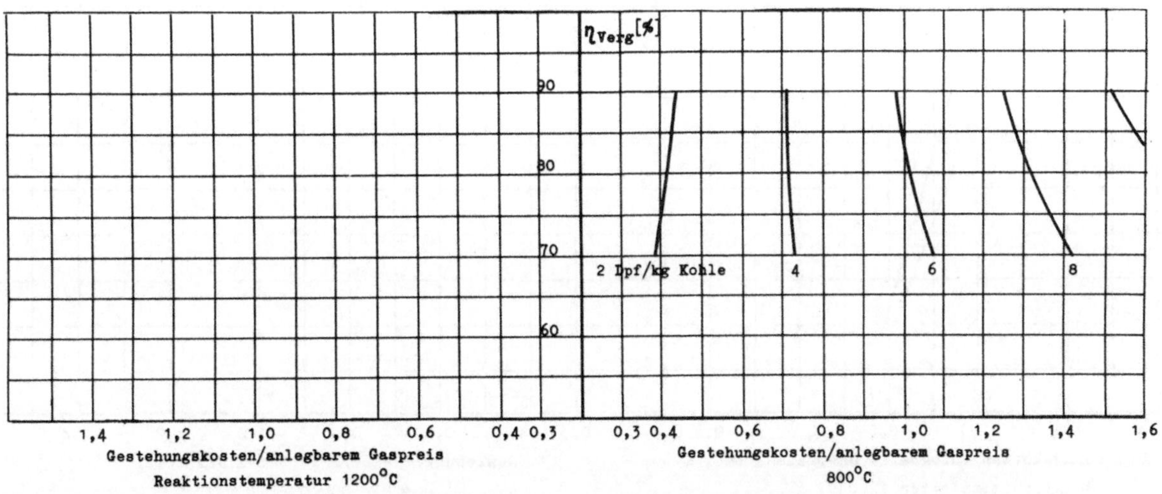

A b b i l d u n g 28

A b b i l d u n g 28

Vergasung bei 1 Atm mit Koppelerzeugung von Teer

Das Wirtschaftlichkeitsverhältnis der Schwachgaserzeugung bei verschiedenen Vergasungsbedingungen und Brennstoffpreisen

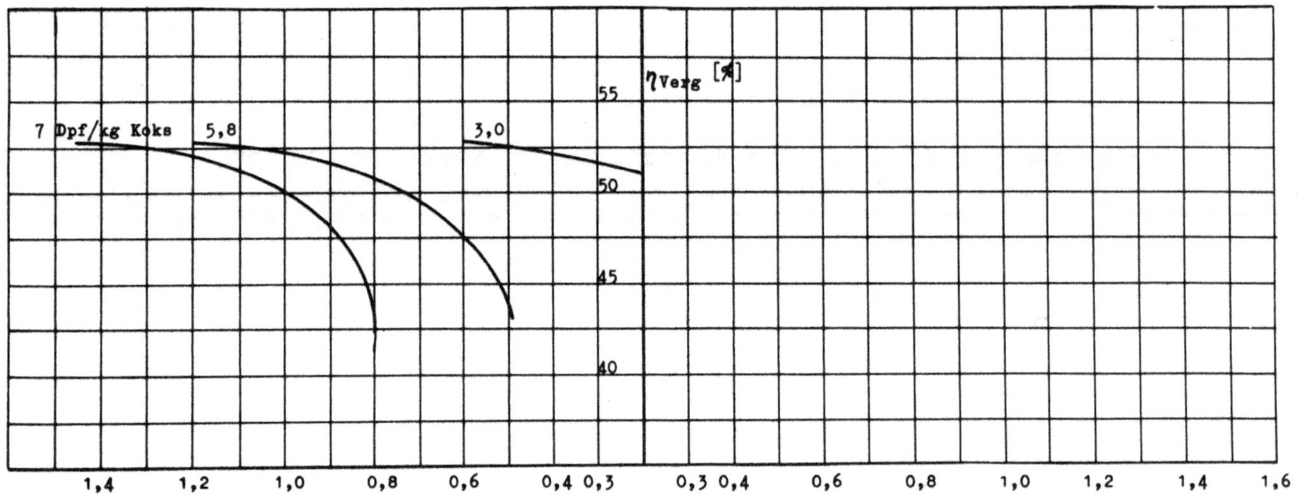

A b b i l d u n g 29
Vergasung bei 1 Atm m.Koppelerzeugung v.Roheisen im Niederschachtofen

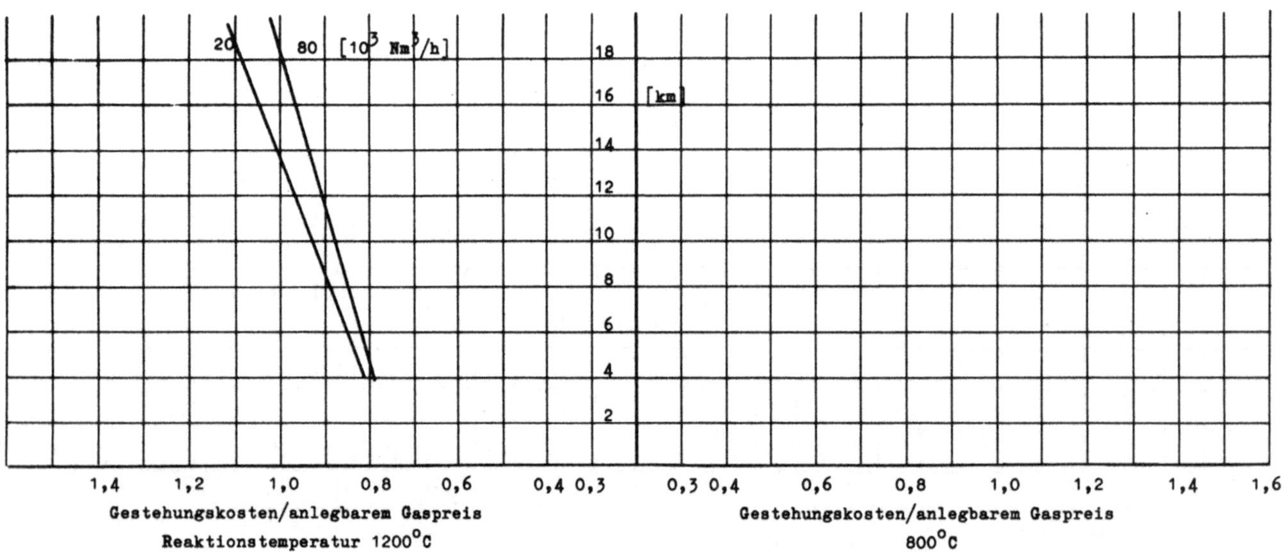

A b b i l d u n g 30
Einfluß der Gichtgasfortleitung auf das Wirtschaftlichkeitsverhältnis
Das Wirtschaftlichkeitsverhältnis der Schwachgaserzeugung bei verschiedenen Vergasungsbedingungen und Brennstoffpreisen

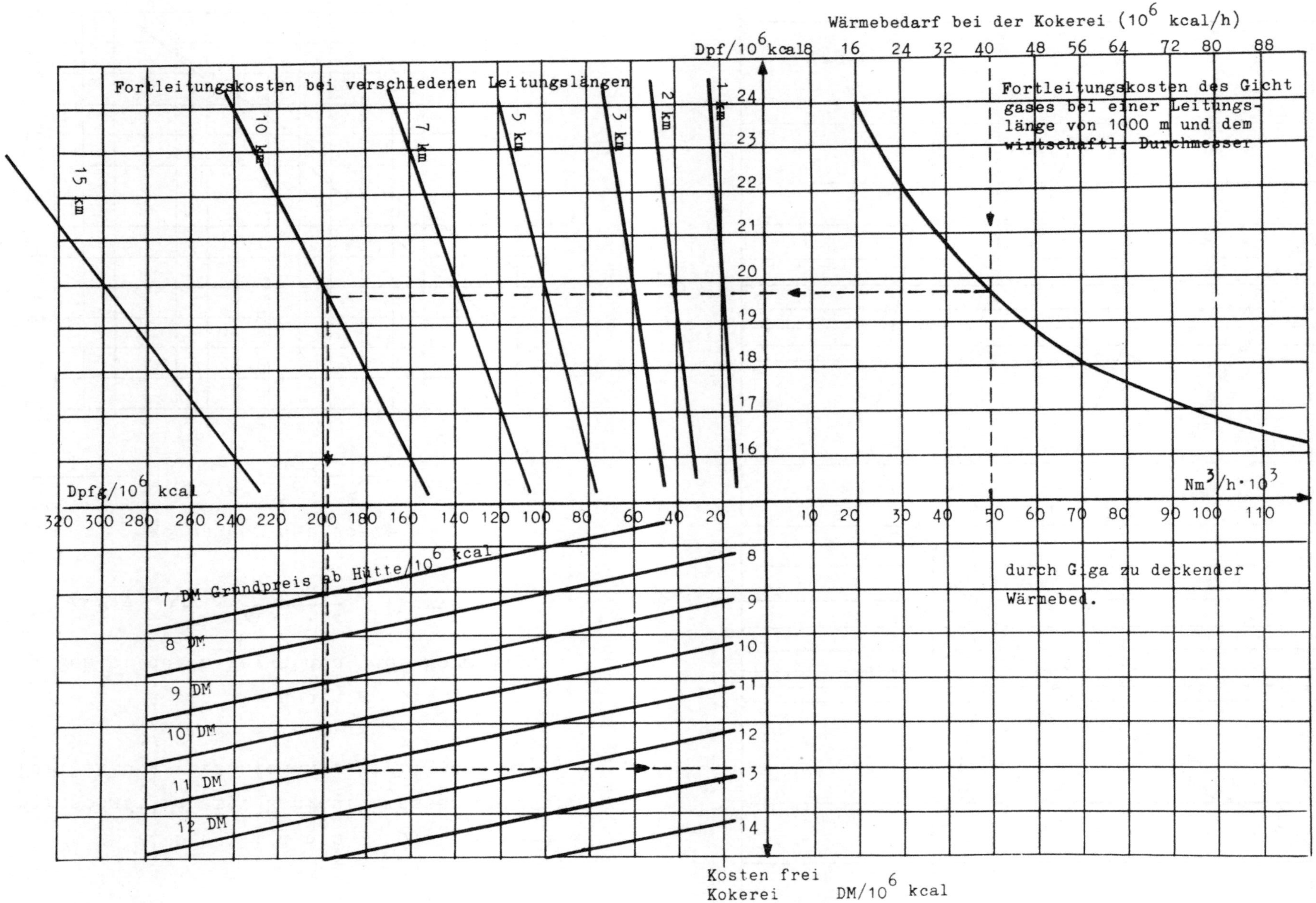

A b b i l d u n g 31

Gichtgaskosten bei verschiedenen Grundpreisen und unterschiedlichen Leitungslängen

A b b i l d u n g 33 ⟶

Wirtschaftlichster Rohrdurchmesser für die Fortleitung verschiedener Gichtgasmengen

A b b i l d u n g 32

Fehler durch Verwendung der Formel:

$$\Delta P = \lambda \frac{l}{d} \cdot \frac{\omega_o^2 \cdot \gamma_o}{2g} \quad \text{(Kurve 1)}$$

gegenüber der Formel

$$\frac{p_1^2 - p_2^2}{L} = 0{,}2752 \; \frac{\gamma_o \cdot V_o^2}{(100 \cdot d)^5} \quad \text{(Kurve 2)}$$

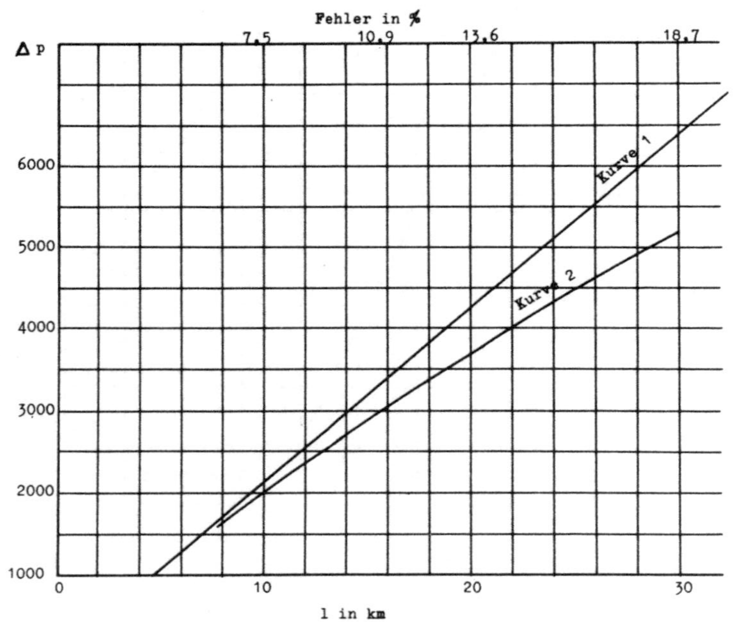

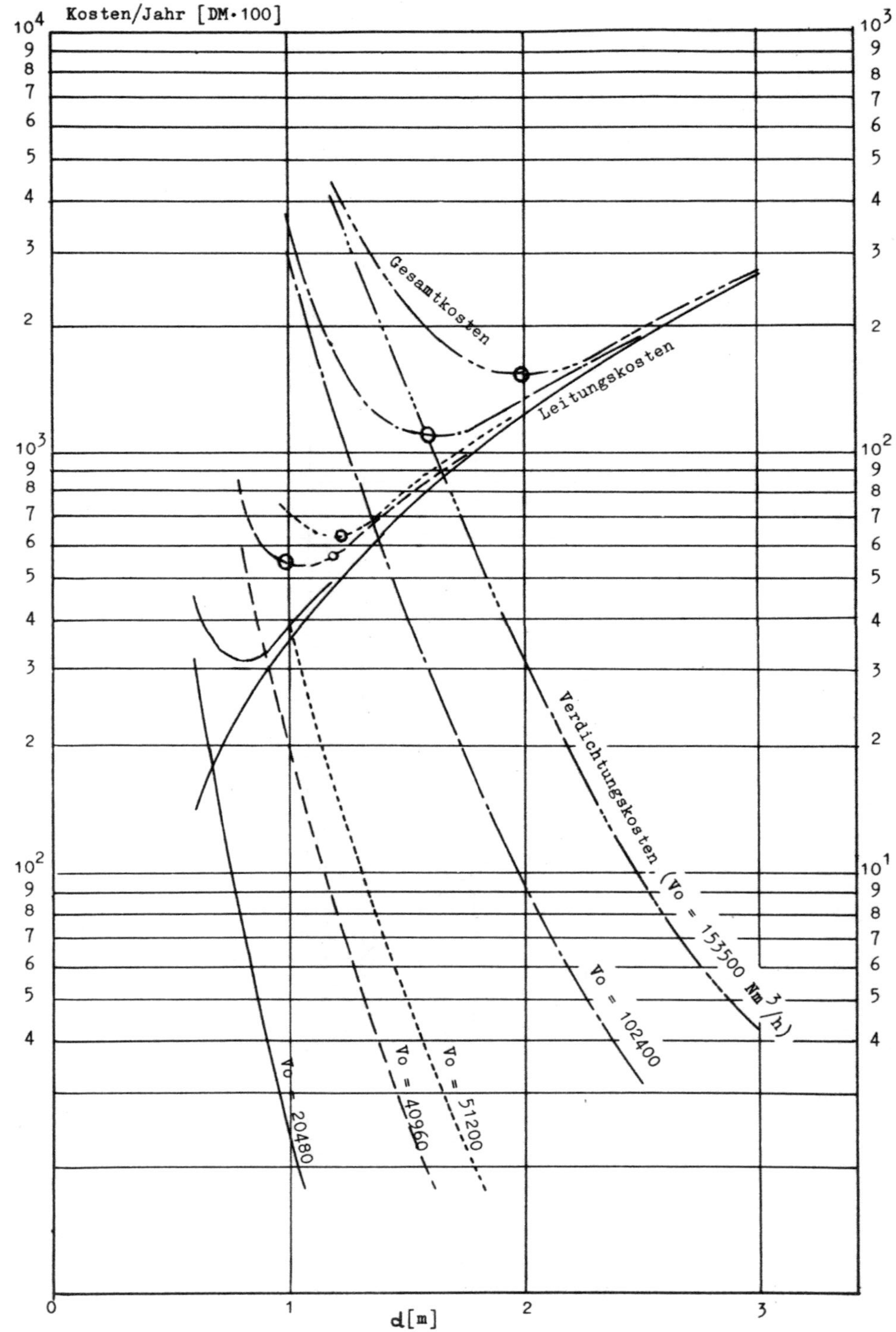

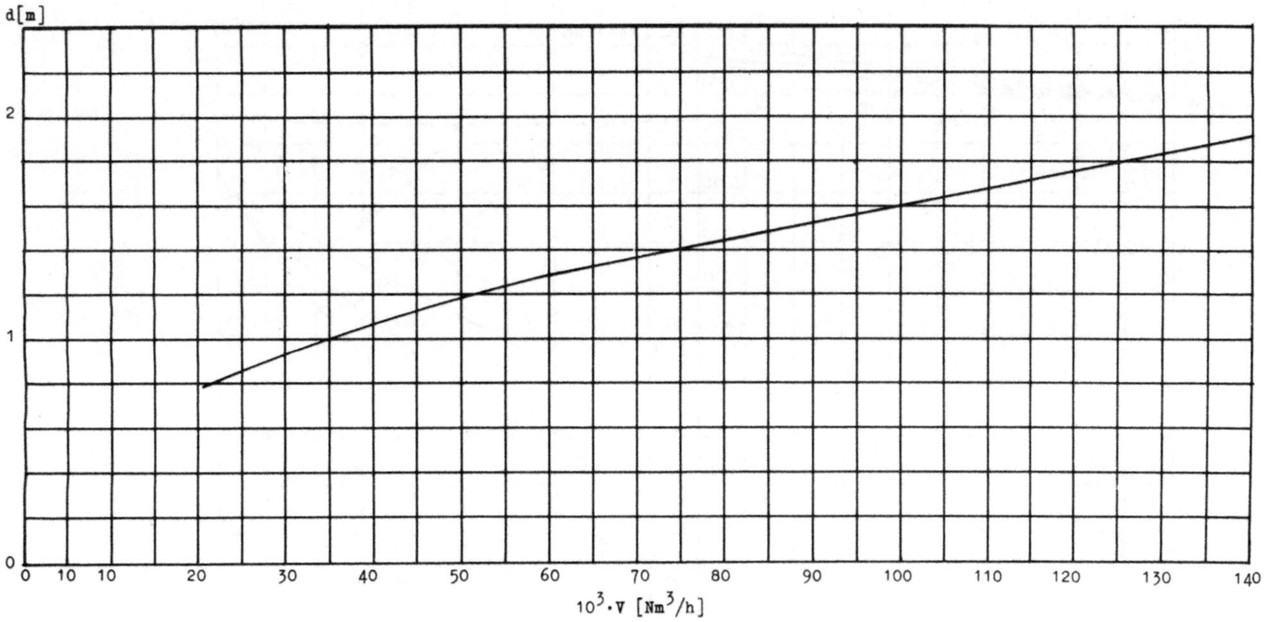

A b b i l d u n g 34

Wirtschaftlichster Durchmesser in Abhängigkeit von der Menge

(Gichtgas γ_o = 1,3)

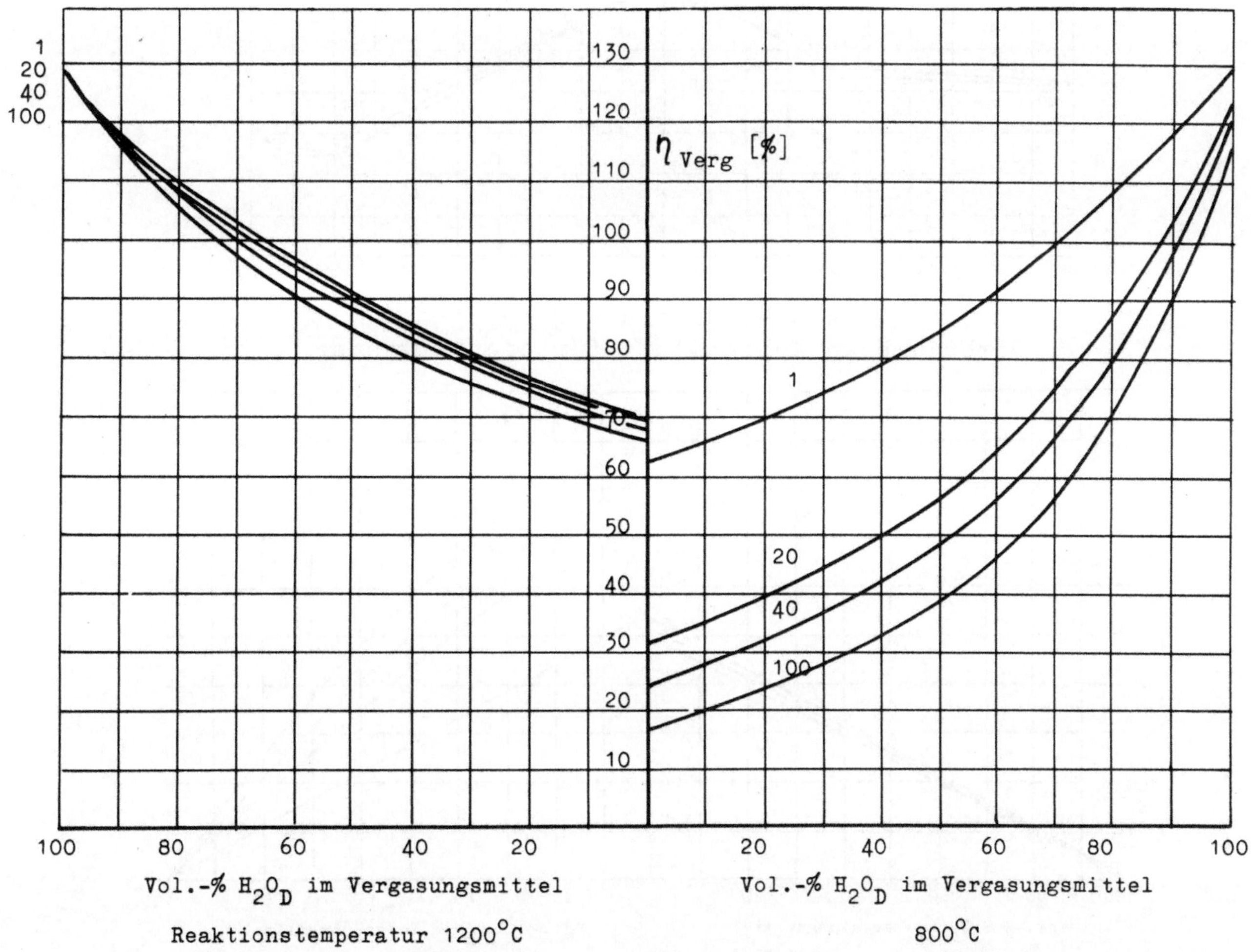

A b b i l d u n g 35

Vergasungswirkungsgrad

Wassergaserzeugung bei verschiedener Zusammensetzung des Vergasungsmittels, den Reaktionstemperaturen 800 und 1200oC und den Drücken 1; 20; 40 und 100 Atm

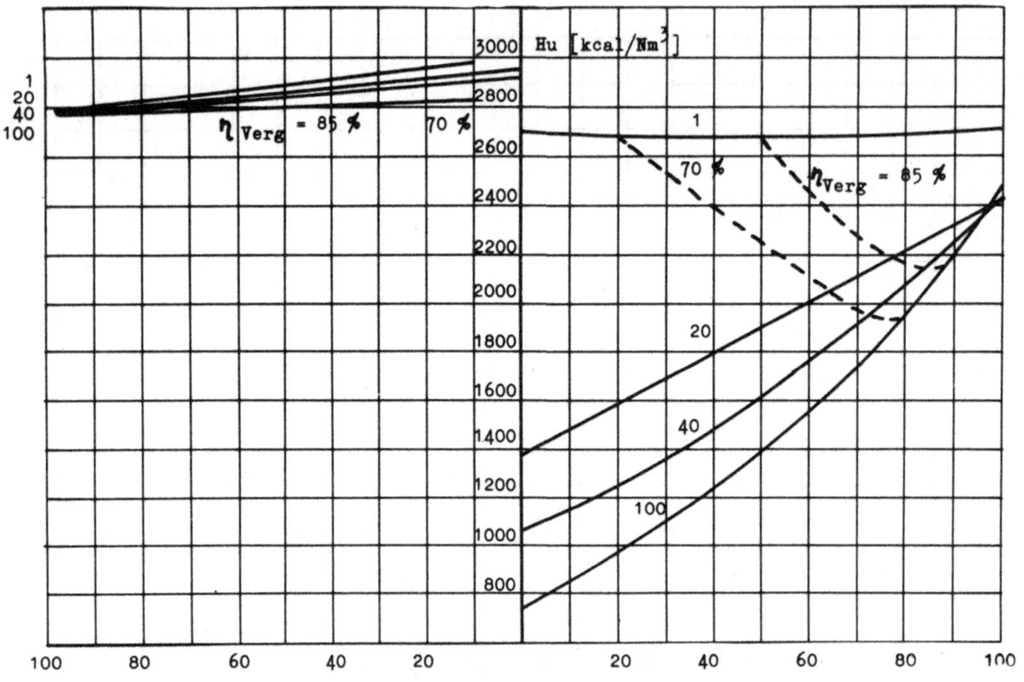

A b b i l d u n g 36
Heizwert des Gases

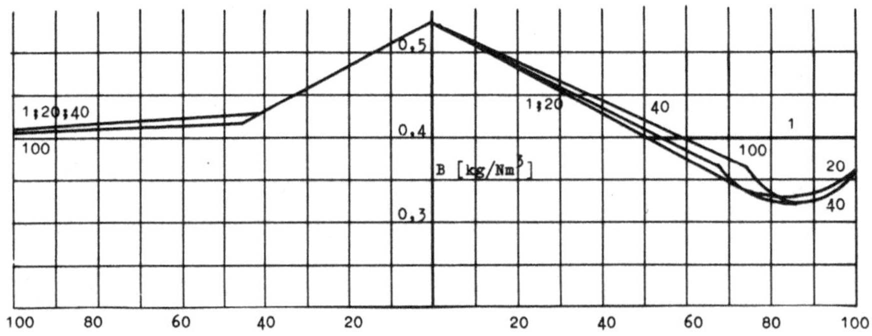

A b b i l d u n g 37
Verbrauch an Kohlenstoff für die Vergasung

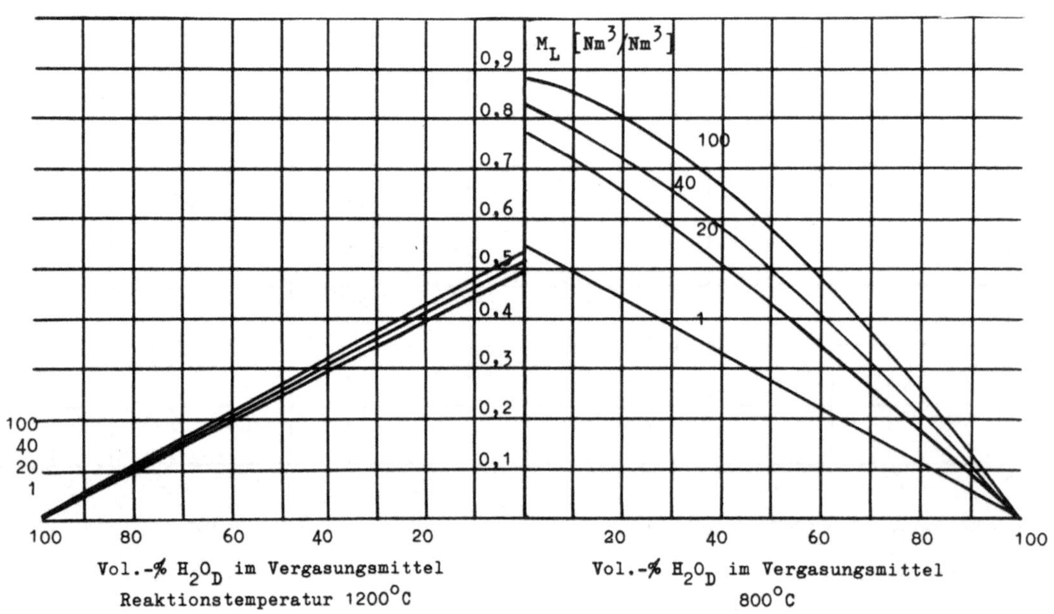

A b b i l d u n g 38
Verbrauch an Vergasungssauerstoff

Wassergaserzeugung bei verschiedener Zusammensetzung des Vergasungsmittels, den Reaktionstemperaturen 800 und 1200°C und den Drücken 1; 20; 40 und 100 Atm

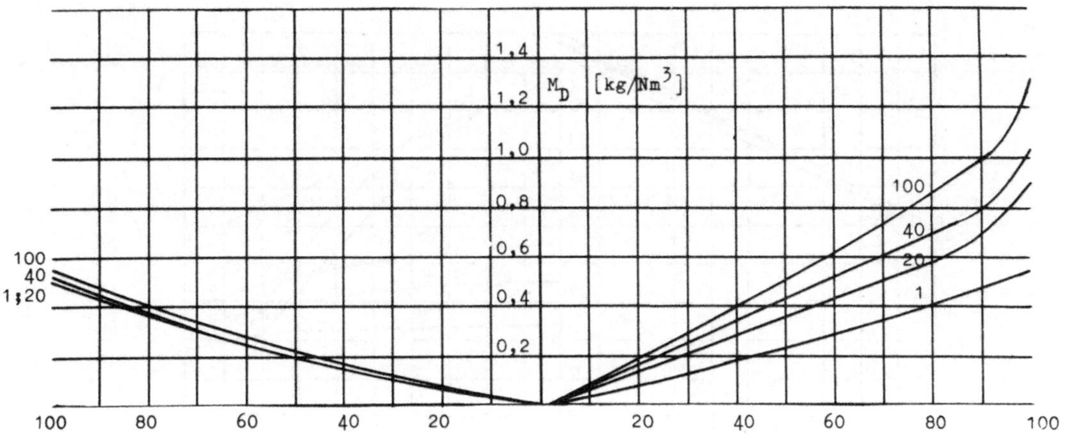

A b b i l d u n g 39
Verbrauch an Vergasungsdampf

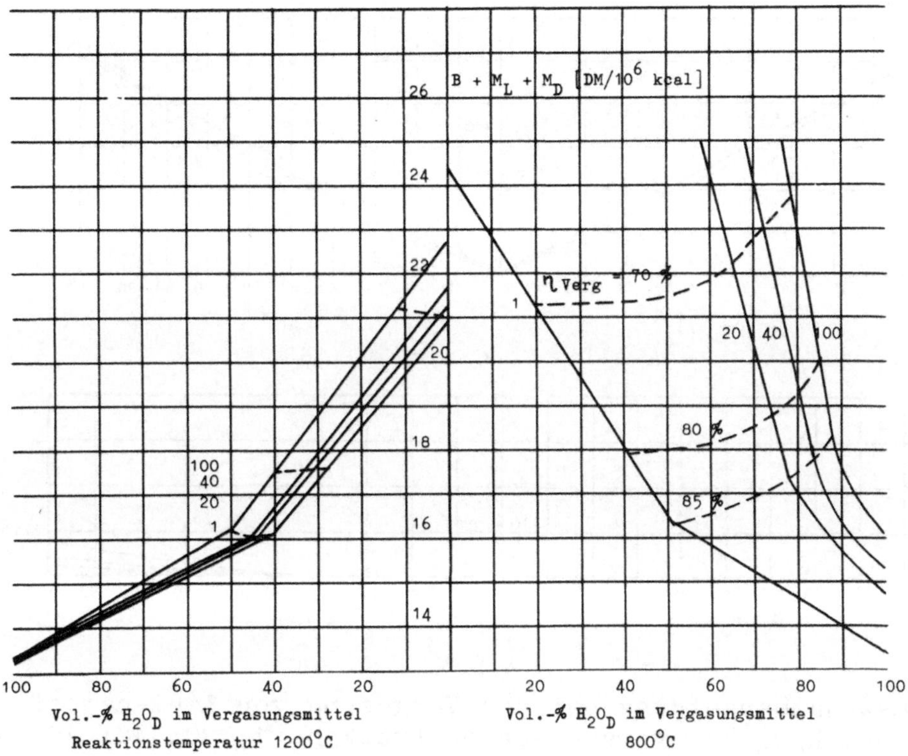

A b b i l d u n g 40
Brennstoff- und Vergasungsmittelkosten bei folgenden Preisen:
$B = 8$ Dpf/kg, $M_L = 4$ Dpf/Nm³, $M_D = 0,8$ Dpf/kg

Wassergaserzeugung bei verschiedener Zusammensetzung des Vergasungsmittels, den Reaktionstemperaturen 800° und 1200°C und den Drücken 1; 20; 40 und 100 Atm

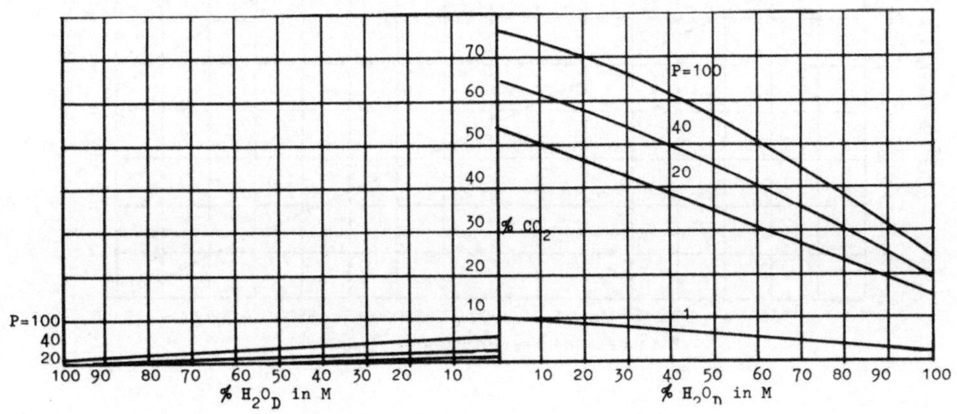

A b b i l d u n g 41
Gaszusammensetzung bei der Vergasung von Kohlenstoff mit O_2 und H_2O_D bei verschiedenen Drücken (1; 20; 40; 100 Atm)

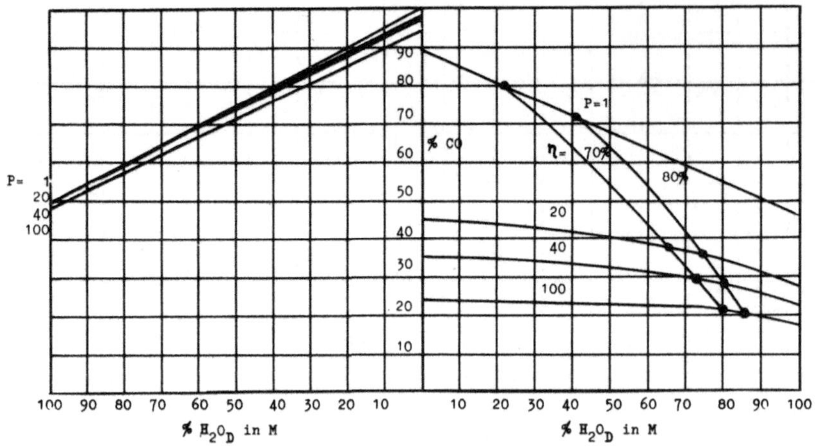

A b b i l d u n g 42

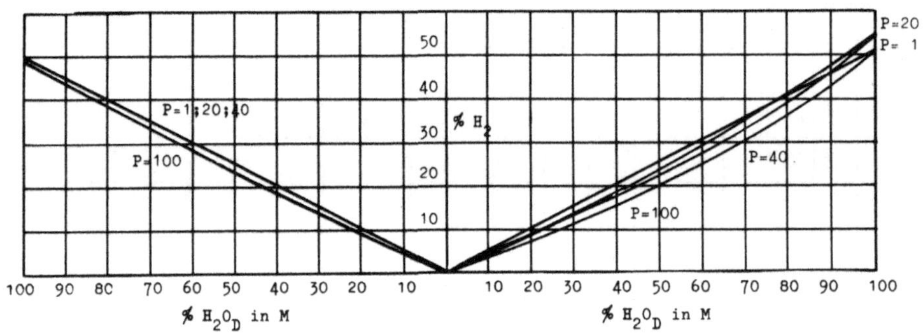

A b b i l d u n g 43

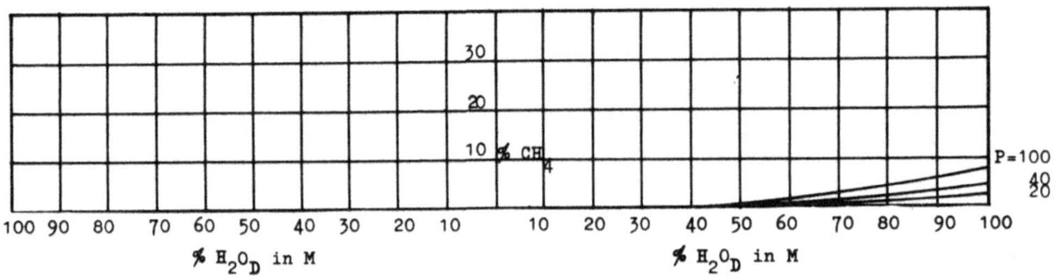

A b b i l d u n g 44

Gaszusammensetzung bei der Vergasung von Kohlenstoff mit O_2 und H_2O_D bei verschiedenen Drücken (1; 20; 40; 100 Atm)

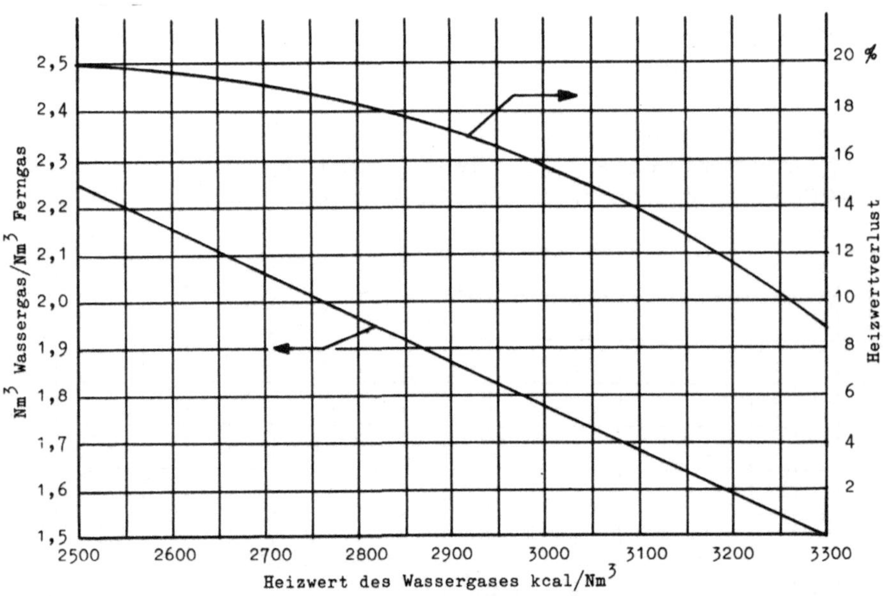

Wassergasbedarf für Herstellung von Ferngas (Ho = 4500 kcal/Nm^3) durch Methanisierung von Wassergas und Heizwertverlust (Verfahren Ruhrgas) Ergänzt aus Koppers Handbuch 1953

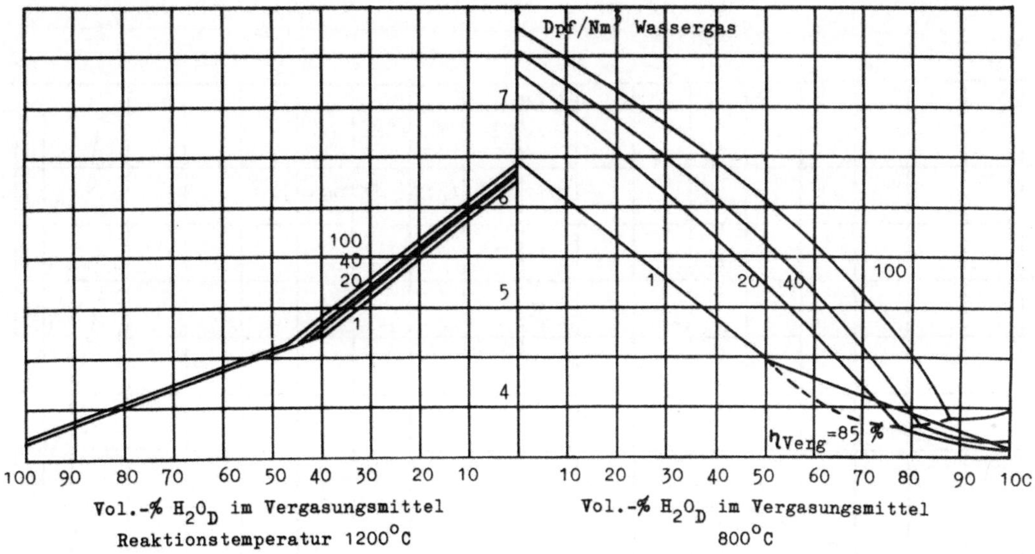

Abbildung 46

Brennstoff-u.Vergasungsmittelkosten v.Wassergas bei folgenden Preisen

$B = 8$ Dpf/kg, $M_L = 4$ Dpf/Nm³, $M_D = 0{,}8$ Dpf/kg

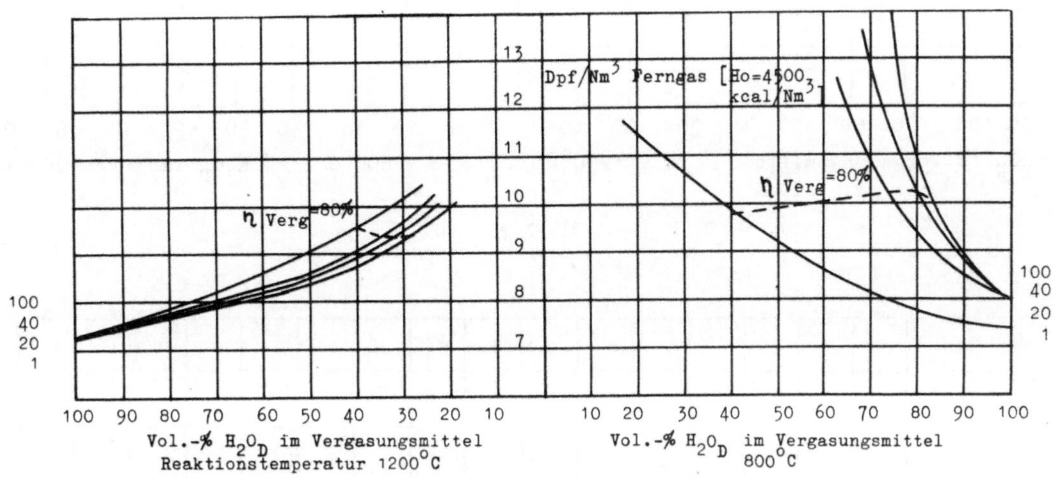

Abbildung 47

Brennstoff- und Vergasungsmittelkosten von methanisiertem Wassergas bei obigen Preisen

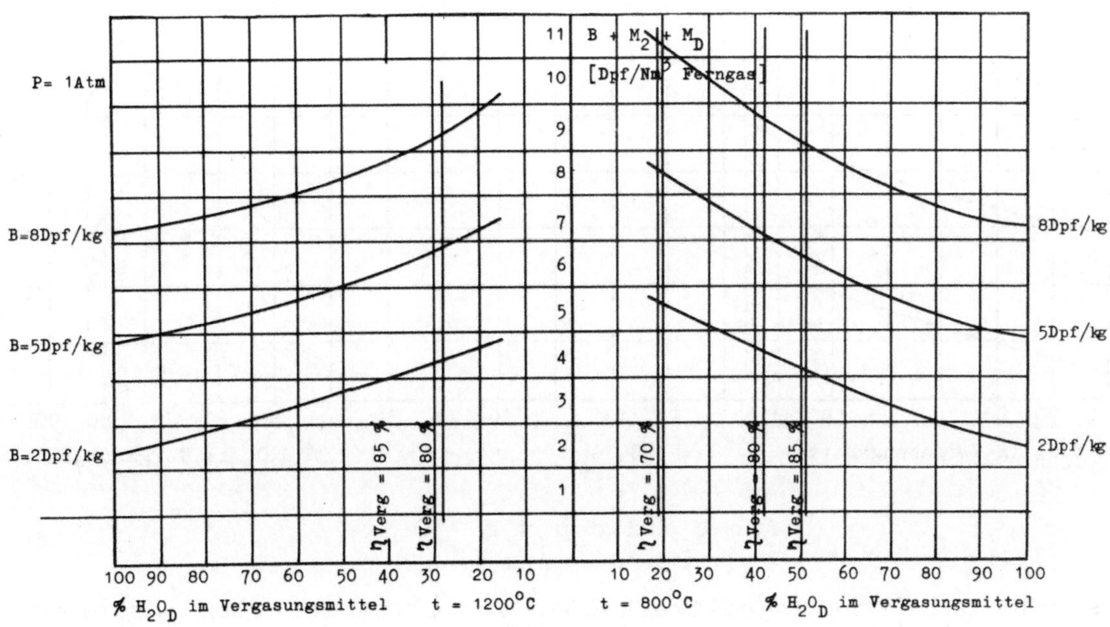

Abbildung 48

Brennstoff- und Vergasungsmittelkosten von methanisiertem Wassergas (Ho = 4500 kcal/Nm³) bei verschiedenen Brennstoffpreisen (B) und Drücken

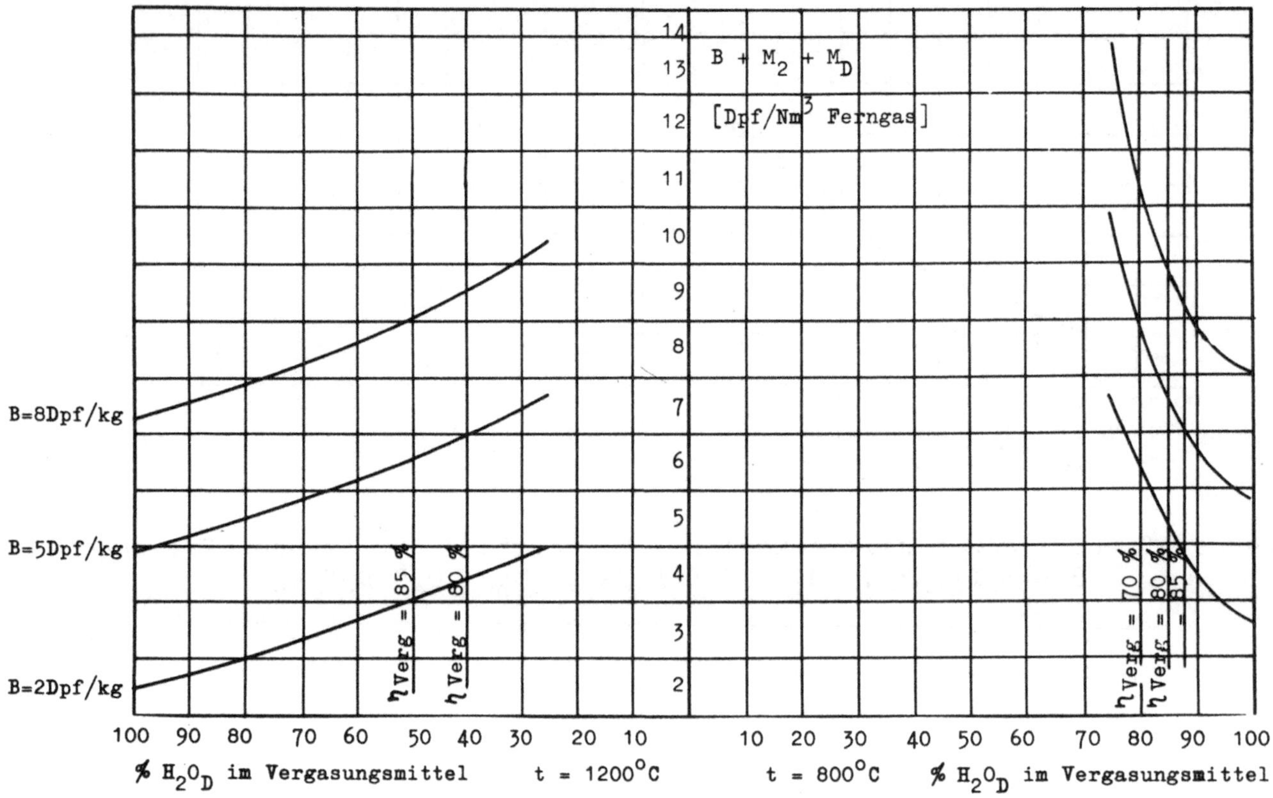

A b b i l d u n g 49
P = 40 Atm

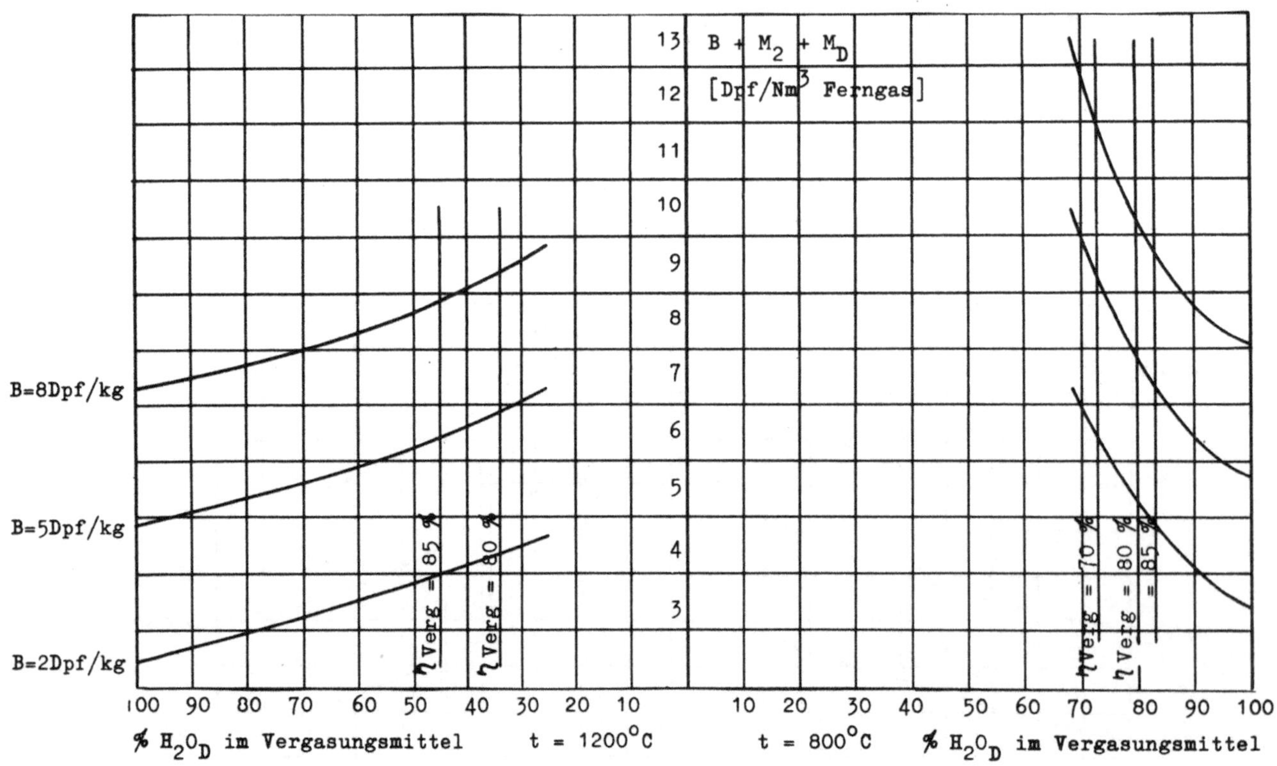

A b b i l d u n g 50
P = 100 Atm

Brennstoff- und Vergasungsmittelkosten von methanisiertem Wassergas (H_o = 4500 kcal/Nm³) bei verschiedenen Brennstoffpreisen (B) und Drücken

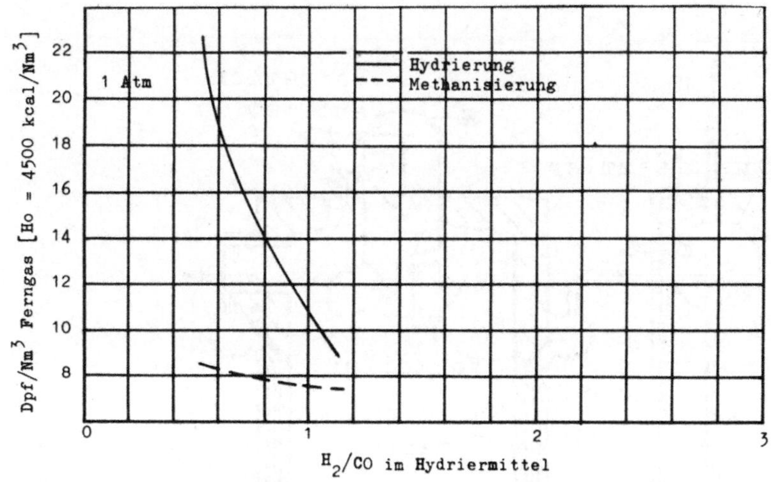

A b b i l d u n g 51 a

Die "Gestehungskosten" von hydriertem Wassergas, das bei verschiedenen Drücken erzeugt worden ist; Vergleich mit der Methanisierung

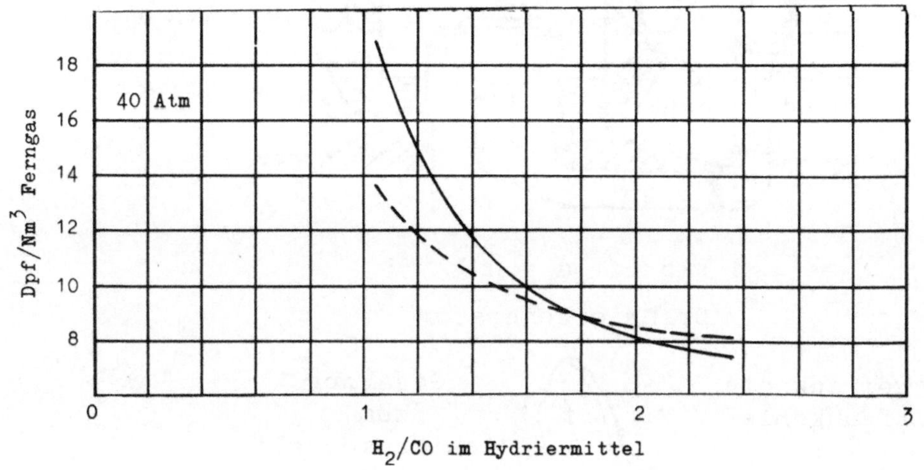

A b b i l d u n g 51 b

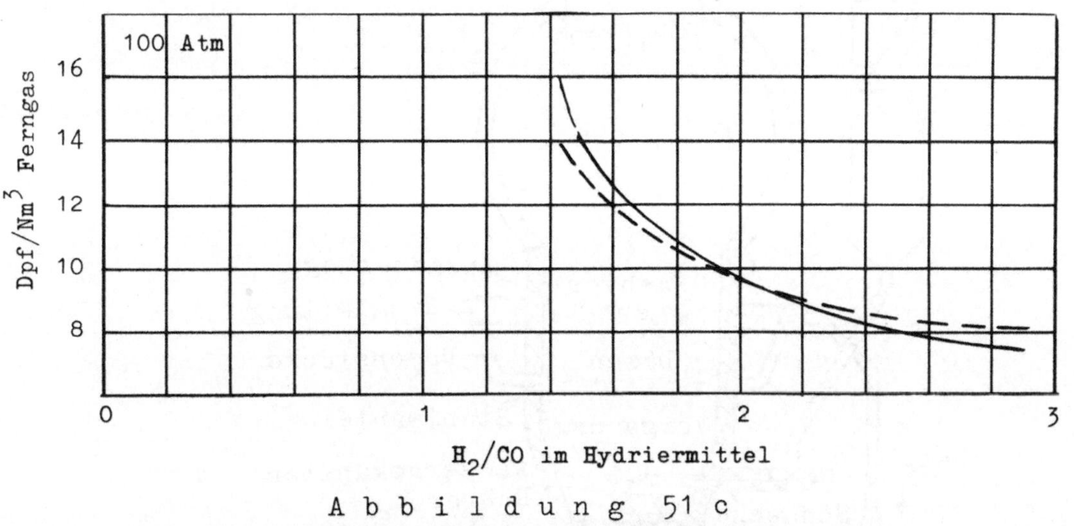

A b b i l d u n g 51 c

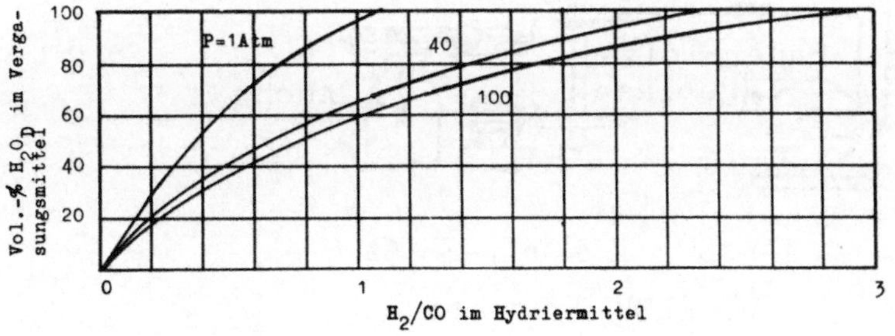

A b b i l d u n g 52

Einfluß des Vergasungsmittels auf das H_2/CO-Verhältnis im Wassergas

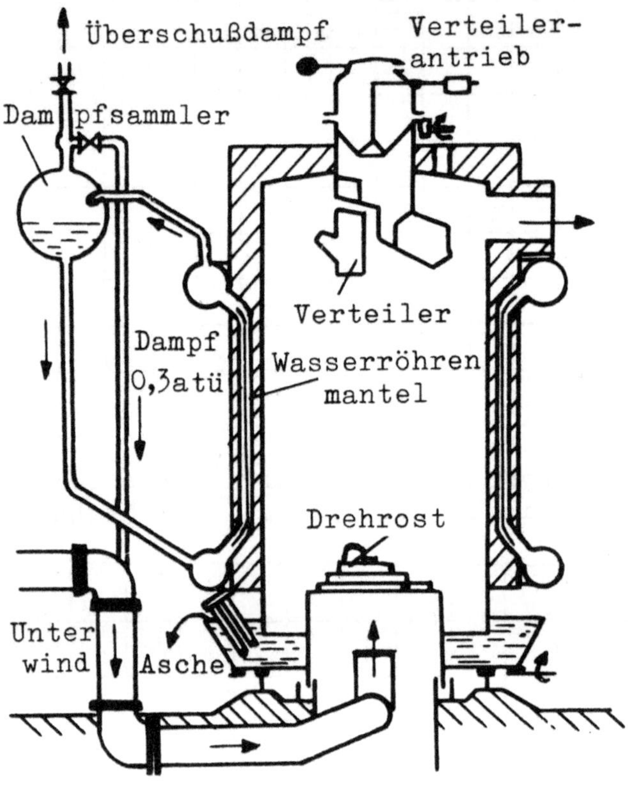

A b b i l d u n g 53

Drehrostgenerator

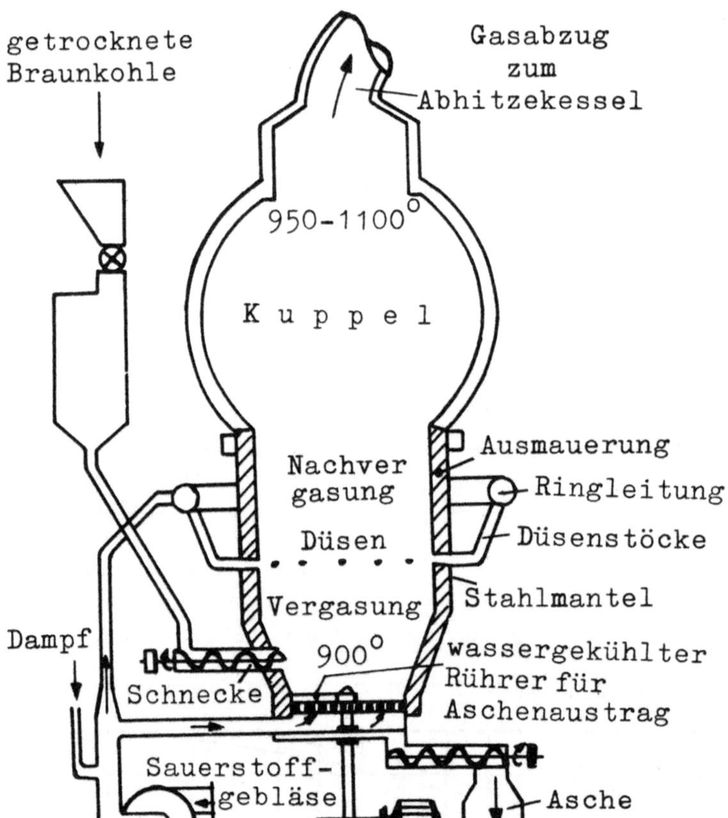

A b b i l d u n g 54

WINKLER-Generator

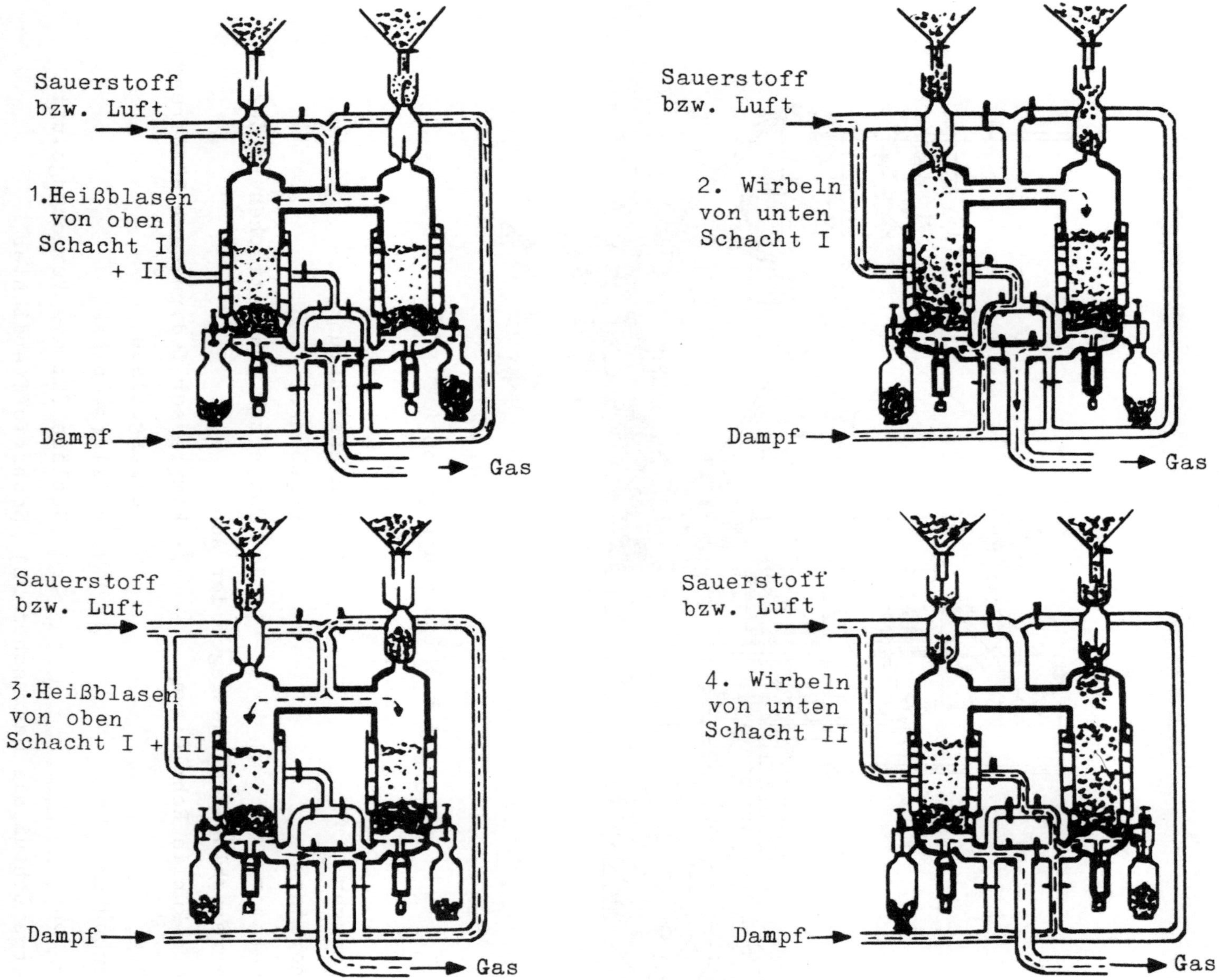

A b b i l d u n g 55

FLESCH-DEMAG-Generator

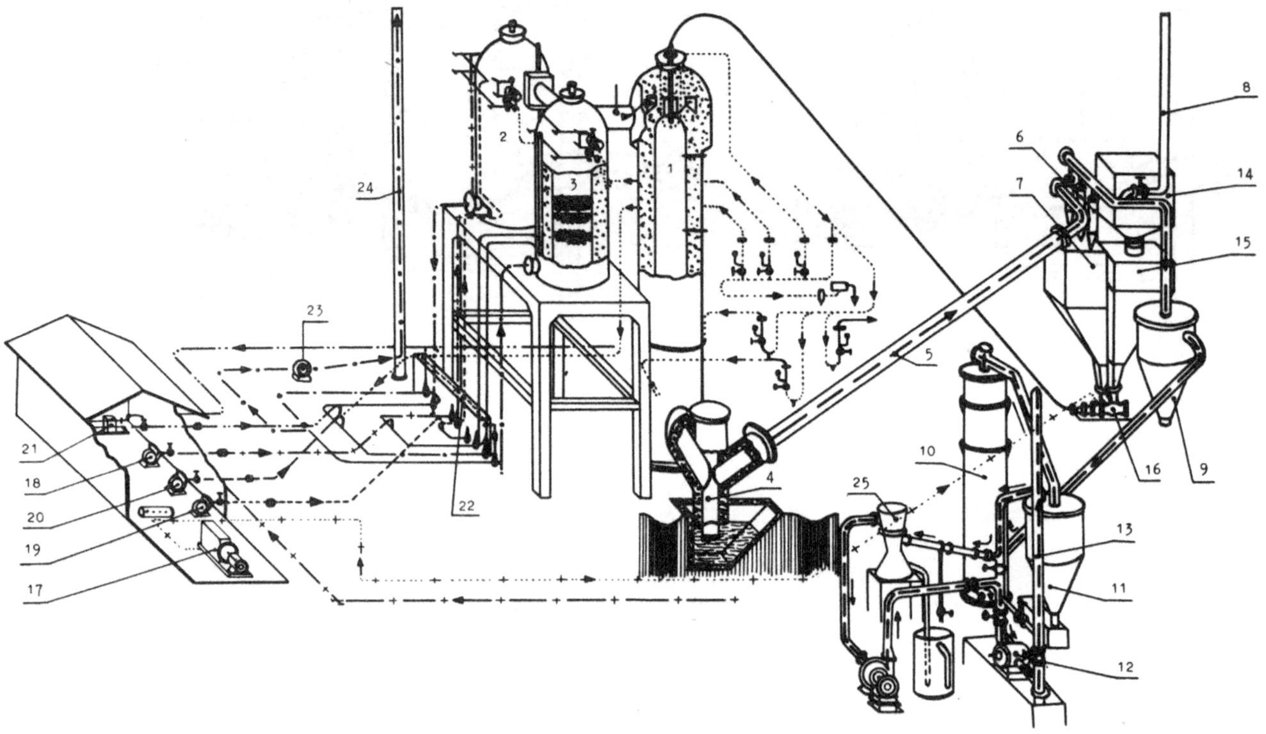

Abbildung 56

Panindco-Verfahren

1 Gaserzeuger
2 Regenerator
3 Regenerator
4 Wasserverschluß zum Austragen der Asche
5 Wassergekühlte Rohrleitung
6 Zyklone
7 Aschenbunker
8 Fackelrohr
9 Wasserverschluß als Gaswascher
10 Wascher
11 Wasserabscheider
12 Zähler
13 Fackelrohr
14 Kohlenstaubbunker
15 Wägebunker
16 Pumpe zur pneumatischen Förderung
17 Kompressor f.d.pneumat.Förderung
18 Heigasgebläse
19 Heizluftgebläse
20 Gebläse für die Vergasungsluft
21 Sauerstoffverdichter
22 Umschaltungszentrale
23 Rauchgasgebläse
24 Rauchgaskamin
25 Venturiwascher und Zubehör

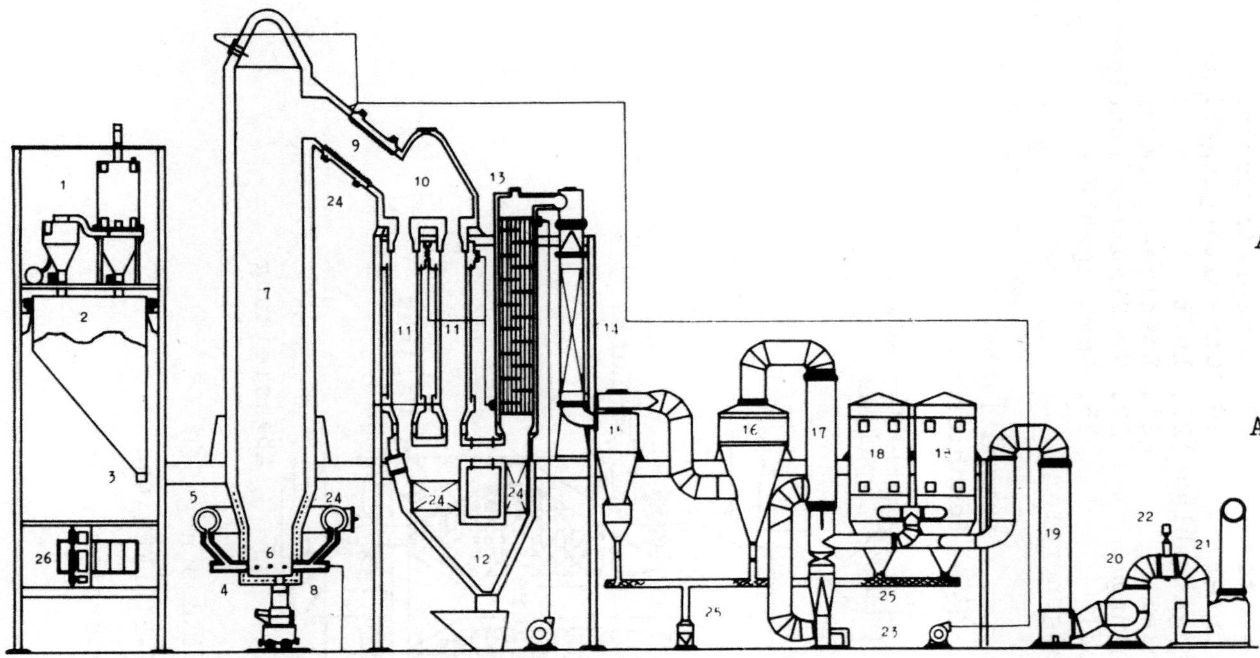

A b b i l d u n g 57

Wirbelkammer

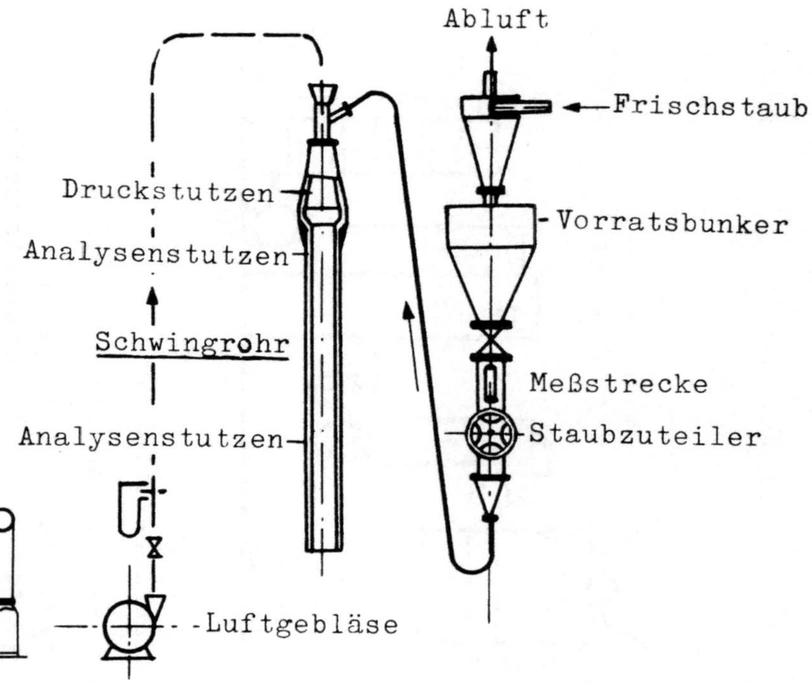

A b b i l d u n g 58

Schwingrohr

1 Staubabscheider mit Filter
2 Staubbunker
3 Staubzuteilvorrichtung
4 Düse
5 Heißluftringleitung
6 Wirbelkammer
7 Reaktionsschacht
8 Wassertauchung
9 Verbindungsrohr
0 Gasverteiler
11 Luvo 1
12 Gasfeinentstaubung
13 Luvo 2
14 Speisewasservorwärmer
15 Grobzyklon
16 Zyklonfilter
17 Gaskühler I
18 Gasfeinentstaubung
19 Gaskühler I
20 Gasgebläse
21 Sicherheitsvorlage
22 Anfahrfackel
23 Rückgasgebläse
24 Heizflächen des Abhitzekessel-systems
25 Staubrückführung
26 Meßraum
27 Luftgebläse

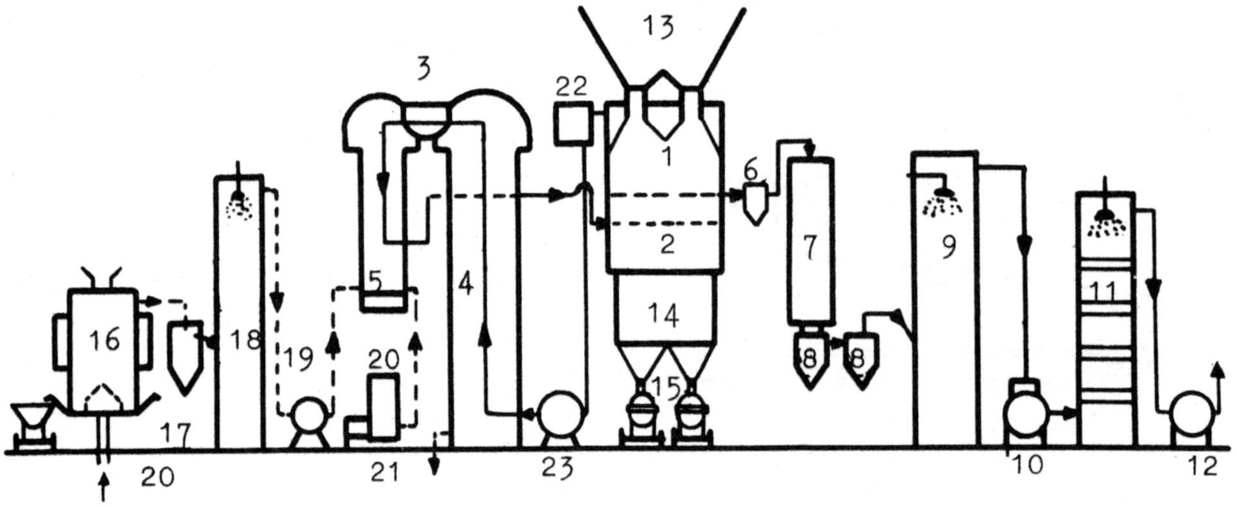

KOPPERS-SCHWARZHEIDE-Verfahren

—— Umwälzkreislauf, ---- Aufheizen d. Cowpers

1. Vergaser
2. Brücken
3. Regeneratoranlage
4. Cowper
5. Brennschacht
6. Staubsack
7. Niederdruckkessel
8. Zyklone
9. Einspritzwascher
10. Desintegrator
11. Schlußkühler
12. Synthesegasgebläse
13. Hochbunker
14. Kokskühlung
15. Koksübel
16. Drehrostgenerator
17. Zyklon
18. Einspritzwascher
19. Generatorgasgebläse
20. Luft
21. Stahlrekuperator
22. Großraumteerscheider
23. Umwälzgebläse

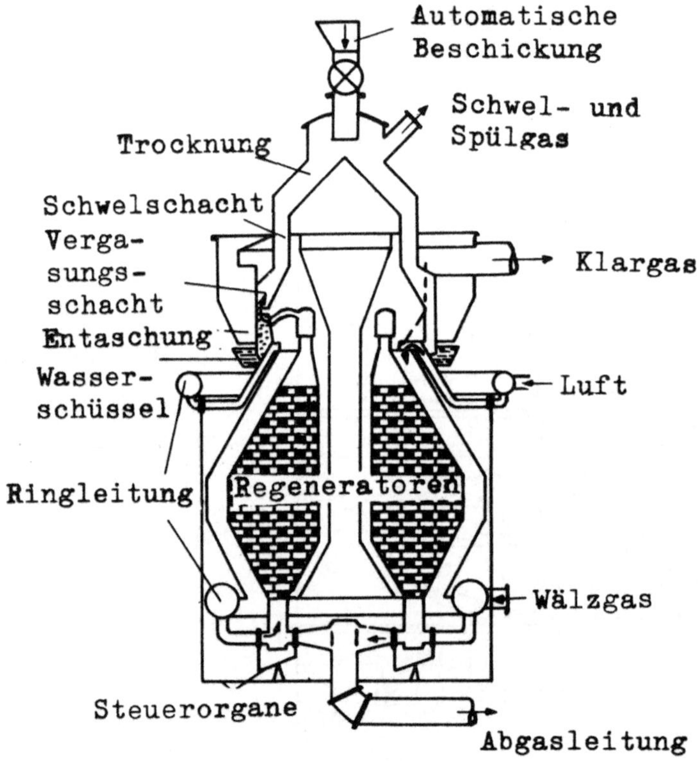

A b b i l d u n g 60

PINTSCH-HILLEBRAND-

Generator

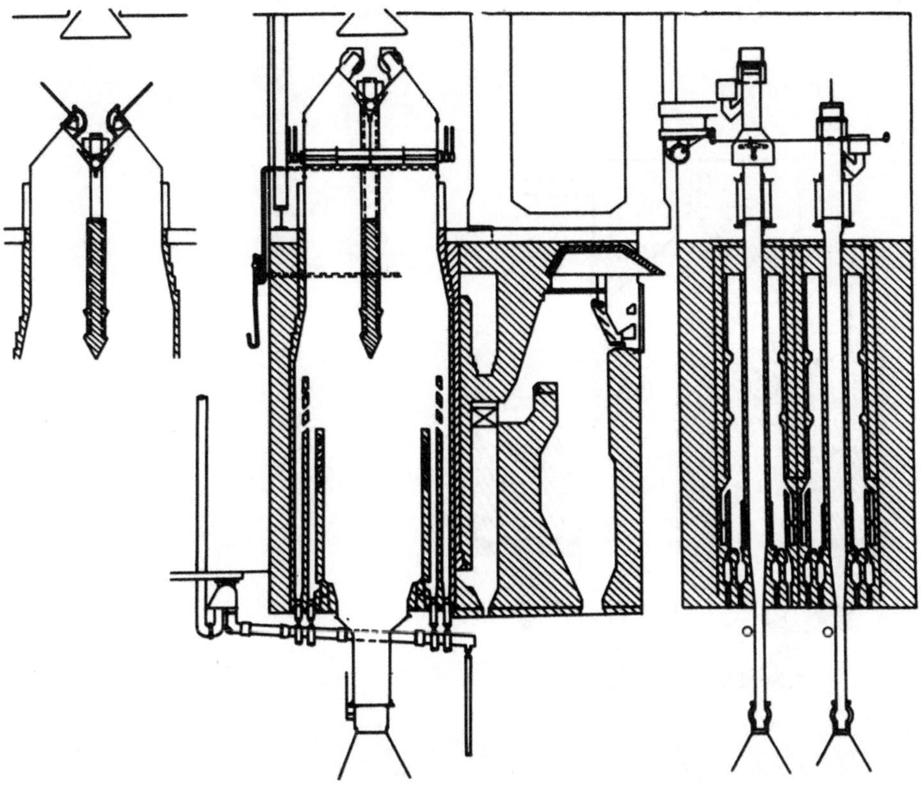

Abbildung 61

DIDIER-BUBIAG-Generator

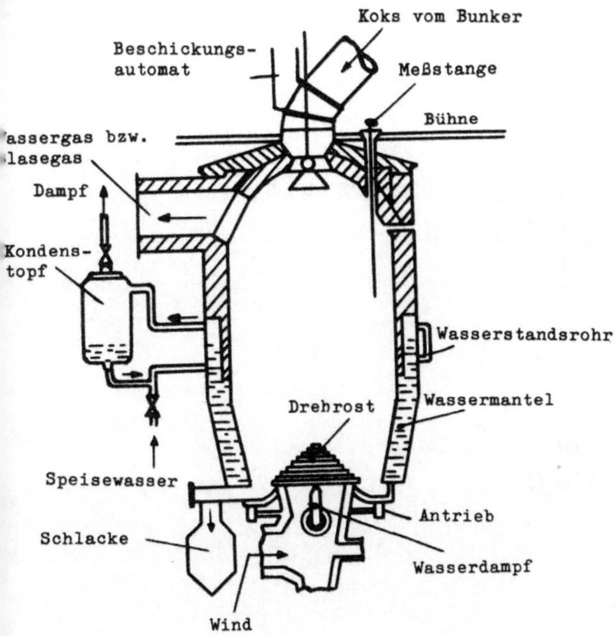

Abbildung 62

Wassergasgenerator

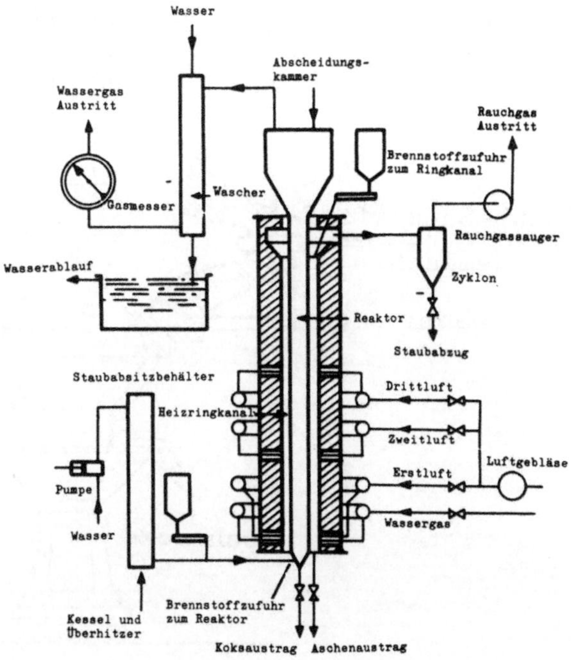

Abbildung 63

FUEL-Research-Verfahren

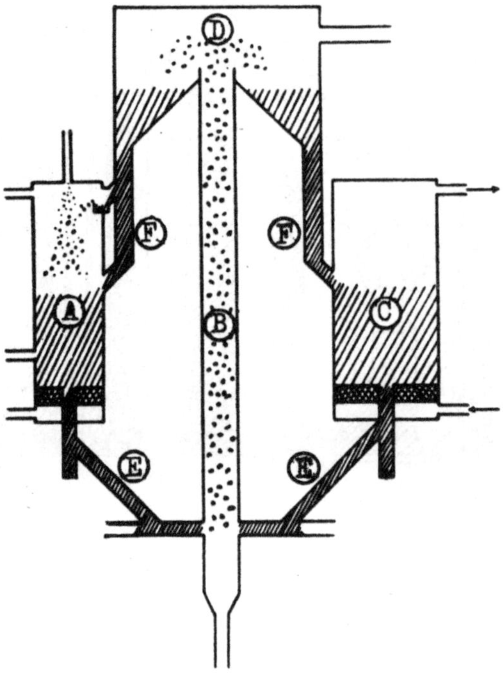

A b b i l d u n g 64

I.C.I.-Verfahren

A. Verkokungskammer
B. Verbrennungsrohr
C. Wassergasgenerator
D. Bunker
E. Fortleitungsrohre
F. Fortleitungsrohre

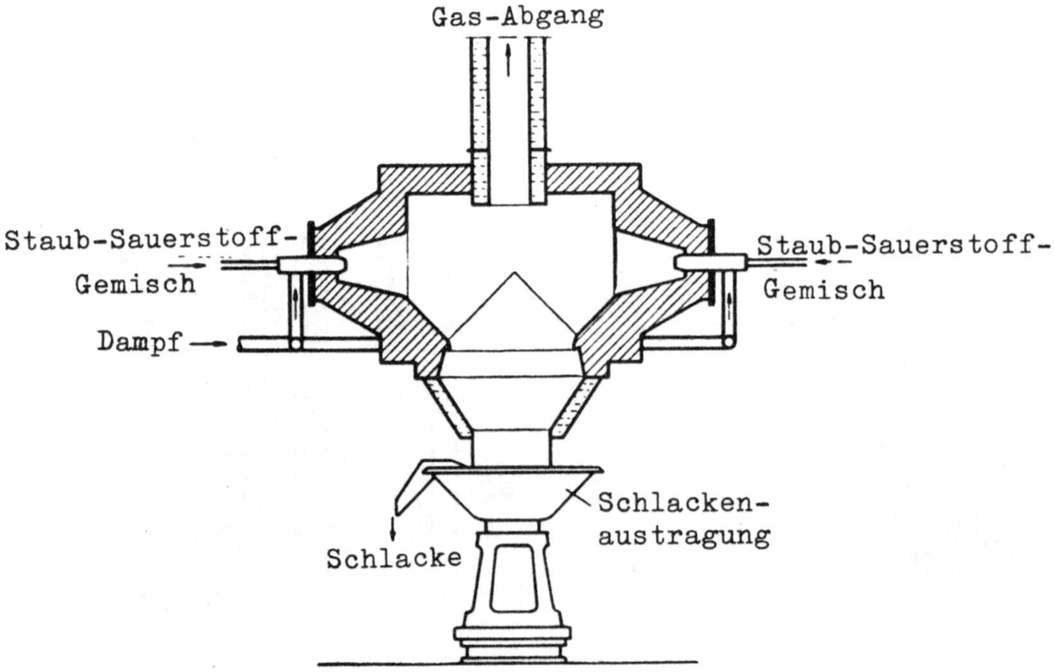

A b b i l d u n g 65

KOPPERS-TOTZEK-Generator

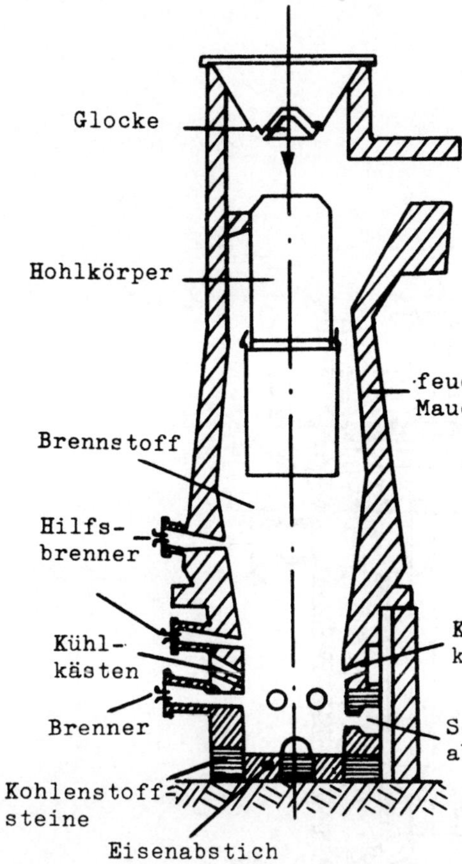

A b b i l d u n g 66
THYSSEN-GALOCZSY-Generator

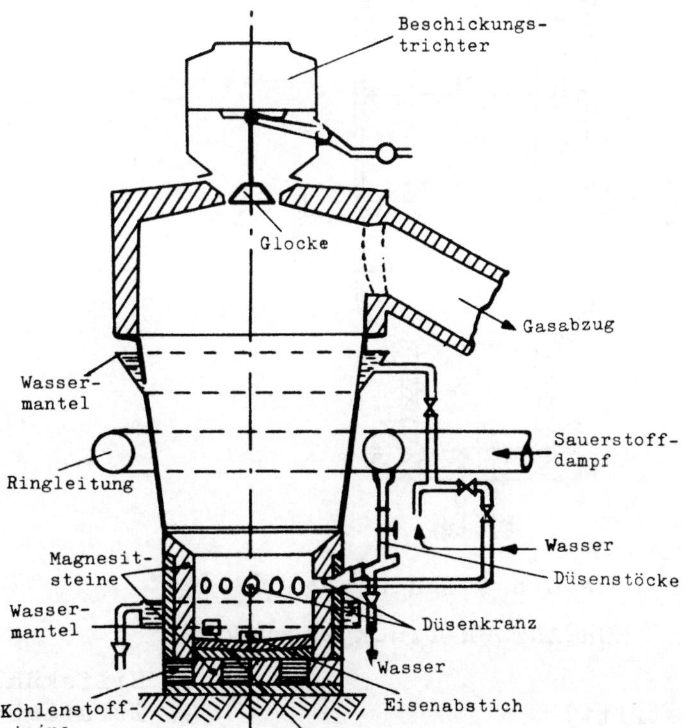

A b b i l d u n g 67
Leuna-Abstichgenerator

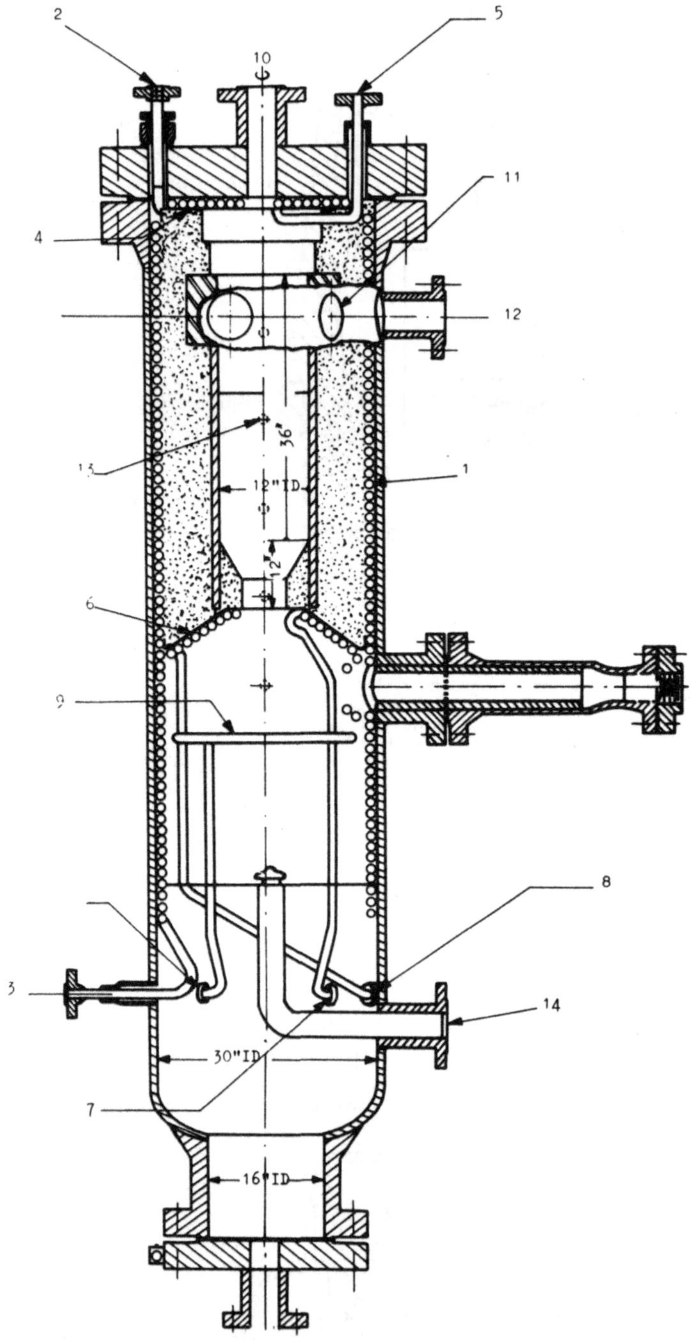

A b b i l d u n g 68

MORGANTOWN-Druckgenerator

1. Mantelkühlung
2. Mantelkühlung (Austritt)
3. Mantelkühlung (Eintritt)
4. Kopfkühlung
5. Kopfkühlung (Eintritt)
6. Hilfskühlung
7. Hilfskühlung (Austritt)
8. Hilfskühlung (Eintritt)
9. Zerstäuber
10. Brenner
11. Kohleeintritt
12. Sauerstoffeintritt
13. Thermoelemente
14. Gasaustritt

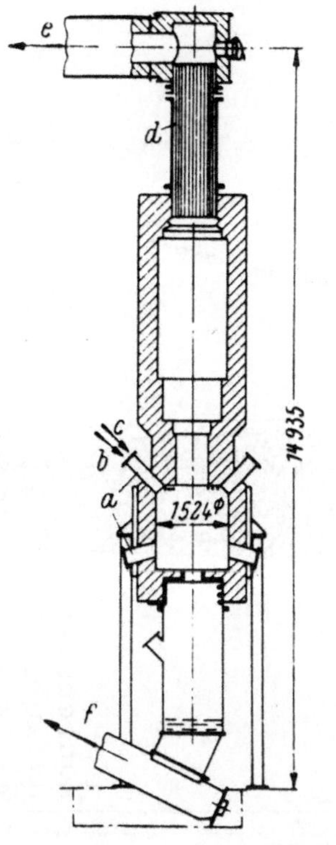

A b b i l d u n g 69

DUPONT-Generator

a) Brenner
b) Dampf-Kohlenstaub
c) Sauerstoff
d) Abhitzekessel
e) Synthesegas
f) Schlackenaustrag

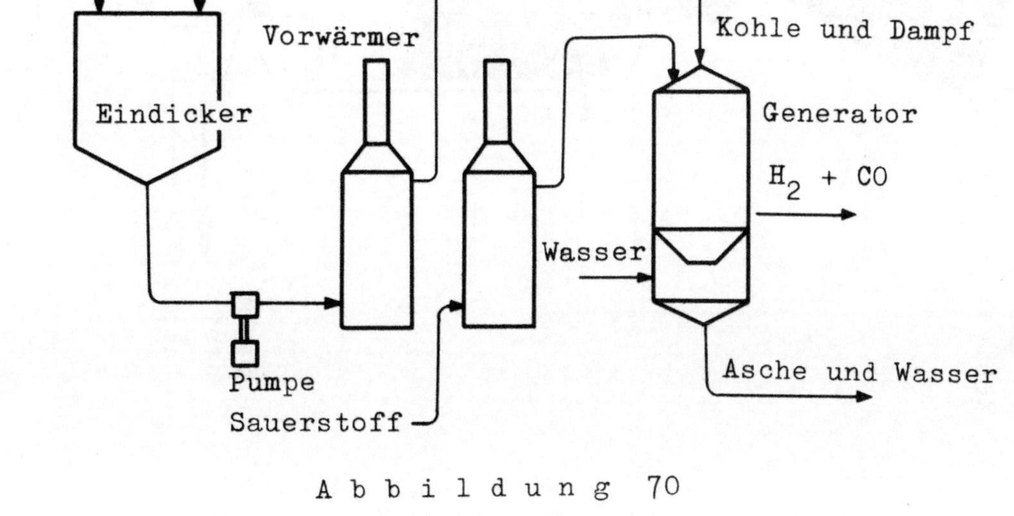

A b b i l d u n g 70

TEXACO-Verfahren

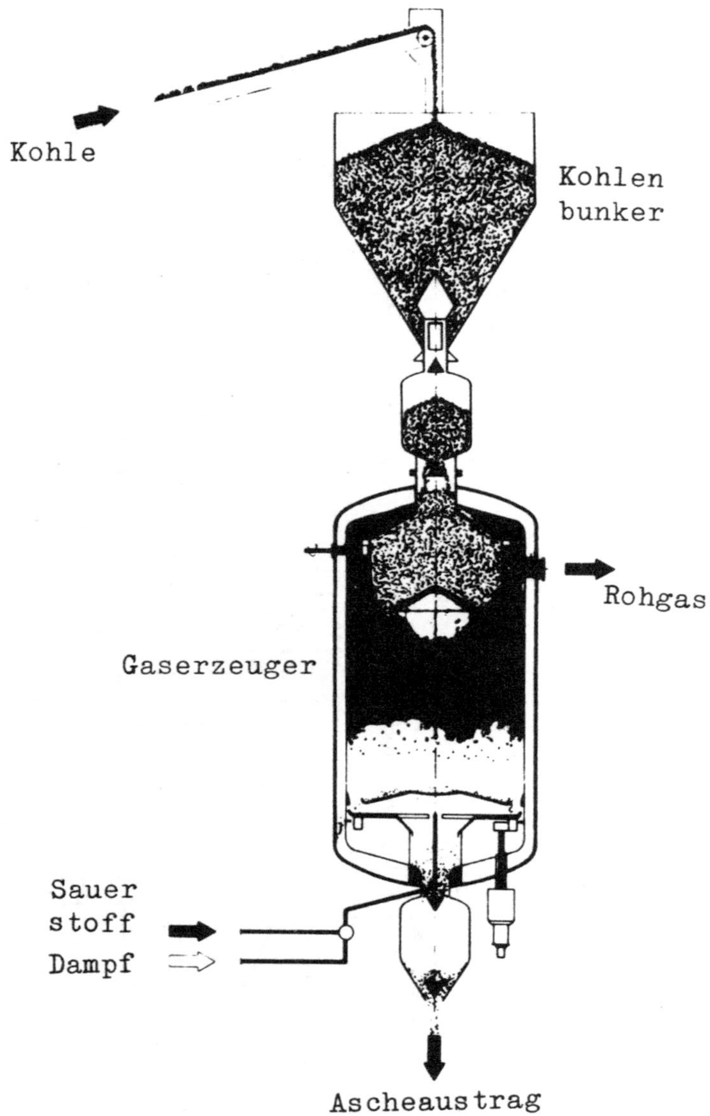

A b b i l d u n g 71
LURGI-Druckgenerator

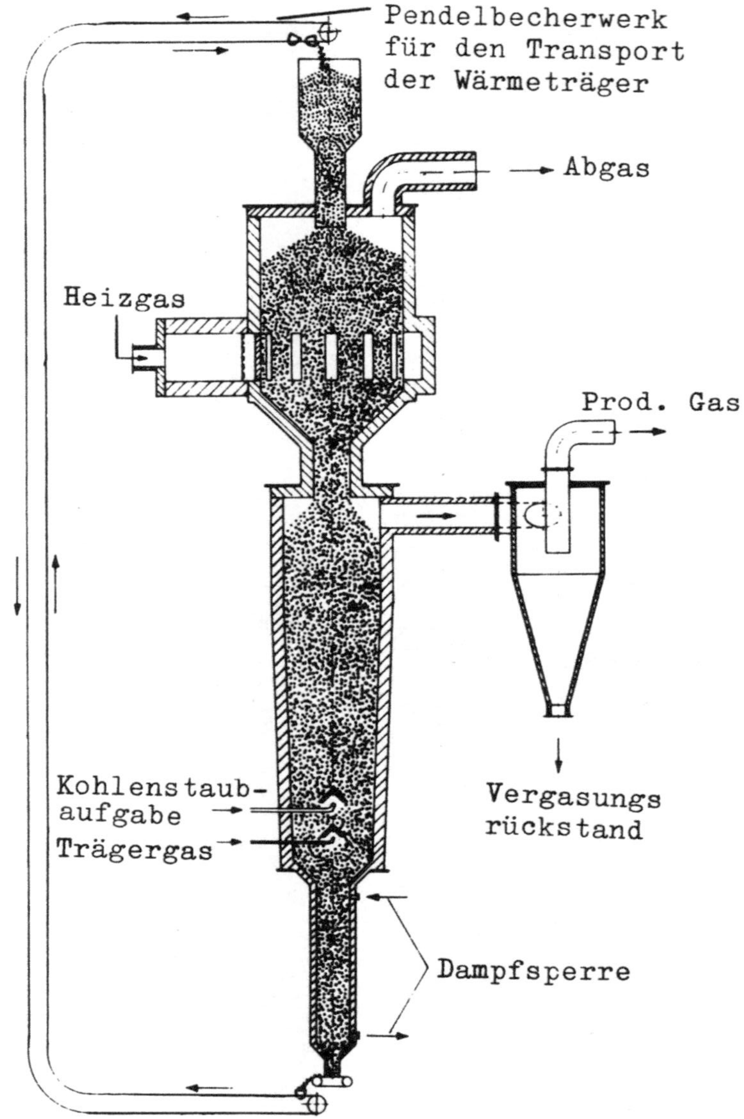

A b b i l d u n g 72
LURGI-Ruhrgas-Verfahren

T a b e l l e 8

Einteilung für die Numerierung der Vergasungsverfahren aus Tabelle 7

Beispiel: KOPPERS - TOTZEK - Verfahren 1341

	1. Zahl		2. Zahl	3. Zahl	4. Zahl
	Temperatur	Druck	Korngröße	Vergasungsmittel	Beheizung, Wärmeträger
1	< Ascheschmelzpunkt	1 at	Stücke 50...8 mm	Luft	Beheizung direkt
2	> "	1 at	Feinkorn 8...1 mm	H_2O_D	" durch feste Wärmeträger
3	< "	>1 at	Staub 1...0 mm	Luft + H_2O_D	" " flüssige "
4	> "	>1 at		O_2 + H_2O_D	" " gasförmige "
5					von außen

T a b e l l e 9

Vor- und Nachteile der Vergasung im Gegenstrom und im Gleichstrom

Vergasung im	Festbett Gegenstrom		Wirbelbett Gleichstrom		Schwebezustand Gleichstrom	
	Vort.	Nacht.	Vort.	Nacht.	Vort.	Nacht.
Brennstoff-Kosten		hoch	mittel		niedrig	
Differenz zwischen Reaktions-Anfangs- und Endtemperatur	groß			keine	mittel	
Menge des rückzuführenden Staubs	gering			groß	mittel	
Relativgeschwindigkeit	hoch		hoch			klein
C-Überschuß bei Vergasung	groß		groß			gering
Abhängigkeit von Backeigenschaft		groß	mittel		keine	
Spez. Durchsatzleistung	unterschiedl.		groß		groß	
Gasaustrittstemperatur	niedrig			hoch		hoch
Wirkungsgrad	hoch			niedrig		niedrig

Tabelle 10

Schwachgaserzeugung bei verschiedener Zusammensetzung des Vergasungsmittels, den Reaktionstemperaturen 800 und 1200°C und den Drücken 1; 20 und 40 Atm

HuC = 8000 kcal/kg; B = 8 Dpf/kg; M_L = 0,1 Dpf/Nm^3; MD = 0,8 Dpf/kg

Nr.	t Reaktion °C	P Atm	B kg/Nm^3	M_L Nm^3/Nm^3	M_D kg/Nm^3	M_D Nm^3/Nm^3	$M_D/M_L + M_D$ %	CO_2 %	CO %	H_2 %	CH_4 %	N_2 %	G Nm^3/kg	H_u B kcal/Nm^3	Hugas kcal/Nm^3	η verg	$B+M_L+M_D$ Dpf/Nm^3	η + h	E_2 Dpf/Nm^3	$E_2/B+M_L+M_D$
1	800	1	0,2106	0,5314	0,1578	0,1963	27,0	1,81	37,45	18,72	0,04	41,98	4,748	1685	1615	95,84	1,864	90,5	2,08	0,894
2	800	1	0,1999	0,6432	0,0997	0,1240	16,2	1,64	35,66	11,88	0	50,82	5,002	1599	1382	86,42	1,742	89,83	1,770	0,983
3	800	1	0,193	0,7 4	0,0643	0,0800	10,1	1,63	34,4	7,65	0	56,5	5,181	1544	1234	80,0	1,666	89,23	1,617	1,06
4	800	1	0,1817	0,8365	0,0284	0,0000	0	1,19	32,71	0	0	66,1	5,505	1453	987	67,98	1,536	87,91	1,237	1,242
5	800	20	0,1989	0,4214	0,3726	0,4638	52,40	12,62	23,67	29,59	0,83	33,29	5,027	1591	1546	97,17	1,931	89,94	1,983	0,974
6	800	20	0,1862	0,5433	0,2795	0,3477	39,01	11,89	22,34	22,34	0,51	42,92	5,370	1489	1292	86,76	1,767	89,09	1,642	1,075
7	800	20	0,1672	0,7408	0,125	0,1555	17,36	10,52	20,56	10,28	0,12	58,52	5,980	1337	895	66,94	1,511	86,80	1,108	1,366
8	800	20	0,1520	0,9067	0	0	0	11,28	18,66	0	0	70,05	6,578	1216	563	46,34	1,306	82,20	0,66	1,982
9	800	40	0,1901	0,4762	0,4058	0,5045	51,5	15,34	18,83	26,9	1,31	37,62	5,260	1521	1372	90,2	1,892	89,15	1,744	1,084
10	800	40	0,1715	0,6407	0,2060	0,2563	28,6	14,03	17,38	17,38	0,59	50,62	5,831	1372	1022	74,48	1,601	87,53	1,276	1,256
11	800	40	0,1558	0,7958	0,1164	0,1448	15,39	12,81	16,12	8,06	0,14	62,87	6,418	1246	706	56,66	1,418	84,517	0,58	2,444
12	800	40	0,1321	0,9538	0	0	0	15,41	9,24	0	0	75,35	7,570	1056	279	26,42	1,151	68,93	0,274	4,21
13	1200	1	0,2195	0,4880	0,164	0,204	40,1	0,02	40,95	20,48	0	38,55	4,555	1756	1763	100,39	1,817	90,9	2,286	0,794
14	1200	1	o,2011	0,6722	0,0756	0,094	12,27	0,03	37,50	9,37	0	53,10	4,972	1609	1373	85,33	1,736	89,84	1,759	0,987
15	1200	1	0,1918	0,7675	0,0288	0,035	4,46	0,04	35,76	3,57	0	60,63	5,213	1535	1171	76,28	1,634	89;01	1,486	1,10
16	1200	1	0,1851	0,8285	0	0	0	0,25	34,3	0	0	65,45	5,402	1481	1035	69,94	1,563	88,26	1,303	1,20
17	1200	20	0,2187	0,4927	0,165	0,205	39,99	0,24	40,53	20,26	0,05	38,92	4,572	1750	1748	99,88	1,812	90,85	2,265	0,80
18	1200	20	0,2002	0,6756	0,0761	0,0946	12,29	0,24	37,10	9,27	0,02	53,37	4,995	1601	1360	84,94	1,729	89,78	1,741	0,992
19	1200	20	0,1910	0,7699	0,0289	0,0359	4,45	0,22	35,41	3,54	0,01	60,82	5,235	1528	1161	75,98	1,627	88,95	1,473	1,104
20	1200	20	0,1842	0,82	0	0	0	0,40	33,8	0	0	65,8	5,48	1474	1010	69,10	1,556	88,26	1,26	1,235
21	1200	40	0,2176	0,4985	0,167	0,208	40,08	0,52	40,02	20,01	0,07	39,38	4,595	1741	1728	99,25	1,803	90,80	2,238	0,806
22	1200	40	0,1996	0,6780	0,0764	0,095	12,29	0,40	36,82	9,20	0,02	53,56	5,01	1596	1350	84,58	1,724	89,74	1,728	0,997
23	1200	40	0,1903	0,7718	0,0291	0,0362	4,48	0,39	35,11	3,51	0,02	60,97	5,254	1523	1152	75,64	1,623	88,90	1,461	1,11
24	1200	40	0,1834	0,82	0	0	0	0,45	33,45	0	0	66,1	5,40	1466	1010	69,10	1,548	88,26	1,249	1,240

T a b e l l e 11

Bewertung des Gichtgases auf Grund der direkten und indirekten Reduktion

Analyse Nr.			1	2	3	4	Gang der Rechnung
1	CO	%	0	20,1	28	30	
2	CO_2	%	34,7	15,2	10	7	
3	Hu	kcal/Nm^3	0	607	846	906	3020·(1)/100
4	CO_2/CO		-	0,756	0,357	0,233	(2)/(1)
5	Gichtgasmenge	$\frac{Nm^3}{100 \text{ kg Roheisen}}$	412	405	376	387	(17)=100/0,536·[(1)+(2)]
6		$\frac{10^5 \text{ kcal}}{100 \text{ kg Roheisen}}$	0	2,46	3,18	3,51	(5)·(3)
7	CO_2 durch indirekte Reduktion	Nm^3	134,3	53,0	28,9	18,4	(5)·(2)/100
8		kg	265	104,5	56,9	36,2	(7)·1,97
9	freigemachter O_2 durch indirekte Reduktion	kg	96,2	38	20,7	13,17	$(8)\frac{16}{44}$
10	Reduktionsziffer	%	100	39,5	21,5	13,7	(9)/(18)
11	freigemachter O_2 durch direkte Induktion	kg	0	58,2	75,5	83,03	(18)-(9)
12	C für direkte Reduktion	kg	0	43,6	56,6	62,3	$(11)\cdot\frac{12}{16}$
13	Koks für direkte Redukt.	kg	0	52,6	68,5	75	(12)·100/(19)
14	Kokskosten (64,50 DM/t)	DM	0	3,40	4,40	4,84	(13)·0,0645
15	Gichtgaspreis	Dpf/Nm^3	0	0,839	1,17	1,25	(14)·100/(5)
16		DM/10^6 kcal	0	13,80	13,80	13,80	$(15)\cdot 10^4(3)$
17	C im Gichtgas	kg	76,6	76,6	76,6	76,6	
18	O_2 im Roheisen	kg/100 kg	96,2	96,2	96,2	96,2	
19	C im Koks	%	83	83	83	83	

d	m	0,8	1,0	1,1	1,16	1,2
F	m^2	0,5	0,78			1,1
w	m/s	11,35	7,29			5,0
w^2/d		161,4	53,1			21,
P	mm WS	214	70,4			27,
N	kW	14,9	4,9			1,9
Verdichtungskosten	DM/Jahr	7450	2450			967
"	Dpf/Nm^3	0,00455				
Leitungskosten	Dpf/Nm^3	0,01475				
Summe	Dpf/Nm^3	0,01930				
w	m/s	22,76	14,58	11,98		10,
w^2/d		646	212	130,5		84,
P	mm WS	856	281	173		112
N	kW	119,6	39,2	24,15		15,
Verdichtungskosten	DM/Jahr	59800	19600	12085		783
"	Dpf/Nm^3			0,00369		
Leitungskosten	Dpf/Nm^3			0,01283		
Summe	Dpf/Nm^3			0,01652		
w	m/s		18,2		13,42	12,
w^2/d			332	155,3	155,3	131
P	mm WS		440		205,9	174
N	kW		76,6		35,8	30,
Verdichtungskosten	DM/Jahr		38300		17900	152
"	Dpf/Nm^3				0,00437	
Leitungskosten	Dpf/Nm^3				0,01123	
Summe	Dpf/Nm^3				0,01560	
w	m/s		36,5			25,
w^2/d			1332			527
P	mm WS		1765			698
N	kW		615			243
Verdichtungskosten	DM/Jahr		307500			121
"	Dpf/Nm^3					
Leitungskosten	Dpf/Nm^3					
Summe	Dpf/Nm^3					
w	m/s		54,7			37,
w^2/d			3000			118
P	mm WS		3970			157
N	kW		2074			822
Verdichtungskosten	DM/Jahr		1038000			411
"	Dpf/Nm^3					
Leitungskosten	Dpf/Nm^3					
Summe	Dpf/Nm^3					

e l l e 12

gskosten/1000 m

4	1,5	1,6	2,0	2,5	3,0	
54	1,76	2,01	3,14	4,9	7,1	
69	3,23					
.74	6,95					
,9	9,21					Vo = 20480 Nm^3/h
.898	0,64					= 5,68 Nm^3/s
40						
.39	6,46		3,62			
,05	27,8		6,55			
,7	36,9		8,68			Vo = 40960 Nm^3/h
.22	5,15		1,21			= 11,4 Nm^3/s
510	2575		645			
.24	8,08		4,55			
	43,6		10,2			
),8	57,8		13,5			Vo = 51200 Nm^3/h
4,05	10,06		2,35			= 14,2 Nm^3/s
)20	5030		1175			
3,46	16,11	14,16	9,05	5,8		
44	173	125,2	41	13,45		
23	229	159	54,3	17,81		Vo = 102400 Nm^3/h
12,4	80	55,3	18,9	6,2		= 28,4 Nm^3/s
6200	40000	27650	9450	3100		
		0,00338				
		0,0101				
		0,01348				
7,7	24,2		13,6	8,7	6,0	
48	391		92,5	30,3	12,0	
26	518		122,5	40,1	15,9	Vo = 153500 Nm^3/h
80	271		64,0	20,9	8,3	= 42,7 Nm^3/s
90000	135500		32000	10450	4150	
			0,00261			
			0,01001			
			0,01262			

T a b e l l e 13

Rohrleitungskosten

1	d_i	dm	8,0	10,0	12,24	14
2	d_a	dm	8,16	10,2	12,24	14,28
3	$G=(V_a-V_i)7{,}85$	kg/m	159,4	249,1	359	488,9
4	Leitungskosten·(1061 DM/t)	DM	169050	264262	380490	518320
5	Trägheitsmomente I	cm^4	166500	393000	795000	1571000
6	l	m	30,4	33,7	36,7	40,2
7	Stützenzahl/1000 m		40	36	33	30
8	Stützenkosten(1600 DM/t)	DM	32000	28800	26400	24000
9	Gesamtleitungskosten	DM	201050	293062	406890	542320
10	Jahreskosten der Leitung (12 %)	DM	24150	35150	48800	65100

1	d_i	15	18	20	25	30
2	d_a	15,3	18,36	20,4	25,5	30,6
3		550	785	942	1492	2120
4		583300	832760	999060	1582880	2247100
5		2061000	4182000	6407000	15460000	32400000
6		41,7	45,6	48,7	53,9	59,5
7		29	27	25	23	21
8		23200	21600	20000	18400	16800
9		606500	854360	1019060	1601280	2263900
10		72800	102500	123000	192200	272000

Etwaige Zwischenwerte sind der Abbildung 33 zu entnehmen

T

Anlegbarer Gaspreis u

Gasart		Gichtgas	Drehrostgenerator
Kokereigaspreis	Dpf/Nm³	5,0	5,0
Nutzwert	kcal/Nm³	3505	3 505
Schwachgas	%	87,1	88,4
Hu Schwachgas	kcal/Nm³	915	1 165
Nutzwert Schwachgas	kcal/Nm³	797	1 030
Äquivalenter Wärmepreis	DM/10⁶ kcal	12,44	1 261
Anlegbarer Gaspreis	DM/10⁶ kcal	12,22	1 239
Brennstoffart			Koks
Brennstoffsorte			50 % Brech III, 50 % Brech I
Korngröße	mm		
Brennstoffdurchsatz	t/24 h		150
Hu Brennstoff	kcal/kg		6 350
Gaserzeugung	Nm³/24 h		650 000
Anzahl Gaserzeuger			3 + 1
Durchmesser "	m		3,0
Generatorkosten	DM		1 020 000
Stahlbaukonstruktion	DM		430 000
Bauarbeiten	DM		550 000
Anlagekosten	DM		2 000 000

	Einheit		DM/Einheit	Menge/1000Nm³	DM/1000Nm³	%
Koks	t		III 67,50 IV 57,--	0,115 0,115	7,78 6,57	8
Kohle	t		-	-	-	
Speisewasser	m³		0,30	0,154	0,046	
Frischwasser	m³		0,08	0,805	0,064	
Dampf, Bezug	t		-	-	-	
Strom	kWh		0,06	6,6	0,4	
versch. Betriebsmittel					0,115	
Personal	Schicht		16,--	0,0123	0,197	
Reparaturen	3% v.Gener.K.				0,129	
Kapitaldienst	15% v.Anlagek.				1,26	
Summe Ausgaben	DM				16,56	10
Gutschrift für Teer	DM				-	
Dampf	DM					
Gestehungskosten	DM				16,56	10
Gestehungskosten	DM/10⁶kcal(Hu)		14,20			
Kosten frei Kokerei bei 10 km Fortleitung	DM/10⁶kcal(Hu)	10,65..15,80				
Gestehungskosten / anlegbarem Preis		0,87..1,29/1	1,149/1			

e 14

stkosten verschiedener Schwachgase

Demag P-H-Generator	Flesch-Demag	Wirbelkammer
5,0	5,0	5,0
3505	3505	3505
89,0	89,3	87,8
1415	1505	937
12,60	1344	824
12,70	12,76	12,55
12,48	12,54	12,33
Gasflammkohle	Gasflammkohle	Fettkohle (Prosper II)
Nüsse	Feinkorn	Staub
20....30	0....10	73 % 0,59
160	108,5	96
7 340	6 210	6 930
611 000	360 000	450 000
5 + 1	3 + 1 Gruppen	1
2,6/3,0	2x1,6/1,7	
2 337 000,-	2 782 000,-	
635 000,-	710 000,-	
555 000,-	690 000,-	
3 527 000,-	4 182 000,-	2 500 000,-

DM/Einheit	Menge/1000Nm³	DM/1000Nm³	%	DM/Einheit	Menge/1000Nm³	DM/1000Nm³	%	DM/Einheit	Menge/1000Nm³	DM/1000Nm³	%
-	-	-		-	-	-	-	-	-	-	-
55,--	0,262	14,40	83,8	44,--	0,3	13,15	65,1	37,--	0,213	7,9	76
	0,129	0,039	0,2		0,133	0,04	0,2		0,32 x	0,096	0,92
	0,314	0,025	0,2		1,0	0,08	0,4		2,5 x	0,2	1,9
-	-	-	-		0,059	0,35	1,7		-	-	-
	12,4	0,745	4,4		19,3	1,16	5,7		20 x	1,2	11,5
		0,163	1,0			0,23	1,4			0,22 x	2,1
	0,018	0,288	1,7		0,03	0,49	2,4		0,018 x	0,288	2,8
		0,314	1,9			0,58	2,9			0,456	4,4
		2,38	13,8			4,78	23,6			2,28	22,8
		18,35	107,0			20,86	103,4			12,64	122,42
80,--		1,19	7,0		0,0086	0,69	3,4				
								7,--	0,32	2,24	22,42
		17,16	100,0			20,17	100,0			10,40	100,0
12,11				13,40				11,10			
0,973/1				1,069/1				0,900/1			

x geschätzte Werte

Wassergaserzeugung bei ver[...]
den Reaktionstemperaturen 80[...]

Nr.	$t_{Reaktion}$ °C	P Atm	B kg/Nm³	M_L Nm³/Nm³	M_D kg/Nm³	M_D Nm³/Nm³	M_D/M_D+M_L %	CO_2 %
1		1	0,399 x	0	0,546		100	2,85
2		1	0,400 x	0,205	0,280	0,348	62,9	5,15
3		1	0,400	0,282	0,226	0,281	49,9	7,17
4		1	0,446	0,369	0,149	0,185	33,4	7,46
5		1	0,491	0,466	0,075	0,093	16,7	9,89
6		1	0,536	0,552	0	0	0	10,30
7		20	0,357 x	0	0,899		100	15,98
8		20	0,337 x	0,119	0,621	0,772	86,7	20,48
9		20	0,327 x	0,170	0,581	0,723	80,9	22,69
10		20	0,342	0,256	0,515	0,640	71,4	26,68
11		20	0,373	0,337	0,447	0,556	62,3	30,66
12		20	0,536	0,773	0	0	0	54,5
13		40	0,355 x	0	1,055		100	19,42
14		40	0,336 x	0,089	0,783	0,974	91,7	23,54
15		40	0,322 x	0,143	0,742	0,923	86,6	26,2
16	800	40	0,323	0,215	0,69	0,858	79,9	30,0
17		40	0,366	0,339	0,571	0,710	67,7	36,09
18		40	0,536	0,824	0	0	0	64,7
19		100	0,365 x	0	1,331		100	24,17
20		100	0,337 x	0,103	0,995	1,238	92,3	29,65
21		100	0,318	0,179	0,934	1,162	86,7	33,6
22		100	0,364	0,336	0,776	0,965	74,2	41,9
23		100	0,536	0,879	0	0	0	75,97
24		1	0,411 x	0	0,501		100	0,05
25		1	0,422 x	0,167	0,268	0,334	66,8	0,06
26		1	0,429	0,298	0,160	0,199	40	0,06
27		1	0,469	0,372	0,100	0,124	25	0,05
28		1	0,495	0,424	0,062	0,077	15,4	0,08
29		1	0,536	0,5				0,00
30		20	0,411 x	0	0,513		100	0,41
31		20	0,419 x	0,172	0,275	0,342	66,53	0,79
32		20	0,430	0,306	0,165	0,205	40,04	0,96
33		20	0,470	0,379	0,102	0,127	25,08	1,12
34		20	0,536	0,510	0,0			2,00
35		40	0,410 x	0	0,525		100	0,75
36		40	0,418 x	0,176	0,280	0,349	66,4	1,34
37	1200	40	0,431	0,313	0,169	0,210	40,2	1,94
38		40	0,471	0,383	0,104	0,129	25,2	2,28
39		40	0,536	0,515	0		0	3,00
40		100	0,409 x	0	0,557		100	1,67
41		100	0,411 x	0,191	0,300	0,372	66,11	3,39
42		100	0,434	0,330	0,179	0,222	40,25	4,53
43		100	0,473	0,405	0,111	0,138	25,40	5,33
44		100	0,536	0,530	0		0	6,00

x Mit der eingesetzten Brennstoffmenge beträgt der wirkliche Vergasungswirkungsgrad 85 %

e l l e 15

r Zusammensetzung des Vergasungsmittels,

0 °C und den Drücken 1; 20; 40 und 100 Atm

CO %	H_2 %	CH_4 %	Hu_{Gas} kcal/Nm³	$Hu_c \cdot B$ kcal/Nm³	η Verg. %	$B+M_L+M_D$ Dpf/Nm³	$B+M_L+M_D$ DM/10^6kcal
45,78	51,23	0,14	2711	2091	129,7	$3,63^x$	$13,37^x$
62,60	32,20	0,05	2722	2900	93,8	$4,25^x$	$15,59^x$
67,37	25,42	0,05	2680	3200	84,0	4,51	16,75
75,70	16,83	0,01	2679	3565	76,2	5,16	18,97
81,76	8,34	0,01	2678	3928	68,3	5,85	21,80
89,70	0	0	2705	4290	63,2	6,49	
27,21	54,42	2,39	2425	1954	124,1	$3,57^x$	$14,72^x$
32,06	45,72	1,74	2292	2327	98,5	$3,67^x$	$16,01^x$
33,70	42,14	1,47	2226	2481	89,7	$3,76^x$	$16,89^x$
36,10	36,10	1,12	2114	2735	77,3	4,17	19,72
38,07	30,49	0,78	2000	2980	67,1	4,68	23,31
45,5	0	0	1372	4290	32,0	7,38	
22,86	53,71	4,01	2414	1984	121,7	$3,68^x$	$15,26^x$
25,31	47,75	3,4	2282	2240	102,0	$3,66^x$	$16,05^x$
26,58	44,35	2,87	2188	2387	91,7	$3,74^x$	$17,09^x$
27,82	39,74	2,44	2069	2581	80,1	3,99	19,31
30,52	31,79	1,6	1876	2924	64,2	4,73	25,22
35,3	0	0	1065	4290	24,9	7,58	
17,50	50,75	7,58	2482	2111	117,6	$3,99^x$	$16,05^x$
19,16	44,6	6,59	2289	2378	96,2	$3,90^x$	$17,04^x$
20,3	40,7	5,4	2121	2543	83,4	4,00	18,85
22,45	32,0	3,65	1813	2910	62,3	4,87	26,86
24,03	0	0	726	4290	16,9	7,81	
49,95	50,00	0	2793	2144	130,3	$2,55^x$	$13,21^x$
66,63	33,31	0	2868	2859	100,3	$4,26^x$	$14,82^x$
79,95	19,99	0	2928	3430	85,4	4,75	16,22
87,46	12,49	0	2962	3752	78,9	5,32	17,97
92,24	7,68	0	2983	3958	75,4	5,70	19,11
100,00	0,00	0	3020	4290	70,4	6,29	20,83
49,47	49,95	0,18	2793	2144	130,3	$3,70^x$	
66,08	33,04	0,11	2852	2871	99,3	$4,26^x$	
79,21	19,80	0,03	2903	3439	84,4	4,80	16,51
86,50	12,35	0,03	2932	3758	78,0	5,36	18,26
98,00	0	0	2959	4290	68,9	6,33	22,61
49,03	49,91	0,31	2790	2144	130,1	$3,70^x$	$13,26^x$
65,67	32,83	0,16	2840	2880	98,6	$4,27^x$	$15,04^x$
78,40	19,60	0,06	2876	3447	83,4		
85,50	12,22	0	2894	3761	76,9	5,38	18,56
97,00	0	0	2999	4290	68,3	6,35	21,68
47,85	49,76	0,72	2785	2154	129,3	$3,72^x$	$13,35^x$
64,16	32,08	0,37	2793	2912	95,9	$4,29^x$	$15,35^x$
76,28	19,07	0,12	2804	3470	80,8	4,93	17,59
82,78	11,82	0,07	2809	3781	74,3	5,49	19,53
94,00	0	0	2237	4290	66,2	6,41	22,58

T a b e l l e 16

Gegenüberstellung der "Gestehungskosten" bei der Vergasung von Braunkohleknorpeln im LURGI-Druckgenerator und bei der Vergasung von Hochtemperaturkoks im Leuna-Abstichgenerator

		LURGI-Generator*)	Leuna-Abstichgenerator**)	Preise
Verbrauch an Brennstoff	kg/Nm^3	0,692	0,456	8,0 Dpf/kg
an Sauerstoff	Nm^3/Nm^3	0,116	0,262	4,0 Dpf/Nm^3
an Wasserdampf	kg/Nm^3	0,588	0,322	0,8 Dpf/kg
Gaszusammensetzung				
	CO_2 %	30,8	6,8	
	C_nH_m %	0,5	-	
	CO %	13,5	61,4	
	H_2 %	33,8	31,0	
	CH_4 %	14,3	-	
	N_2 %	7,0	0,8	
Gasheizwert H_u	$kcal/Nm^3$	2594	2651	
"Gestehungs-kosten"	Dpf/Nm^3	6,47	4,95	
	$DM/10^6 kcal$	24,94	18,68	

*) Werte beziehen sich auf trocknes Rohgas

**) Die Verbrauchsangaben beziehen sich auf 1 Nm^3 CO + H_2

T a b e l l e 17

Der Einfluß einer Gewinnung von Teer, Benzin und Roheisen auf die "Gestehungskosten" von Wassergas im LURGI-Druckgenerator und im Niederschachtofen

		LURGI-Druckgenerator*)	Niederschachtofen	Preise
Verbrauch an				
Brennstoff	kg/Nm^3	0,726	0,428	8,0 Dpf/kg
Sauerstoff	Nm^3/Nm^3	0,107	0,186	4,0 Dpf/Nm^3
Wasserdampf	kg/Nm^3	0,717	0,243	0,8 Dpf/kg
Erz	kg/Nm^3		0,445	4,0 Dpf/kg
Gaszusammensetzung				
	CO_2 %	31,8	6,1	
	C_nH_m %	0,5	0,2	
	CO %	14,2	59,7	
	H_2 %	37,3	30,4	
	CH_4 %	13,9	0,9	
	N_2 %	2,3	2,7	
	H_u $kcal/Nm^3$	2669	2646	
"Gestehungskosten" ohne Berücksichtigung der Koppelprodukte				
	Dpf/Nm^3	6,81	4,36	
	$DM/10^6 kcal$	25,55	16,50	
Erzeugung an				
Roheisen	kg/Nm^3		0,125	28,6 Dpf/kg
Teer	kg/Nm^3	0,0336		8,0 Dpf/kg
Benzin	kg/Nm^3	0,0091		40 Dpf/kg
"Gestehungskosten" ohne Berücksichtigung der Koppelprodukte				
	Dpf/Nm^3	6,18	2,56	
	$DM/10^6 kcal$	23,14	9,67	

*) Werte beziehen sich auf trocknes Rohgas

T a b e l l e 18

Methanisierung von Wassergas zu Ferngas [Ho = 4500 kcal/Nm³] bei 800 °C

Wassergaserzeugung						Reingas nach CO_2-Wäsche					B = 8 Dpf/kg			B = 5 Dpf/kg			B = 2 Dpf/kg			
t_R °C	P Atm	η Verg. %	M_D/M %	$B+M_2+M_D$ Dpf/Nm³	Hu Wassergas kcal/Nm³	VCO %	VH_2 %	VCH_4 %	Hu Reingas kcal/Nm³	Reingasausbeute Nm³Rein/Nm³Rohg	$B+M_2+M_D$ Dpf/Nm³ Reingas	Wassergasbedarf Nm³/Nm³ Fern	$B+M_2+M_D$ Dpf/Nm³ Ferng.	$B+M_2+M_D$ [Dpf/Nm³] Wassergas	Reingas	Ferngas	$B+M_2+M_D$ [Dpf/Nm³] Wassergas	Reingas	Ferngas
800	1	63,2		6,49	2705	100	-	-	3020	0,897	7,23	-	-	-	-	-	-	-	-
	1	68,3	16,69	5,85	2678	90,7	9,3	0	2979	0,901	6,49	1,8	11,68	4,379	4,860	8,75	2,906	3,225	5,80
	1	76,2	33,35	5,16	2719	81,8	18,2	0	2938	0,925	5,58	1,89	10,55	3,820	4,129	7,80	2,485	2,686	5,08
	1	84,0	49,91	4,51*	2680	72,6	27,4	0	2894	0,928	4,86	1,88	9,14*	3,309*	3,566	6,70	2,109*	2,273	4,27*
	1	93,8	62,92	4,25*	2722	66,1	33,9	0	2866	0,948	4,48	1,90	8,51*	3,044*	3,211	6,10	1,844*	1,945	3,69*
	1	129,6	100	3,63*	2711	47,1	52,8	0,1	2785	0,971	3,74	1,98	7,40	2,429	2,501	4,95	1,232	1,269	2,51
800	20	32,0	0	7,38	1372	100	-	-	3020	0,455	16,22	-	-	-	-	-	-	-	-
	20	67,11	62,26	4,68	2000	54,9	43,9	1,2	2889	0,6934	6,75	1,88	12,69						
	20	77,29	71,43	4,17*	2114	49,2	49,2	1,6	2887	0,733	5,69	1,88	10,69*						
	20	89,71	80,94	3,76*	2226	43,6	54,5	1,9	2881	0,773	4,86	1,89	9,18*						
	20	98,49	86,66	3,67*	2992	40,3	57,5	2,2	2884	0,795	4,62	1,89	8,73*						
	20	124,1	100	3,57	2425	32,4	64,8	2,8	2883	0,840	4,25	1,89	8,03						
800	40	24,9	0	7,58	1065	100	-	-	3020	0,353	21,47	-	-	-	-	-	-	-	-
	40	64,15	67,71	4,73	1876	47,7	49,8	2,5	2934	0,639	7,40	1,84	13,62	3,637	5,692	10,5	2,539	3,973	7,31
	40	80,1	79,98	3,99*	2069	39,7	56,7	3,6	2966	0,70	5,70	1,81	10,32*	3,023*	4,318	7,81	2,054*	2,934	5,31*
	40	91,7	86,57	3,74*	21,88	36,0	60,0	4,0	2968	0,738	5,07	1,81	9,18*	2,775*	3,760	6,80	1,810*	2,452	4,44*
	40	102	91,66	3,66*	2282	33,1	62,4	4,5	2989	0,765	4,78	1,79	8,56*	2,655*	3,470	6,21	1,648*	2,154	3,85*
	40	121,7	100	3,68	2414	28,4	66,6	5,0	2999	0,806	4,56	1,78	8,12	2,619	3,249	5,78	1,554	1,928	3,43
800	100	16,95	0	7,81	726	100	-	-	3020	0,240	32,5	-	-	-	-	-	-	-	-
	100	63,3	74,2	4,87	1813	38,6	55,2	6,2	3114	0,581	8,38	1,67	13,99	3,781	6,508	10,87	2,689	4,628	7,73
	100	83,4	86,66	4,00*	2121	30,6	61,2	8,2	3199	0,664	6,02	1,59	9,57*	3,049*	4,592	7,30	2,095*	3,155	5,02*
	100	96,2	92,31	3,90*	2289	27,2	63,4	9,4	3258	0,703	5,55	1,54	8,55*	2,891*	4,112	6,33	1,882*	2,677	4,12*
	100	117,57	100	3,98	2482	23,1	67,0	9,9	3266	0,758	5,25	1,53	8,03	2,890	3,813	5,83	1,795	2,368	3,62

* Die Brennstoffmenge wurde soweit erhöht, daß der Vergasungswirkungsgrad 85 % beträgt: $B_{Ges} = \frac{Hu_{gas}}{6800}$ [kg/Nm³].

Die Gesamtbrennstoffmenge (B_{ges}) wurde der Kostenermittlung zugrundegelegt

T a b e l l e 19

Methanisierung von Wassergas zu Ferngas [Ho = 4500 kcal/Nm³] bei 1200 °C

Wassergaserzeugung						Reingas nach CO_2-Wäsche					B = 8 Dpf/kg			B = 5 Dpf/kg			B = 2·Dpf/kg		
t_R °C	P Atm	η_{Verg} %	M_D/M %	$B+M_2+M_D$ Dpf/Nm³	Hu Wassergas kcal/Nm³	VCO %	VH_2 %	VCH_4 %	Hu Reingas kcal/Nm³	Reingasausbeute Nm³Rein/Nm³Rohg	$B+M_2+M_D$ Dpf/Nm³ Reingas	Wassergasbedarf Nm³/Nm³ Fern	$B+M_2+M_D$ Dpf/Nm³ Ferngas	$B+M_2+M_D$ [Dpf/Nm³] Wassergas	Reingas	Ferngas	$B+M_2+M_D$ [Dpf/Nm³] Wassergas	Reingas	Ferngas
1200	1	70,39	0	6,29	3020	100	-	-	3020	1,0	6,29	-	-	-	-	-	-	-	-
		75,36	15,4	5,70	2983	92,31	7,69	-	2986	0,999	5,71	1,79	10,22	4,21	4,21	7,53	2,73	2,73	4,89
		78,94	25,0	5,32	2962	87,5	12,5	-	2963	0,999	5,32	1,81	9,63	3,91	3,91	7,08	2,51	2,51	4,54
		85,36	40,0	4,75*	2928	80,0	20,0	-	2929	0,999	4,75	1,84	8,74	3,46*	3,46	6,37	2,17*	2,17	3,99
		100,3	66,8	4,25*	2828	66,68	33,31	-	2868	0,999	4,25	1,90	8,07	2,99*	2,99	5,68	1,72*	1,72	3,27
		130,27	100	3,69	2793	50,0	50,0	-	2793	0,999	3,69	1,97	7,27	2,46	2,46	4,85	1,22	1,22	2,40
1200	20	68,97	0	6,33	2959	100	-	-	3020	0,98	6,46	-	-						
		78,02	25,08	5,35	2932	87,50	12,50	-	2963	0,98	5,46	1,81	9,88						
		84,41	40,04	4,79*	2903	79,98	19,99	0,03	2931	0,99	4,84	1,84	8,90*						
		99,33	66,53	4,26*	2852	66,61	33,30	0,09	2876	0,99	4,30	1,89	8,13*						
		130,27	100	3,69	2793	49,67	50,16	0,17	2803	0,99	3,73	1,96	7,31						
1200	40	68,27	0	6,35	2929	100	-	-	3020	0,97	6,55	-	-	-	-	-	-	-	-
		76,9	25,2	5,37	2894	87,47	12,51	0,02	2965	0,98	5,48	1,81	9,92	3,97	4,05	7,33	2,56	2,61	4,72
		83,43	40,2	4,83*	2876	79,96	19,98	0,06	29,33	0,98	4,93	1,84	9,07*	3,54*	3,61	6,64	2,25*	2,29	4,21
		98,61	66,4	4,27*	2840	66,57	33,28	0,15	2878	0,99	4,31	1,89	8,14*	3,02*	3,05	5,76	1,76*	1,78	3,36
		130,13	100	3,70	2790	49,40	50,29	0,31	2810	0,99	3,74	1,96	7,33	2,47	2,49	4,88	1,24	1,25	2,45
1200	100	66,18	0	6,41	2839	100	-	-	3020	0,94	6,82	-	-	-	-	-	-	-	-
		74,29	25,4	5,49	2809	87,46	12,49	0,05	2966	0,95	5,78	1,81	10,46	4,07	4,28	7,75	2,65	2,79	5,05
		80,8	40,25	4,93*	2804	79,90	19,97	0,13	2937	0,95	5,19	1,84	9,55*	3,63*	3,82	7,03	2,33*	2,45	4,51
		95,91	66,11	4,29*	2793	66,41	33,21	0,38	2890	0,97	4,42	1,88	8,31*	3,06*	3,15	5,92	1,83*	1,89	3,55
		129,29	100	3,72	2785	48,66	50,61	0,73	2832	0,98	3,79	1,94	7,35	2,49	2,54	4,93	1,26	1,28	2,48

* Die Brennstoffmenge wurde soweit erhöht, daß der Vergasungswirkungsgrad 85 % beträgt: $B_{Ges} = \frac{Hu_{gas}}{6800}$ [kg/Nm³].

Die Gesamtbrennstoffmenge (B_{ges}) wurde der Kostenermittlung zugrundegelegt

T a b e l l e 20

Die Hydrierung von Wassergas zu Ferngas (Ho = 4500 kcal/Nm^3) bei 800°C

Wassergaserzeugung			Hydriermittel					Hydriertes Rohgas (trocken)					
t_R °C	P Atm	η_{Verg} %	CO %	H_2 %	CH_4 %	H_2/CO	Hu kcal/Nm^3	P Atm	CO_2 %	CO %	H_2 %	CH_4 %	Hu kcal/Nm^3
800	100	117,6	23,1	67,0	9,9	2,90	3266	28,4	2,9	9,7	65,5	21,9	3853
800	100	83,4	30,6	61,2	8,2	2,00	3199	32,8	5,8	12,8	60,4	21,0	3738
800	100	62,3	38,6	55,2	6,2	1,43	3114	44,9	11,2	15,7	52,8	20,3	3571
800	40	121,7	28,4	66,6	5,0	2,35	2999	32,3	5,3	12,2	61,2	21,3	3767
800	40	91,7	36,0	60,0	4,0	1,67	2968	41,1	9,8	15,3	54,5	20,4	3612
800	40	64,2	47,7	49,8	2,5	1,04	2934	66,2	21,4	18,7	42,1	17,8	3173
800	1	129,6	47,1	52,8	0,1	1,12	2785	65,6	21,9	18,9	41,7	17,5	3143
800	1	93,8	66,1	33,9	0,0	0,51	2866	210,0	54,7	17,3	17,8	10,2	1853
1200	1	130,3	50,0	50,0	0,0	1,0	2793	73,6	25,9	19,2	38,4	16,5	2982

Hydriertes Reingas					abgeschiedener Kohlenstaub		Kosten hydr. Reingas	Kosten methan. Reingas	Gasbedarf für Hydrierung
CO %	H_2 %	CH_4 %	Hu kcal/Nm^3	Ho kcal/Nm^3	kg/Nm^3	Dpf/Nm^3	$B+M_L+M_D$ Dpf/Nm^3	$B+M_L+M_D$ Dpf/Nm^3	Nm^3 Hydr.Mit. / Nm^3 Ferngas
10,0	67,5	22,5	3966	4506	0,078	0,624	7,41	8,03	1,53
13,6	64,2	22,2	3964	4486	0,131	1,048	9,48	9,57	1,75
17,8	59,5	22,7	4012	4516	0,202	1,616	16,31	13,99	2,14
12,9	64,6	22,5	3976	4502	0,093	0,741	7,33	8,12	1,77
17,0	60,5	22,5	3997	4504	0,162	1,296	9,35	9,18	2,10
23,7	53,8	22,5	4028	4506	0,295	2,360	18,84	13,62	2,86
24,2	53,3	22,5	4029	4502	0,270	2,16	8,87	7,40	2,95
38,1	39,4	22,5	4092	4498	0,533	4,26	22,89	8,51	6,06
25,9	51,7	22,4	4031	4495	0,312	2,50	9,42	7,27	3,23

FORSCHUNGSBERICHTE DES WIRTSCHAFTS- UND VERKEHRSMINISTERIUMS NORDRHEIN-WESTFALEN

Herausgegeben von Staatssekretär Prof. Dr. h. c. Leo Brandt

HEFT 1
Prof. Dr.-Ing. E. Flegler, Aachen
Untersuchungen oxydischer Ferromagnet-Werkstoffe
1952, 20 Seiten, DM 6,75

HEFT 2
Prof. Dr. W. Fuchs, Aachen
Untersuchungen über absatzfreie Teeröle
1952, 32 Seiten, 5 Abb., 6 Tabellen, DM 10,—

HEFT 3
Techn.-Wissenschaftl. Büro für die Bastfaserindustrie, Bielefeld
Untersuchungsarbeiten zur Verbesserung des Leinenwebstuhls
1952, 44 Seiten, 7 Abb., 3 Tabellen, DM 12,50

HEFT 4
Prof. Dr. E. A. Müller und Dipl.-Ing. H. Spitzer, Dortmund
Untersuchungen über die Hitzebelastung in Hüttenbetrieben
1952, 28 Seiten, 5 Abb., 1 Tabelle, DM 9,—

HEFT 5
Dipl.-Ing. W. Fister, Aachen
Prüfstand der Turbinenuntersuchungen
1952, 40 Seiten, 30 Abb., 3 Schaltbilder, DM 1,—

HEFT 6
Prof. Dr. W. Fuchs, Aachen
Untersuchungen über die Zusammensetzung und Verwendbarkeit von Schwelteerfraktionen
1952, 36 Seiten, DM 10,50

HEFT 7
Prof. Dr. W. Fuchs, Aachen
Untersuchungen über emsländisches Petrolatum
1952, 36 Seiten, 1 Abb., 17 Tabellen, DM 10,50

HEFT 8
M. E. Meffert und H. Stratmann, Essen
Algen-Großkulturen im Sommer 1951
1953, 52 Seiten, 4 Abb., 20 Tabellen, DM 9,75

HEFT 9
Techn.-Wissenschaftl. Büro für die Bastfaserindustrie, Bielefeld
Untersuchungen über die zweckmäßige Wicklungsart von Leinengarnkreuzspulen unter Berücksichtigung der Anwendung hoher Geschwindigkeiten des Garnes
Vorversuche für Zetteln und Schären von Leinengarnen auf Hochleistungsmaschinen
1952, 48 Seiten, 7 Abb., 7 Tabellen, DM 9,25

HEFT 10
Prof. Dr. W. Vogel, Köln
„Das Streifenpaar" als neues System zur mechanischen Vergrößerung kleiner Verschiebungen und seine technischen Anwendungsmöglichkeiten
1953, 20 Seiten, 6 Abb., DM 4,50

HEFT 11
Laboratorium für Werkzeugmaschinen und Betriebslehre, Technische Hochschule Aachen
1. Untersuchungen über Metallbearbeitung im Fräsvorgang mit Hartmetallwerkzeugen und negativem Spanwinkel
2. Weiterentwicklung des Schleifverfahrens für die Herstellung von Präzisionswerkstücken unter Vermeidung hoher Temperaturen
3. Untersuchung von Oberflächenveredlungsverfahren zur Steigerung der Belastbarkeit hochbeanspruchter Bauteile
1953, 80 Seiten, 61 Abb., DM 15,75

HEFT 12
Elektrowärme-Institut, Langenberg (Rhld.)
Induktive Erwärmung mit Netzfrequenz
1952, 22 Seiten, 6 Abb., DM 5,20

HEFT 13
Techn.-Wissenschaftl. Büro für die Bastfaserindustrie, Bielefeld
Das Naßspinnen von Bastfasergarnen mit chemischen Zusätzen zum Spinnbad
1953, 52 Seiten, 4 Abb., 19 Tabellen, DM 10,—

HEFT 14
Forschungsstelle für Acetylen, Dortmund
Untersuchungen über Aceton als Lösungsmittel für Acetylen
1952, 64 Seiten, 10 Abb., 26 Tabellen, DM 12,25

HEFT 15
Wäschereiforschung Krefeld
Trocknen von Wäschestoffen
1953, 48 Seiten, 14 Abb., 2 Tabellen, DM 9,—

HEFT 16
Max-Planck-Institut für Kohlenforschung, Mülheim a. d. Ruhr
Arbeiten des MPI für Kohlenforschung
1953, 104 Seiten, 9 Abb., DM 17,80

HEFT 17
Ingenieurbüro Herbert Stein, M.-Gladbach
Untersuchung der Verzugsvorgänge in den Streckwerken verschiedener Spinnereimaschinen. 1. Bericht: Vergleichende Prüfung mit verschiedenen Dickenmeßgeräten
1952, 36 Seiten, 15 Abb., DM 8,—

HEFT 18
Wäschereiforschung Krefeld
Grundlagen zur Erfassung der chemischen Schädigung beim Waschen
1953, 68 Seiten, 15 Abb., 15 Tabellen, DM 12,75

HEFT 19
Techn.-Wissenschaftl. Büro für die Bastfaserindustrie, Bielefeld
Die Auswirkung des Schlichtens von Leinengarnketten auf den Verarbeitungswirkungsgrad, sowie die Festigkeit und Dehnungsverhältnisse der Garne und Gewebe
1953, 48 Seiten, 1 Abb., 9 Tabellen, DM 9,—

HEFT 20
Techn.-Wissenschaftl. Büro für die Bastfaserindustrie, Bielefeld
Trocknung von Leinengarnen I
Vorgang und Einwirkung auf die Garnqualität
1953, 62 Seiten, 18 Abb., 5 Tabellen, DM 12,—

HEFT 21
Techn.-Wissenschaftl. Büro für die Bastfaserindustrie, Bielefeld
Trocknung von Leinengarnen II
Spulenanordnung und Luftführung beim Trocknen von Kreuzspulen
1953, 66 Seiten, 22 Abb., 9 Tabellen, DM 13,—

HEFT 22
Techn.-Wissenschaftl. Büro für die Bastfaserindustrie, Bielefeld
Die Reparaturanfälligkeit von Webstühlen
1953, 28 Seiten, 7 Abb., 5 Tabellen, DM 5,80

HEFT 23
Institut für Starkstromtechnik, Aachen
Rechnerische und experimentelle Untersuchungen zur Kenntnis der Metadyne als Umformer von konstanter Spannung auf konstanten Strom
1953, 52 Seiten, 20 Abb., 4 Tafeln, DM 9,75

HEFT 24
Institut für Starkstromtechnik, Aachen
Vergleich verschiedener Generator-Metadyne-Schaltungen in bezug auf statisches Verhalten
1952, 44 Seiten, 23 Abb., DM 8,50

HEFT 25
Gesellschaft für Kohlentechnik mbH., Dortmund-Eving
Struktur der Steinkohlen und Steinkohlen-Kokse
1953, 58 Seiten, DM 11,—

HEFT 26
Techn.-Wissenschaftl. Büro für die Bastfaserindustrie, Bielefeld
Vergleichende Untersuchungen zweier neuzeitlicher Ungleichmäßigkeitsprüfer für Bänder und Garne hinsichtlich ihrer Eignung für die Bastfaserspinnerei
1953, 64 Seiten, 30 Abb., DM 12,50

HEFT 27
Prof. Dr. E. Schratz, Münster
Untersuchungen zur Rentabilität des Arzneipflanzenanbaues Römische Kamille, Anthemis nobilis L.
1953, 16 Seiten, 1 Tabelle, DM 3,60

HEFT 28
Prof. Dr. E. Schratz, Münster
Calendula officinalis L. Studien zur Ernährung, Blütenfüllung und Rentabilität der Drogengewinnung
1953, 24 Seiten, 2 Abb., 3 Tabellen, DM 5,20

HEFT 29
Techn.-Wissenschaftl. Büro für die Bastfaserindustrie, Bielefeld
Die Ausnützung der Leinengarne in Geweben
1953, 100 Seiten, 14 Abb., 10 Tabellen, DM 17,80

HEFT 30
Gesellschaft für Kohlentechnik mbH., Dortmund-Eving
Kombinierte Entaschung und Verschwelung von Steinkohle; Aufarbeitung von Steinkohlenschlämmen zu verkokbarer oder verschwelbarer Kohle
1953, 56 Seiten, 16 Abb., 10 Tabellen, DM 10,50

HEFT 31
Dipl.-Ing. A. Stormanns, Essen
Messung des Leistungsbedarfs von Doppelsteg-Kettenförderern
1954, 54 Seiten, 18 Abb., 3 Anlagen, DM 11,—

HEFT 32
Techn.-Wissenschaftl. Büro für die Bastfaserindustrie, Bielefeld
Der Einfluß der Natriumchloridbleiche auf Qualität und Verwebbarkeit von Leinengarnen und die Eigenschaften der Leinengewebe unter besonderer Berücksichtigung des Einsatzes von Schützen- und Spulenwechselautomaten in der Leinenweberei
1953, 64 Seiten, 2 Abb., 12 Tabellen, DM 11,50

HEFT 33
Kohlenstoffbiologische Forschungsstation e. V.
Eine Methode zur Bestimmung von Schwefeldioxyd und Schwefelwasserstoff in Rauchgasen und in der Atmosphäre
1953, 32 Seiten, 8 Abb., 3 Tabellen, DM 6,50

HEFT 34
Textilforschungsanstalt Krefeld
Quellungs- und Entquellungsvorgänge bei Faserstoffen
1953, 52 Seiten, 13 Abb., 13 Tabellen, DM 9,80

WESTDEUTSCHER VERLAG · KÖLN UND OPLADEN

HEFT 35

Professor Dr. W. Kast, Krefeld

Feinstrukturuntersuchungen an künstlichen Zellulosefasern verschiedener Herstellungsverfahren. Teil I: Der Orientierungszustand

1953, 74 Seiten, 30 Abb., 7 Tabellen, DM 13,80

HEFT 36

Forschungsinstitut der feuerfesten Industrie, Bonn

Untersuchungen über die Trocknung von Rohton

Untersuchungen über die chemische Reinigung von Silika- und Schamotte-Rohstoffen mit chlorhaltigen Gasen

1953, 60 Seiten, 5 Abb., 5 Tabellen, DM 11,—

HEFT 37

Forschungsinstitut der feuerfesten Industrie, Bonn

Untersuchungen über den Einfluß der Probenvorbereitung auf die Kaltdruckfestigkeit feuerfester Steine

1953, 40 Seiten, 2 Abb., 5 Tabellen, DM 7,80

HEFT 38

Forschungsstelle für Acetylen, Dortmund

Untersuchungen über die Trocknung von Acetylen zur Herstellung von Dissousgas

1953, 36 Seiten, 11 Abb., 3 Tabellen, DM 6,80

HEFT 39

Forschungsgesellschaft Blechverarbeitung e. V., Düsseldorf

Untersuchungen an prägegemusterten und vorgelochten Blechen

1953, 46 Seiten, 34 Abb., DM 9,50

HEFT 40

Landesgeologe Dr.-Ing. W. Wolff, Amt für Bodenforschung, Krefeld

Untersuchungen über die Anwendbarkeit geophysikalischer Verfahren zur Untersuchung von Spateisengängen im Siegerland

1953, 46 Seiten, 8 Abb., DM 8,80

HEFT 41

Techn.-Wissenschaftl. Büro für die Bastfaserindustrie, Bielefeld

Untersuchungsarbeiten zur Verbesserung des Leinenwebstuhles II

1953, 40 Seiten, 4 Abb., 5 Tabellen, DM 7,80

HEFT 42

Professor Dr. B. Helferich, Bonn

Untersuchungen über Wirkstoffe — Fermente — in der Kartoffel und die Möglichkeit ihrer Verwendung

1953, 58 Seiten, 9 Abb., DM 11,—

HEFT 43

Forschungsgesellschaft Blechverarbeitung e. V., Düsseldorf

Forschungsergebnisse über das Beizen von Blechen

1953, 48 Seiten, 38 Abb., 2 Tabellen, DM 11,30

HEFT 44

Arbeitsgemeinschaft für praktische Dehnungsmessung, Düsseldorf

Eigenschaften und Anwendungen von Dehnungsmeßstreifen

1953, 68 Seiten, 43 Abb., 2 Tabellen, DM 13,70

HEFT 45

Losenhausenwerk Düsseldorfer Maschinenbau AG., Düsseldorf

Untersuchungen von störenden Einflüssen auf die Lastgrenzenanzeige von Dauerschwingprüfmaschinen

1953, 36 Seiten, 11 Abb., 3 Tabellen, DM 7,25

HEFT 46

Prof. Dr. W. Fuchs, Aachen

Untersuchungen über die Aufbereitung von Wasser für die Dampferzeugung in Benson-Kesseln

1953, 58 Seiten, 18 Abb., 9 Tabellen, DM 11,20

HEFT 47

Prof. Dr.-Ing. K. Krekeler, Aachen

Versuche über die Anwendung der induktiven Erwärmung zum Sintern von hochschmelzenden Metallen sowie zur Anlegierung und Vergütung von aufgespritzten Metallschichten mit dem Grundwerkstoff

1954, 66 Seiten, 39 Abb., DM 13,90

HEFT 48

Max-Planck-Institut für Eisenforschung, Düsseldorf

Spektrochemische Analyse der Gefügebestandteile in Stählen nach ihrer Isolierung

1953, 38 Seiten, 8 Abb., 5 Tabellen, DM 7,80

HEFT 49

Max-Planck-Institut für Eisenforschung, Düsseldorf

Untersuchungen über Ablauf der Desoxydation und die Bildung von Einschlüssen in Stählen

1953, 52 Seiten, 19 Abb., 3 Tabellen, DM 12,40

HEFT 50

Max-Planck-Institut für Eisenforschung, Düsseldorf

Flammenspektralanalytische Untersuchung der Ferritzusammensetzung in Stählen

1953, 44 Seiten, 15 Abb., 4 Tabellen, DM 8,60

HEFT 51

Verein zur Förderung von Forschungs- und Entwicklungsarbeiten in der Werkzeugindustrie e. V., Remscheid

Untersuchungen an Kreissägeblättern für Holz, Fehler- und Spannungsprüfverfahren

1953, 50 Seiten, 23 Abb., DM 10,—

HEFT 52

Forschungsstelle für Acetylen, Dortmund

Untersuchungen über den Umsatz bei der explosiblen Zersetzung von Azetylen

a) Zersetzung von gasförmigem Azetylen

b) Zersetzung von an Silikagel absorbiertem Azetylen

1954, 48 Seiten, 8 Abb., 10 Tabellen, DM 9,25

HEFT 53

Professor Dr.-Ing. H. Opitz, Aachen

Reibwert und Verschleißmessungen an Kunststoffgleitführungen für Werkzeugmaschinen

1954, 38 Seiten, 18 Abb., DM 8,20

HEFT 54

Professor Dr.-Ing. F. A. F. Schmidt, Aachen

Schaffung von Grundlagen für die Erhöhung der spez. Leistung und Herabsetzung des spez. Brennstoffverbrauches bei Ottomotoren mit Teilbericht über Arbeiten an einem neuen Einspritzverfahren

1954, 34 Seiten, 15 Abb., DM 7,40

HEFT 55

Forschungsgesellschaft Blechverarbeitung e. V., Düsseldorf

Chemisches Glänzen von Messing und Neusilber

1954, 50 Seiten, 21 Abb., 1 Tabelle, DM 10,20

HEFT 56

Forschungsgesellschaft Blechverarbeitung e. V., Düsseldorf

Untersuchungen über einige Probleme der Behandlung von Blechoberflächen

1954, 52 Seiten, 42 Abb., DM 11,20

HEFT 57

Prof. Dr.-Ing. F. A. F. Schmidt, Aachen

Untersuchungen zur Erforschung des Einflusses des chemischen Aufbaues des Kraftstoffes auf sein Verhalten im Motor und in Brennkammern von Gasturbinen

1954, 70 Seiten, 32 Abb., DM 14,60

HEFT 58

Gesellschaft für Kohlentechnik mbH., Dortmund

Herstellung und Untersuchung von Steinkohlenschwelteer

1954, 74 Seiten, 9 Abb., 9 Tabellen, DM 13,75

HEFT 59

Forschungsinstitut der Feuerfest-Industrie e. V., Bonn

Ein Schnellanalysenverfahren zur Bestimmung von Aluminiumoxyd, Eisenoxyd und Titanoxyd in feuerfestem Material mittels organischer Farbreagenzien auf photometrischem Wege

Untersuchungen des Alkali-Gehaltes feuerfester Stoffe mit dem Flammenphotometer nach Riehm-Lange

1954, 62 Seiten, 12 Abb., 3 Tabellen, DM 11,60

HEFT 60

Forschungsgesellschaft Blechverarbeitung e. V., Düsseldorf

Untersuchungen über das Spritzlackieren im elektrostatischen Hochspannungsfeld

1954, 82 Seiten, 53 Abb., 7 Tabellen, DM 17,—

HEFT 61

Verein zur Förderung von Forschungs- und Entwicklungsarbeiten in der Werkzeugindustrie e. V., Remscheid

Schwingungs- und Arbeitsverhalten von Kreissägeblättern für Holz

1954, 54 Seiten, 31 Abb., DM 11,40

HEFT 62

Professor Dr. W. Franz, Institut für theoretische Physik der Universität Münster

Berechnung des elektrischen Durchschlags durch feste und flüssige Isolatoren

1954, 36 Seiten, DM 7,—

HEFT 63

Textilforschungsanstalt Krefeld

Neue Methoden zur Untersuchung der Wirkungsweise von Textilhilfsmitteln

Untersuchungen über Schlichtungs- und Entschlichtungsvorgänge

1954, 34 Seiten, 1 Abb., 5 Tabellen, DM 6,80

HEFT 64

Textilforschungsanstalt Krefeld

Die Kettenlängenverteilung von hochpolymeren Faserstoffen

Über die fraktionierte Fällung von Polyamiden

1954, 44 Seiten, 13 Abb., DM 8,60

HEFT 65

Fachverband Schneidwarenindustrie, Solingen

Untersuchungen über das elektrolytische Polieren von Tafelmesserklingen aus rostfreiem Stahl

1954, 90 Seiten, 38 Abb., 9 Tabellen, DM 17,35

HEFT 66

Dr.-Ing. P. Füsgen VDI †, Düsseldorf

Untersuchungen über das Auftreten des Ratterns bei selbsthemmenden Schneckengetrieben und seine Verhütung

1954, 32 Seiten, 5 Abb., DM 6,60

HEFT 67

Heinrich Wösthoff o. H. G., Apparatebau, Bochum

Entwicklung einer chemisch-physikalischen Apparatur zur Bestimmung kleinster Kohlenoxyd-Konzentrationen

1954, 94 Seiten, 48 Abb., 2 Tabellen, DM 18,25

HEFT 68

Kohlenstoffbiologische Forschungsstation e. V., Essen

Algengroßkulturen im Sommer 1952

II. Über die unsterile Großkultur von Scenedesmus obliquus

1954, 62 Seiten, 3 Abb., 29 Tabellen, DM 11,40

HEFT 69

Wäschereiforschung Krefeld

Bestimmung des Faserabbaues bei Leinen unter besonderer Berücksichtigung der Leinengarnbleiche

1954, 48 Seiten, 15 Abb., 3 Tabellen, DM 9,60

HEFT 70

Wäschereiforschung Krefeld

Trocknen von Wäschestoffen

1954, 52 Seiten, 18 Abb., 3 Tabellen, DM 10,—

HEFT 71

Prof. Dr.-Ing. K. Leist, Aachen

Kleingasturbinen, insbesondere zum Fahrzeugantrieb

1954, 114 Seiten, 85 Abb., DM 22,—

HEFT 72

Prof. Dr.-Ing. K. Leist, Aachen

Beitrag zur Untersuchung von stehenden geraden Turbinengittern mit Hilfe von Druckverteilungsmessungen

1954, 152 Seiten, 111 Abb., DM 36,20

HEFT 73

Prof. Dr.-Ing. K. Leist, Aachen

Spannungsoptische Untersuchungen von Turbinenschaufelfüßen

1954, 66 Seiten, 46 Abb., 2 Tabellen, DM 14,60

HEFT 74

Max-Planck-Institut für Eisenforschung, Düsseldorf

Versuche zur Klärung des Umwandlungsverhaltens eines sonderkarbidbildenden Chromstahls

1954, 58 Seiten, 10 Abb., DM 14,—

HEFT 75

Max-Planck-Institut für Eisenforschung, Düsseldorf

Zeit-Temperatur-Umwandlungs-Schaubilder als Grundlage der Wärmebehandlung der Stähle

1954, 44 Seiten, 13 Abb., DM 8,70

HEFT 76

Max-Planck-Institut für Arbeitsphysiologie, Dortmund

Arbeitstechnische und arbeitsphysiologische Rationalisierung von Mauersteinen

1954, 52 Seiten, 12 Abb., 3 Tabellen, DM 10,20

HEFT 77

Meteor Apparatebau Paul Schmeck GmbH., Siegen

Entwicklung von Leuchtstoffröhren hoher Leistung

1954, 46 Seiten, 12 Abb., 2 Tabellen, DM 9,15

HEFT 78

Forschungsstelle für Acetylen, Dortmund

Über die Zustandsgleichung des gasförmigen Acetylens und das Gleichgewicht Acetylen — Aceton

1954, 42 Seiten, 3 Abb., 8 Tabellen, DM 8,—

HEFT 79

Techn.-Wissenschaftl. Büro für die Bastfaserindustrie, Bielefeld

Trocknung von Leinengarnen III

Spinnspulen- und Spinnkopstrocknung

Vorgang und Einwirkung auf die Garnqualität

1954, 74 Seiten, 18 Abb., 10 Tabellen, DM 14,—

HEFT 80
Techn.-Wissenschaftl. Büro für die Bastfaserindustrie, Bielefeld
Die Verarbeitung von Leinengarn auf Webstühlen mit und ohne Oberbau
1954, 30 Seiten, 2 Abb., 2 Tabellen, DM 6,—

HEFT 81
Prüf- und Forschungsinstitut für Ziegeleierzeugnisse, Essen-Kray
Die Einführung des großformatigen Einheits-Gitterziegels im Lande Nordrhein-Westfalen
1954, 54 Seiten, 2 Abb., 2 Tabellen, DM 10,—

HEFT 82
Vereinigte Aluminium-Werke AG., Bonn
Forschungsarbeiten auf dem Gebiet der Veredelung von Aluminium-Oberflächen
1954, 46 Seiten, 34 Abb., DM 9,60

HEFT 83
Prof. Dr. S. Strugger, Münster
Über die Struktur der Proplastiden
1954, 30 Seiten, 15 Abb., DM 8,40

HEFT 84
Dr. H. Baron, Düsseldorf
Über Standardisierung von Wundtextilien
1954, 32 Seiten, DM 6,40

HEFT 85
Textilforschungsanstalt Krefeld
Physikalische Untersuchungen an Fasern, Fäden, Garnen und Geweben:
Untersuchungen am Knickscheuergerät nach Weltzien
1954, 40 Seiten, 11 Abb., 8 Tabellen, DM 10,—

HEFT 86
Prof. Dr.-Ing. H. Opitz, Aachen
Untersuchungen über das Fräsen von Baustahl sowie über den Einfluß des Gefüges auf die Zerspanbarkeit
1954, 108 Seiten, 73 Abb., 7 Tabellen, DM 22,—

HEFT 87
Gemeinschaftsausschuß Verzinken, Düsseldorf
Untersuchungen über Güte von Verzinkungen
1954, 68 Seiten, 56 Abb., 3 Tabellen, DM 15,30

HEFT 88
Gesellschaft für Kohlentechnik mbH., Dortmund-Eving
Oxydation von Steinkohle mit Salpetersäure
1954, 62 Seiten, 2 Abb., 1 Tabelle, DM 11,50

HEFT 89
Verein Deutscher Ingenieure, Gleitlagerforschung, Düsseldorf und Prof. Dr.-Ing. G. Vogelpohl, Göttingen
Versuche mit Preßstoff-Lagern für Walzwerke
1954, 70 Seiten, 34 Abb., DM 14,10

HEFT 90
Forschungs-Institut der Feuerfest-Industrie, Bonn
Das Verhalten von Silikasteinen im Siemens-Martin-Ofengewölbe
1954, 62 Seiten, 15 Abb., 11 Tabellen, DM 11,90

HEFT 91
Forschungs-Institut der Feuerfest-Industrie, Bonn
Untersuchungen des Zusammenhangs zwischen Leistung und Kohlenverbrauch von Kammeröfen zum Brennen von feuerfesten Materialien
1954, 42 Seiten, 6 Abb., DM 8,30

HEFT 92
Techn.-Wissenschaftl. Büro für die Bastfaserindustrie, Bielefeld
und Laboratorium für textile Meßtechnik, M.-Gladbach
Messungen von Vorgängen am Webstuhl
1954, 76 Seiten, 45 Abb., DM 15,50

HEFT 93
Prof. Dr. W. Kast, Krefeld
Spinnversuche zur Strukturerfassung künstlicher Zellulosefasern
1954, 82 Seiten, 39 Abb., 6 Tabellen, DM 16,—

HEFT 94
Prof. Dr. G. Winter, Bonn
Die Heilpflanzen des MATTHIOLUS (1611) gegen Infektionen der Harnwege und Verunreinigung der Wunden bzw. zur Förderung der Wundheilung im Lichte der Antibiotikaforschung
1954, 58 Seiten, 1 Abb., 2 Tabellen, DM 11,50

HEFT 95
Prof. Dr. G. Winter, Bonn
Untersuchungen über die flüchtigen Antibiotika aus der Kapuziner- (Tropaeolum maius) und Gartenkresse (Lepidium sativum) und ihr Verhalten im menschlichen Körper bei Aufnahme von Kapuziner- bzw. Gartenkressensalat per os
1955, 74 Seiten, 9 Abb., 25 Tabellen, DM 14,—

HEFT 96
Dr.-Ing. P. Koch, Dortmund
Austritt von Exoelektronen aus Metalloberflächen unter Berücksichtigung der Verwendung des Effektes für die Materialprüfung
1954, 34 Seiten, 13 Abb., DM 7,—

HEFT 97
Ing. H. Stein, Laboratorium für textile Meßtechnik, M.-Gladbach
Untersuchung der Verzugsvorgänge an den Streckwerken verschiedener Spinnereimaschinen
2. Bericht: Ermittlung der Haft-Gleiteigenschaften von Faserbändern und Vorgarnen
1955, 98 Seiten, 54 Abb., DM 21,—

HEFT 98
Fachverband Gesenkschmieden, Hagen
Die Arbeitsgenauigkeit beim Gesenkschmieden unter Hämmern
1955, 132 Seiten, 55 Abb., 9 Tabellen, DM 24,75

HEFT 99
Prof. Dr.-Ing. G. Garbotz, Aachen
Der Kraft- und Arbeitsaufwand sowie die Leistungen beim Biegen von Bewehrungsstählen in Abhängigkeit von den Abmessungen, den Formen und der Güte der Stähle (Ermittlung von Leistungsrichtlinien)
1955, 136 Seiten, 53 Abb., 3 Anlagen, 18 Tabellen, DM 30,—

HEFT 100
Prof. Dr.-Ing. H. Opitz, Aachen
Untersuchungen von elektrischen Antrieben, Steuerungen und Regelungen an Werkzeugmaschinen
1955, 166 Seiten, 71 Abb., 3 Tabellen, DM 31,30

HEFT 101
Prof. Dr.-Ing. H. Opitz, Aachen
Wirtschaftlichkeitsbetrachtungen beim Außenrundschleifen
1955, 100 Seiten, 56 Abb., 3 Tabellen, DM 19,30

HEFT 102
Dr. P. Hölemann, Ing. R. Hasselmann und Ing. G. Dix, Dortmund
Untersuchungen über die thermische Zündung von explosiblen Acetylenzersetzungen in Kapillaren
1954, 44 Seiten, 5 Abb., 4 Tabellen, DM 8,60

HEFT 103
Prof. Dr. W. Weizel, Bonn
Durchführung von experimentellen Untersuchungen über den zeitlichen Ablauf von Funken in komprimierten Edelgasen sowie zu deren mathematischen Berechnung
1955, 46 Seiten, 12 Abb., DM 9,10

HEFT 104
Prof. Dr. W. Weizel, Bonn
Über den Einfluß der Elektroden auf die Eigenschaften von Cadmium-Sulfid-Widerstands-Photozellen
1955, 48 Seiten, 12 Abb., DM 9,45

HEFT 105
Dr.-Ing. R. Meldau, Harsewinkel/Westf.
Auswertung von Gekörn — Analysen des Musterstaubes „Flugasche Fortuna I"
1955, 42 Seiten, 14 Abb., DM 8,50

HEFT 106
ORR. Dr.-Ing. W. Küch, Dortmund
Untersuchungen über die Einwirkung von feuchtigkeitsgesättigter Luft auf die Festigkeit von Leimverbindungen
1954, 60 Seiten, 10 Abb., 6 Tabellen, DM 11,40

HEFT 107
Prof. Dr. H. Lange und Dipl.-Phys. P. St. Pütter, Köln
Über die Konstruktion von Laboratoriumsmagneten
1955, 66 Seiten, 19 Abb., 1 Tabelle, DM 12,30

HEFT 108
Prof. Dr. W. Fuchs, Aachen
Untersuchungen über neue Beizmethoden und Beizabwässer
I. Die Entzunderung von Drähten mit Natriumhydrid
II. Die Aufbereitung von Beizabwässern
1955, 82 S., 15 Abb., 14 Tabellen, 1 Falttafel, DM 15,25

HEFT 109
Dr. P. Hölemann und Ing. R. Hasselmann, Dortmund
Untersuchungen über die Löslichkeit von Azetylen in verschiedenen organischen Lösungsmitteln
1954, 42 Seiten, 10 Abb., 8 Tabellen, DM 8,30

HEFT 110
Dr. P. Hölemann und Ing. R. Hasselmann, Dortmund
Untersuchungen über den Druckverlauf bei der explosiblen Zersetzung von gasförmigem Azetylen
1955, 54 Seiten, 10 Abb., 5 Tabellen, DM 11,—

HEFT 111
Fachverband Steinzeugindustrie, Köln
Die Entwicklung eines Gerätes zur Beschickung seitlicher Feuer von Steinzeug-Einzelkammeröfen mit festen Brennstoffen
1955, 46 Seiten, 16 Abb., DM 9,40

HEFT 112
Prof. Dr.-Ing. H. Opitz, Aachen
Verschleißmessungen beim Drehen mit aktivierten Hartmetallwerkzeugen
1954, 44 Seiten, 17 Abb., 6 Tabellen, DM 8,80

HEFT 113
Prof. Dr. O. Graf, Dortmund
Erforschung der geistigen Ermüdung und nervösen Belastung: Studien über die vegetative 24-Stunden-Rhythmik in Ruhe und unter Belastung
1955, 40 Seiten, 12 Abb., DM 8,20

HEFT 114
Prof. Dr. O. Graf, Dortmund
Studien über Fließarbeitsprobleme an einer praxisnahen Experimentieranlage
1954, 34 Seiten, 6 Abb., DM 7,—

HEFT 115
Prof. Dr. O. Graf, Dortmund
Studium über Arbeitspausen in Betrieben bei freier und zeitgebundener Arbeit (Fließarbeit) und ihre Auswirkung auf die Leistungsfähigkeit
1955, 50 Seiten, 13 Abb., 2 Tabellen, DM 9,80

HEFT 116
Prof. Dr.-Ing. E. Siebel und Dr.-Ing. H. Weiss, Stuttgart
Untersuchungen an einigen Problemen des Tiefziehens — I. Teil
1955, 74 Seiten, 50 Abb., 5 Tabellen, DM 14,50

HEFT 117
Dr.-Ing. H. Beißwänger, Stuttgart, und Dr.-Ing. S. Schwandt, Trier
Untersuchungen an einigen Problemen des Tiefziehens — II. Teil
1955, 92 Seiten, 34 Abb., 8 Tabellen, DM 17,70

HEFT 118
Prof. Dr. E. A. Müller und Dr. H. G. Wenzel, Dortmund
Neuartige Klima-Anlage zur Erzeugung ungleicher Luft- und Strahlungstemperaturen in einem Versuchsraum
1955, 68 Seiten, 10 z. T. mehrfarb. Abb., DM 14,—

HEFT 119
Dr.-Ing. O. Viertel, Krefeld
Wäscherei- und energietechnische Untersuchung einer Gemeinschafts-Waschanlage
1955, 50 Seiten, 18 Abb., DM 10,20

HEFT 120
Dipl.-Ing. A. Weisbecker, Lüdenscheid
Über Anfressung an Reinstaluminium-Schweißnähten bei der elektrolytischen Oxydation
Gebr. Hörstermann GmbH., Velbert
Entwicklung und Erprobung eines neuartigen Gummibandförderers
1955, 46 Seiten, 18 Abb., DM 9,70

HEFT 121
Dr. H. Krebs, Bonn
I. Die Struktur und die Eigenschaften der Halbmetalle
II. Die Bestimmung der Atomverteilung in amorphen Substanzen
III. Die chemische Bindung in anorganischen Festkörpern und das Entstehen metallischer Eigenschaften
1955, 124 Seiten, 36 Abb., 13 Tabellen, DM 22,90

HEFT 122
Prof. Dr. W. Fuchs, Aachen
Untersuchungen zur Verbesserung der Wasseraufbereitung und Wasseranalyse:
Über die Schnellbewertung von Ionenaustauscher
1955, 62 Seiten, 32 Abb., DM 12,30

HEFT 123
Dipl.-Ing. J. Emondts, Aachen
Über Bodenverformungen bei stark gestörtem und mächtigem, wasserführendem Deckgebirge im Aachener Steinkohlengebiet
1955, 196 Seiten, 37 Abb., 10 Tabellen, DM 28,80

HEFT 124
Prof. Dr. R. Seyffert, Köln
Wege und Kosten der Distribution der Hausratwaren im Lande Nordrhein-Westfalen
1955, 74 Seiten, 25 Tabellen, DM 9,—

HEFT 125
Prof. Dr. E. Kappler, Münster
Eine neue Methode zur Bestimmung von Kondensations-Koeffizienten von Wasser
1955, 46 Seiten, 11 Abb., 1 Tabelle, DM 9,10

HEFT 126
Prof. Dr.-Ing. J. Mathieu, Aachen
Arbeitszeitvergleich
Grundlagen, Methodik und praktische Durchführung
1955, 70 Seiten, DM 13,—

HEFT 127
Güteschutz Betonstein e. V., Arbeitskreis Nordrhein-Westfalen, Dortmund
Die Betonwaren-Gütesicherung im Lande Nordrhein-Westfalen
1955, 58 Seiten, 15 Abb., 3 Tabellen, DM 11,50

HEFT 128
Prof. Dr. O. Schmitz-DuMont, Bonn
Untersuchungen über Reaktionen in flüssigem Ammoniak
1955, 96 Seiten, 11 Abb., 6 Tabellen, DM 17,75

HEFT 129
Prof. Dr.-Ing. J. Mathieu und Dr. C. A. Roos, Aachen
Die Anlernung von Industriearbeitern
I. Ergebnisse einer grundsätzlichen Untersuchung der gegenwärtigen Industriearbeiter-Kurzanlernung
1955, 106 Seiten, DM 19,70

HEFT 130
Prof. Dr.-Ing. J. Mathieu und Dr. C. A. Roos, Aachen
Die Anlernung von Industriearbeitern
II. Beiträge zur Methodenfrage der Kurzanlernung
1955, 108 Seiten, DM 19,90

HEFT 131
Dr. W. Hoerburger, Köln
Versuche zur Biosynthese von Eiweiß aus Kohlenwasserstoff
1955, 34 Seiten, 2 Abb. DM 6,90

HEFT 132
Prof. Dr. W. Seith, Münster
Über Diffusionserscheinungen in festen Metallen
1955, 42 Seiten, 19 Abb., 4 Tabellen, DM 9,10

HEFT 133
Prof. Dr. E. Jenckel, Aachen
Über einen für Schwermetalle selektiven Ionenaustauscher
1955, 48 Seiten, 8 Abb., 13 Tabellen, DM 9,50

HEFT 134
Prof. Dr.-Ing. H. Winterhager, Aachen
Über die elektrochemischen Grundlagen der Schmelzfluß-Elektrolyse von Bleisulfid in geschmolzenen Mischungen mit Bleichlorid
1955, 54 Seiten, 20 Abb., 5 Tabellen, DM 11,80

HEFT 135
Prof. Dr.-Ing. K. Krekeler und Dr.-Ing. H. Peukert, Aachen
Die Änderung der mechanischen Eigenschaften thermoplastischer Kunststoffe durch Warmrecken
1955, 54 Seiten, 27 Abb., DM 11,10

HEFT 136
Dipl.-Phys. P. Pilz, Remscheid
Über spezielle Probleme der Zerkleinerungstechnik von Weichstoffen
1955, 58 Seiten, 19 Abb., 2 Tabellen, DM 11,50

HEFT 137
Prof. Dr. W. Baumeister, Münster
Beiträge zur Mineralstoffernährung der Pflanzen
1955, 64 Seiten, 6 Tabellen, DM 11,80

HEFT 138
Dr. P. Hölemann und Ing. R. Hasselmann, Dortmund
Untersuchungen über die Zersetzungswärme von gasförmigem und in Azeton gelöstem Azetylen
1955, 54 Seiten, 8 Abb., 7 Tabellen, DM 10,40

HEFT 139
Prof. Dr. W. Fuchs, Aachen
Studien über die thermische Zersetzung der Kohle und die Kohlendestillatprodukte
1955, 64 Seiten, 20 Abb., 22 Tabellen, DM 11,80

HEFT 140
Dr.-Ing. G. Hausberg, Essen
Modellversuche an Zyklonen
1955, 78 Seiten, 24 Abb., DM 15,70

HEFT 141
Dr. J. van Calker und Dr. R. Wienecke, Münster
Untersuchungen über den Einfluß dritter Analysenpartner auf die spektrochemische Analyse
1955, 42 Seiten, 15 Abb., DM 9,10

HEFT 142
Dipl.-Ing. G. M. F. Wiebel, Hannover, A. Konermann und A. Ottenheym, Sennelager
Entwicklung eines Kalksandleichtsteines
1955, 38 Seiten, 4 Abb., DM 8,—

HEFT 143
Prof. Dr. F. Wever, Dr. A. Rose und Dipl.-Ing. W. Straßburg, Düsseldorf
Härtbarkeit und Umwandlungsverhalten der Stähle
1955, 50 Seiten, 12 Abb., 3 Tabellen, DM 10,70

HEFT 144
Prof. Dr. H. Wurmbach, Bonn
Steuerung von Wachstum und Formbildung
1955, 48 Seiten, 19 Abb., DM 10,30

HEFT 145
Dr. G. Hennemann, Werdohl (Westf.)
Beitrag zur Interpretation der modernen Atomphysik
1955, 34 Seiten, DM 10,—

HEFT 146
Dr.-Ing. F. Gruß, Düsseldorf
Sterilisation mit Heißluft
1955, 34 Seiten, 10 Abb., DM 7,70

HEFT 147
Dr.-Ing. W. Rudisch, Unna
Untersuchung einer drehelastischen Elektromagnet-Synchronkupplung
1955, 82 Seiten, 65 Abb., DM 17,70

HEFT 148
Prof. Dr. H. Bittel u. Dipl.-Phys. L. Storm, Münster
Untersuchungen über Widerstandsrauschen
1955, 40 Seiten, 5 Abb., DM 8,40

HEFT 149
Dipl.-Ing. K. Konopicky und Dipl.-Chem. P. Kampa, Bonn
I. Beitrag zur flammenphotometrischen Bestimmung des Calciums.
Dr.-Ing. K. Konopicky, Bonn
II. Die Wanderung von Schlackenbestandteilen in feuerfesten Baustoffen
1955, 54 Seiten, 10 Abb., 5 Tabellen, DM 11,—

HEFT 150
Prof. Dr.-Ing. O. Kienzle und Dipl.-Ing. W. Timmerbeil, Hannover
Das Durchziehen enger Kragen an ebenen Fein- und Mittelblechen
1955, 52 Seiten, 20 Abb., 8 Tabellen, DM 11,30

HEFT 151
Dipl.-Ing. P. Karabasch, Aachen
Feststellung des optimalen Gasgehaltes von Bronzen zur Erzielung druckdichter Gußstücke
1956, 64 Seiten, 31 Abb., 5 Tabellen, DM 13,90

HEFT 152
Dipl.-Ing. G. Müller, Köln
Ermittlung der Laufeigenschaften (Vergießbarkeit) von Bronze und Rotguß mittels der Schneider-Gießspirale
1955, 60 Seiten, 33 Abb., DM 13,30

HEFT 153
Prof. Dr. F. Wever, Dr.-Ing. W. A. Fischer und Dipl.-Ing. J. Engelbrecht, Düsseldorf
I. Die Reduktion sauerstoffhaltiger Eisenschmelzen im Hochvakuum mit Wasserstoff und Kohlenstoff
II. Einfluß geringer Sauerstoffgehalte auf das Gefüge und Alterungsverhalten von Reineisen
1955, 54 Seiten, 15 Abb., 2 Tabellen, DM 12,40

HEFT 154
Prof. Dr.-Ing. P. Bardenheuer und Dr.-Ing. W. A. Fischer, Düsseldorf
Die Verschlackung von Titan aus Stahlschmelzen im sauren und basischen Hochfrequenzofen unter verschiedenen Schlacken
1955, 36 Seiten, 10 Abb., 1 Tabelle, DM 7,95

HEFT 155
Dipl.-Phys. K. H. Schirmer, München
Die auf Grau abgestimmte Farbwiedergabe beim Dreifarbenbuchdruck
1955, 46 Seiten, 17 Abb., 2 Farbtafeln, DM 10,—

HEFT 156
Prof. Dr.-Ing. B. von Borries und Mitarbeiter, Düsseldorf
Die Entwicklung regelbarer permanentmagnetischer Elektronenlinsen hoher Brechkraft und eines mit ihnen ausgerüsteten Elektronenmikroskopes neuer Bauart
1956, 102 Seiten, 52 Abb., DM 22,55

HEFT 157
Dr. W. Jawtusch, Dr. G. Schuster und Prof. Dr.-Ing. R. Jaeckel, Bonn
Untersuchungen über die Stoßvorgänge zwischen neutralen Atomen und Molekülen
1955, 48 Seiten, 15 Abb., 3 Tabellen, DM 10,50

HEFT 158
Dipl.-Ing. W. Rosenkranz, Meinerzhagen
Ein Beitrag zum Problem der Spannungskorrosion bei Preßprofilen und Preßteilen aus Aluminium-Legierungen
1956, 112 Seiten, 61 Abb., 5 Tabellen, DM 27,40

HEFT 159
Dr.-Ing. O. Viertel und O. Oldenroth, Krefeld
Das Bleichen von Weißwäsche mit Wasserstoffsuperoxyd bzw. Natriumhypochlorit beim maschinellen Waschen
1955, 54 Seiten, 23 Abb., 2 Tabellen, DM 11,45

HEFT 160
Prof. Dr. W. Klemm, Münster
Über neue Sauerstoff- und Fluor-haltige Komplexe
1955, 50 Seiten, 13 Abb., 7 Tabellen, DM 10,80

HEFT 161
Prof. Dr. W. Weltzien und Dr. G. Hauschild, Krefeld
Über Silikone und ihre Anwendung in der Textilveredlung
1955, 162 Seiten, 22 Abb., 10 Tabellen, DM 27,—

HEFT 162
Prof. Dr. F. Wever, Prof. Dr. A. Kochendörfer und Dr.-Ing. Chr. Rohrbach, Düsseldorf
Kennzeichnung der Sprödbruchneigung von Stählen durch Messung der Fließspannung, Reißspannung und Brucheinschnürung an dreiachsig beanspruchten Proben *1955, 58 Seiten, 26 Abb., DM 13,—*

HEFT 163
Dipl.-Ing. W. Rohs und Text.-Ing. H. Griese, Bielefeld
Untersuchungsarbeiten zur Verbesserung des Leinenwebstuhls III
1955, 80 Seiten, 15 Abb., 18 Tabellen, DM 15,80

HEFT 164
Dr.-Ing. H. Schmachtenberg, Köln
Neuartige Prüfeinrichtungen für Kraftfahrzeuge
1955, 44 Seiten, 23 Abb., DM 9,60

HEFT 165
Dr.-Ing. W. Wilhelm, Aachen
Instationäre Gasströmung im Auspuffsystem eines Zweitaktmotors
1955, 62 Seiten, 31 Abb., 8 Tabellen, DM 13,60

HEFT 166
Prof. Dr. M. v. Stackelberg, Dr. H. Heindze, Dr. H. Hübschke und Dr. K. H. Frangen, Bonn
Kolloidchemische Untersuchungen
1955, 106 Seiten, 8 Abb., 13 Tabellen, DM 21,25

HEFT 167
Prof. Dr.-Ing. F. Schuster, Essen
I. Über die Heißkarburierung von Brenngasen mit Ölen und Teeren
II. Die Strahlungsvorgänge in brennstoffbeheizten Öfen bei verschiedenen Verbrennungsatmosphären
1955, 38 Seiten, 8 Abb., DM 8,30

HEFT 168
Prof. Dr.-Ing. F. Schuster, Essen
I. Luftvorwärmung an Gasfeuerungen
II. Heizwerthöhe von Brenngasen und Wirkungsgrad sowie Gasverbrauch bei der Gasverwendung
III. Sauerstoffangereicherte Luft und feuerungstechnische Kenngrößen von Brenngasen
1955, 60 Seiten, 18 Abb., DM 12,50

HEFT 169
Forschungsinstitut für Pigmente und Lacke, Stuttgart
Arbeiten über die Bestimmung des Gebrauchswertes von Lackfilmen durch physikalische Prüfungen
1955, 70 Seiten, 23 Abb., 4 Tabellen, DM 15,—

HEFT 170
Prof. Dr. F. Wever, Dr. A. Rose und Dipl.-Ing L. Rademacher, Düsseldorf
Anwendung der Umwandlungsschaubilder auf Fragen der Werkstoffauswahl beim Schweißen und Flammhärten *1955, 64 Seiten, 25 Abb., DM 13,70*

WESTDEUTSCHER VERLAG · KÖLN UND OPLADEN

HEFT 171
Wäschereiforschung Krefeld
Untersuchung der Wäscheentwässerung mit Hilfe von Zentrifugen und Pressen
1955, 42 Seiten, 16 Abb., 4 Tabellen, DM 9,70

HEFT 172
Dipl.-Ing. W. Rohs, Dr.-Ing. G. Satlow und Text.-Ing. G. Heller, Bielefeld
Trocknung von Hanfgarnen. Kreuzspultrocknung
1955, 60 Seiten, 7 Abb., 4 Tabellen, DM 10,30

HEFT 173
Prof. Dr. R. Hosemann und Dipl.-Phys. G. Schoknecht, Berlin, vorgelegt von Prof. Dr. W. Kast, Krefeld
Lichtoptische Herstellung und Diskussion der Faltungsquadrate parakristalliner Gitter
1956, 108 Seiten, 63 Abb., 6 Tabellen, DM 24,70

HEFT 174
Prof. Dr. W. von Fragstein, Dr. J. Meingast und H. Hoch, Köln
Herstellung von Solen einheitlicher Teilchengröße und Ermittlung ihrer optischen Eigenschaften
1955, 78 Seiten, 80 Abb., 4 Tabellen, DM 18,25

HEFT 175
Dr.-Ing. H. Zeller, Aachen
Beitrag zur eindimensionalen stationären und nichtstationären Gasströmung mit Reibung und Wärmeleitung, insbesondere in Rohren mit unstetigen Querschnittsänderungen.
1956, 138 Seiten, 56 Abb., DM 29,30

HEFT 176
Dipl.-Ing. H. Schöberl, Duisburg
Über die Methoden zur Ermittlung der Verbrennungstemperatur von Brennstoffen und ein Vorschlag zu ihrer Verbesserung
1955, 30 Seiten, 3 Abb., DM 6,50

HEFT 177
Dipl.-Ing. H. Stüdemann, Solingen, und Dr.-Ing. W. Müchler, Essen
Entwicklung eines Verfahrens zur zahlenmäßigen Bestimmung der Schneideigenschaften von Messerklingen
1956, 104 Seiten, 68 Abb., 4 Tabellen, DM 22,20

HEFT 178
Prof. Dr. M. von Stackelberg u. Dr. W. Hans, Bonn
Untersuchungen zur Ausarbeitung und Verbesserung von polarographischen Analysenmethoden
1955, 46 Seiten, 14 Abb., DM 10,50

HEFT 179
Dipl.-Ing. H. F. Reineke, Bochum
Entwicklungsarbeiten auf dem Gebiete der Meß- und Regeltechnik
1955, 46 Seiten, 10 Abb., DM 10,—

HEFT 180
Dr.-Ing. W. Piepenburg, Dipl.-Ing. B. Bühling und Bauing. J. Behnke, Köln
Putzarbeiten im Hochbau und Versuche mit aktiviertem Mörtel und mechanischem Mörtelauftrag
1955, 116 Seiten, 31 Abb., 68 Tabellen, DM 23,—

HEFT 181
Prof. Dr. W. Franz, Münster
Theorie der elektrischen Leitvorgänge in Halbleitern und isolierenden Festkörpern bei hohen elektrischen Feldern
1955, 28 Seiten, 2 Abb., 1 Tabelle, DM 6,20

HEFT 182
Dr.-Ing. P. Schenk u. Dr. K. Osterloh, Düsseldorf
Katalytisch-thermische Spaltung von gasförmigen und flüssigen Kohlenwasserstoffen zur Spitzengaserzeugung
1955, 50 Seiten, 11 Abb., 11 Tabellen, DM 10,90

HEFT 183
Dr. W. Bornheim, Köln
Entwicklungsarbeiten an Flaschen- und Ampullen-Behandlungsmaschinen für die pharmazeutische Industrie
1956, 48 Seiten, 24 Abb., DM 11,70

HEFT 184
Dr.-Ing. E. Printz, Kettwig
Vollhydraulische Parallel-Kupplung für Ackerschlepper
1955, 32 Seiten, 4 Abb., DM 7,80

HEFT 185
Dipl.-Ing. W. Rohs und Text.-Ing. G. Heller, Bielefeld
Studien an einem neuzeitlichen Kreuzspultrockner für Bastfasergarne mit Wiederbefeuchtungszone
1955, 52 Seiten, 9 Abb., 3 Tabellen, DM 10,70

HEFT 186
Dr. E. Wedekind, Krefeld
Untersuchungen zur Arbeitsbestgestaltung bei der Fertigstellung von Oberhemden in gewerblichen Wäschereien
1955, 124 Seiten, 28 Abb., 6 Tabellen, 2 Falttaf., DM 12,—

HEFT 187
Dipl.-Ing. F. Göttgens, Essen
Über die Eigenarten der Bimetall-, Thermo- und Flammenionisationssicherungsmethode in ihrer Anwendung auf Zündsicherungen
1955, 40 Seiten, 6 Abb., 4 Tabellen, DM 8,40

HEFT 188
W. Kinnebrock, Langenberg (Rhld.)
Der Einfluß des Austausches gleicher Gaskochbrenner bzw. Gaskochbrennerteile auf den Wirkungsgrad und insbesondere auf den CO-Gehalt der Verbrennungsgase
1955, 42 Seiten, 7 Tabellen, DM 8,70

HEFT 189
Fa. E. Leybold's Nachfolger, Köln
I. Ausgewählte Kapitel aus der Vakuumtechnik
II. Zum Verlust anorganisch-nichtflüchtiger Substanzen während der Gefriertrocknung
1955, 52 Seiten, 16 Abb., 3 Tabellen, DM 11,20

HEFT 190
Prof. Dr. A. Neuhaus, Prof. Dr. O. Schmitz-DuMont und Dipl.-Chem. H. Reckhard, Bonn
Zur Kenntnis der Alkalititanate
1955, 60 Seiten, 13 Abb., 1 Tabelle, DM 12,20

HEFT 191
Dr. H. Söhngen, Darmstadt
Schwingungsverhalten eines Schaufelkranzes im Vakuum
1955, 36 Seiten, 7 Abb., DM 7,80

HEFT 192
Dipl.-Phys. E. M. Schneider, München
Kohlebogenlampen für Aufnahme und Kopie
1955, 48 Seiten, 21 Abb., 3 Tabellen, DM 10,60

HEFT 193
Prof. Dr. O. Schmitz-DuMont, Bonn
Untersuchungen über neue Pigmentfarbstoffe
1956, 50 Seiten, 16 Abb., 8 Tabellen, DM 11,20

HEFT 194
Dr. K. Hecht, Köln
Entwicklung neuartiger physikalischer Unterrichtsgeräte
1955, 42 Seiten, 16 Abb., DM 9,90

HEFT 195
Dr.-Ing. E. Rößger, Köln
Gedanken über einen neuen deutschen Luftverkehr
1955, 342 Seiten, 29 Abb., 122 Tabellen, DM 50,—

HEFT 196
Dipl.-Ing. W. Rohs und Text.-Ing. H. Griese, Bielefeld
Auswirkungen von Garnfehlern bei der Verarbeitung von Leinengarnen
1955, 36 Seiten, 3 Abb., 6 Tabellen, DM 7,80

HEFT 197
Dr. E. Wedekind, Krefeld
Untersuchungen zur Bestimmung der optimalen Arbeitsplatzgröße bei Mehrstuhlarbeit in der Weberei
1955, 92 Seiten, 34 Abb., DM 18,50

HEFT 198
Prof. Dr. J. Weissinger, Karlsruhe
Zur Aerodynamik des Ringflügels. Die Druckverteilung dünner, fast drehsymmetrischer Flügel in Unterschallströmung
1955, 42 Seiten, 5 Abb., DM 9,—

HEFT 199
Textilforschungsanstalt Krefeld
Die Messung von Gewebetemperaturen mittels Temperaturstrahlung
1955, 50 Seiten, 12 Abb., DM 10,90

HEFT 200
R. Seipenbusch, Langenberg (Rhld.)
Spitzengas durch Zusatz von Flüssiggas-Wassergas- und Flüssiggas-Generatorgas-Gemischen zu Stadtgas
1955, 48 Seiten, 21 Tabellen, DM 10,35

HEFT 201
Dr.-Ing. E. W. Pleines, Frankfurt/Main
Die Sicherheit im Luftverkehr
1956, 194 Seiten, 39 Abb., 19 Tabellen, DM 39,50

HEFT 202
Dipl.-Ing. D. Fiecke, Stuttgart/Zuffenhausen
Die Bestimmung der Flugzeugpolaren für Entwurfszwecke. I Teil: Unterlagen
1956, 216 Seiten, 171 Diagr., DM 59,70

HEFT 203
Dr. G. Wandel, Bonn
Uferbewachsung und Lebendverbauung an den Nordwestdeutschen Kanälen und ihren Zuflüssen sowie an der Ruhr
1956, 122 Seiten, 88 Abb., DM 25,70

HEFT 204
Dipl.-Ing. B. Naendorf, Langenberg (Rhld.)
Bestimmung der Brenneigenschaften und des Brennverhaltens verschiedener Gasarten und Einfluß verschiedener Düsengestaltung
1955, 32 Seiten, DM 7,10

HEFT 205
Dr. C. Schaarwächter, Düsseldorf
Über plastische Kupfer-Eisen-Phosphor-Legierungen
1956, 36 Seiten, 10 Abb., 10 Tabellen, DM 8,30

HEFT 206
Dr. P. Hölemann, Ing. R. Hasselmann und Ing. G. Dix, Dortmund
Untersuchungen über die Vorgänge bei der Zersetzung von in Azeton gelöstem Azetylen
1956, 74 Seiten, 7 Abb., 7 Tabellen, DM 15,55

HEFT 207
Prof. Dr.-Ing. H. Opitz, Dipl.-Ing. K. H. Fröhlich und Dipl.-Ing. H. Siebel, Aachen
Richtwerte für das Fräsen von unlegierten und legierten Baustählen mit Hartmetall. I. Teil
1956, 48 Seiten, 27 Abb., 3 Tabellen, DM 11,10

HEFT 208
Prof. Dr.-Ing. H. Müller, Essen
Untersuchung von Elektrowärmegeräten für Laienbedienung hinsichtlich Sicherheit und Gebrauchsfähigkeit. I. Untersuchungen an Kochplatten
1956, 100 Seiten, 76 Abb., 7 Tabellen, DM 22,70

HEFT 209
Dr. K. Bunge, Leverkusen
Materialabbau in Funkenentladungen. Untersuchungen an Zinkkathoden
1956, 54 Seiten, 10 Abb., 5 Tabellen, DM 11,40

HEFT 210
Dr. W. Porschen und Prof. Dr. W. Riezler, Bonn
Langlebige Alphaaktivitäten bei natürlichen Elementen
1955, 40 Seiten, 5 Abb., 4 Tabellen, DM 8,80

HEFT 211
Prof. Dipl.-Ing. W. Sturtzel und Dr.-Ing. W. Graff, Duisburg
Die Versuchsanstalt für Binnenschiffbau, Duisburg
1956, 48 Seiten, 22 Abb., 11,—

HEFT 212
Dipl.-Ing. H. Spodig, Selm
Untersuchung zur Anwendung der Dauermagnete in der Technik
1955, 44 Seiten, 25 Abb., DM 9,80

HEFT 213
Dipl.-Ing. K. F. Rittinghaus, Aachen
Zusammenstellung eines Meßwagens für Bau- und Raumakustik
1957, 96 Seiten 17 Abb., 7 Tabellen DM 19,80

HEFT 214
Dr.-Ing. J. Endres, München
Berechnung der optimalen Leistungen, Kraftstoffverbräuche und Wirkungsgrade von Einkreis-Turbolader-Strahltriebwerken am Boden und in der Höhe bei Fluggeschwindigkeiten von 0—2000 km/h
1956, 72 Seiten, 18 Abb., 8 Tabellen, DM 15,40

HEFT 215
Prof. Dr.-Ing. H. Opitz und Dr.-Ing. G. Weber, Aachen
Einfluß der Wärmebehandlung von Baustählen auf Spanentstehung, Schnittkraft- und Standzeitverhalten
1956, 80 Seiten, 30 Abb., 10 Tabellen, DM 18,40

HEFT 216
Dr. E. Kloth, Köln
Untersuchungen über die Ausbreitung kurzer Schallimpulse bei der Materialprüfung mit Ultraschall
1956, 90 Seiten, 60 Abb., 4 Tabellen, DM 19,40

HEFT 217
Rationalisierungskuratorium der Deutschen Wirtschaft (RKW), Frankfurt/Main
Typenvielzahl bei Haushaltgeräten und Möglichkeiten einer Beschränkung
1956, 328 Seiten, 2 Abb., 181 Tabellen, DM 49,50

HEFT 218
Dr. F. Keune, Aachen
Bericht über eine Theorie der Strömung um Rotationskörper ohne Anstellung bei Machzahl Eins
1955, 40 Seiten, 8 Abb., 5 Formelblätter, DM 8,80

WESTDEUTSCHER VERLAG · KÖLN UND OPLADEN

HEFT 219
Prof. Dr. W. Fuchs, Aachen
Untersuchungen zur Holzabfallverwertung und zur Chemie des Lignins
1955, 54 Seiten, 11 Abb., 15 Tabellen DM 11,40

HEFT 220
Prof. Dr. W. Fuchs, Aachen
Die Entwicklung neuer Regel- und Kontroll-Apparate zur coulometrischen Analyse
1956, 76 Seiten, 17 Abb. 23 Tabellen, DM 15,50

HEFT 221
Dr. W. Meyer-Eppler, Bonn
Experimentelle Untersuchungen zum Mechanismus von Stimme und Gehör in der lautsprachlichen Kommunikation *1955, 56 Seiten, 24 Abb., DM 13,45*

HEFT 222
Dr. L. Köllner, Münster, und Dipl.-Volkswirt M. Kaiser, Bochum
Die internationale Wettbewerbsfähigkeit der westdeutschen Wollindustrie *1956, 214 Seiten, DM 39,50*

HEFT 223
Dr.-Ing. K. Alberti und Dr. F. Schwarz, Köln
Über das Problem Hartbrand-Weichbrand
1956, 54 Seiten, 25 Abb., 14 Tabellen, DM 12,10

HEFT 224
Dipl.-Ing. H. Stüdemann und Ing. R. Beu, Solingen
Verfahren zur Prüfung der Korrosionsbeständigkeit von Messerklingen aus rostfreiem Stahl
1956, 82 Seiten, 28 Abb., DM 16,90

HEFT 225
Dr.-Ing. E. Barz, Remscheid
Der Spannungszustand von Gattersägeblättern
1956, 74 Seiten, 54 Abb., DM 16,50

HEFT 226
Technisch-wissenschaftliches Büro für die Bastfaserindustrie, Bielefeld
Untersuchungen zur Verbesserung des Leinenwebstuhles IV
Die Wirkung verschiedener Kettbaumbremsen auf die Verwebung von Leinengarnen
1956, 64 Seiten, 9 Abb., 4 Tabellen, DM 13,50

HEFT 227
Prof. Dr. F. Wever, Düsseldorf und Dr. W. Wepner, Köln
Untersuchung der Alterungsneigung von weichen unlegierten Stählen durch Härteprüfung bei Temperaturen bis 300 Grad C
1956, 34 Seiten, 20 Abb., 3 Tabellen, DM 7,95

HEFT 228
Prof. Dr. F. Wever, Dr. W. Koch, Düsseldorf, und Dr. B. A. Steinkopf, Dortmund
Spektrochemische Grundlagen der Analyse von Gemischen aus Kohlenmonoxyd, Wasserstoff und Stickstoff *1956, 42 Seiten, 18 Abb., 1 Tabelle, DM 9,90*

HEFT 229
Prof. Dr. F. Wever, Dr. W. Koch und Dr.-Ing. H. Malissa, Düsseldorf
Über die Anwendung disubstituierter Dithiocarbamate der analytischen Chemie
1956, 44 Seiten, 30 Abb., 5 Tabellen, DM 10,50

HEFT 230
Prof. Dr. F. Wever, Düsseldorf, und Dr. W. Wepner, Köln
Bestimmung kleiner Kohlenstoffgehalte im Alpha-Eisen durch Dämpfungsmessung
1956, 34 Seiten, 5 Abb., 2 Tabellen, DM 7,70

HEFT 231
Dr.-Ing. W. Küch, Dortmund
Über die Wechselwirkung zwischen Holzschutzbehandlung und Verleimung
1956, 48 Seiten, 10 Abb., 8 Tabellen, DM 10,40

HEFT 232
Prof. Dr.-Ing. O. Kienzle, Hannover, und Dr.-Ing. H. Münnich, Schweinfurt
Feststellung der Spannungen und Dehnungen und Bruchdrehzahlen der unter Fliehkraft und Bearbeitungskraft beanspruchten Schleifkörper
in Vorbereitung

HEFT 233
Dr. H. Haase, Hamburg
Infrarot-Bibliographie *1956, 90 Seiten, DM 17,80*

HEFT 234
Dr.-Ing. K. G. Speith und Dr.-Ing. A. Bungeroth, Duisburg
Versuche zur Steigerung des Kokillen-Schluckvermögens beim Stranggießen von Stahl
1956, 26 Seiten, 5 Abb., DM 6,15

HEFT 235
Prof. Dr.-Ing. K. Leist und Dipl.-Ing. W. Dettmering, Aachen
Turbinenschaufeln aus Kunststoff für Kaltluftversuchsanlagen
1956, 46 Seiten, 43 Abb., 3 Tabellen, DM 12,30

HEFT 236
Dr.-Ing. O. Viertel und S. Lucas, Krefeld
Ergebnisse einer Hausfrauenbefragung über Wascheinrichtungen und Waschmethoden in städtischen Haushaltungen
1956, 34 Seiten, 4 Abb., DM 7,60

HEFT 237
Dr. P. Endler und Dr. H. Ludes, Köln
Bericht über eine Studienreise zur Orientierung der heutigen Behandlung der Lungentuberkulose in den Vereinigten Staaten von Nordamerika
1956, 32 Seiten, DM 7,10

HEFT 238
Institut für textile Meßtechnik, M.-Gladbach, e. V.
Untersuchungen der Verzugsvorgänge an den Streckwerken verschiedener Spinnereimaschinen. 3. Bericht: Theoretische Betrachtungen über den Einfluß schlagender Zylinder und Druckrollen
1956, 66 Seiten, 21 Abb., DM 14,10

HEFT 239
Prof. Dr.-Ing. K. Leist, Dipl.-Ing. H. Scheele, Aachen, und Dipl.-Ing. F. H. Flottmann, Herne
Versuche an einem neuartigen luftgekühlten Hochleistungs-Kolbenkompressor
1956, 72 Seiten, 19 Abb., 7 Tabellen, DM 14,40

HEFT 240
Prof. Dr.-Ing. K. Leist und Dipl.-Ing. H. Scheele, Aachen
Temperaturmessungen an einem einstufigen luftgekühlten 4-Zylinder-Kolbenkompressor mit Kühlgebläse *1956, 74 Seiten, 36 Abb., DM 14,80*

HEFT 241
Prof. Dr.-Ing. K. Leist und Dipl.-Ing. M. Pötke, Aachen
Leistungsversuche an einem Kühlluftgebläse
1956, 60 Seiten, 13 Abb., DM 11,70

HEFT 242
Prof. Dr.-Ing. K. Leist und Dipl.-Ing. K. Graf, Aachen
Straßenfahrzeuge mit Gasturbinenantrieb
1956, 82 Seiten, 63 Abb., DM 17,20

HEFT 243
Prof. Dr.-Ing. K. Leist und Dipl.-Ing. S. Förster, Aachen
Die französische Kleingasturbine Artouste — 1. Teil
1956, 80 Seiten, 41 Abb., DM 15,85

HEFT 244
Prof. Dr. F. Wever, Dr. W. Koch und Dr. S. Eckhard, Düsseldorf
Erfahrungen mit der spektrochemischen Analyse von Gefügebestandteilen des Stahles
1956, 32 Seiten, 8 Abb., 2 Tabellen, DM 7,80

HEFT 245
Prof. Dr.-Ing. habil. K. Krekeler, Aachen
Das Verbinden von Metallen durch Kunstharzkleber. Teil I: Eigenschaften und Verwendung der Metallklebstoffe *1956, 48 Seiten, 8 Abb., DM 10,25*

HEFT 246
Prof. Dr.-Ing. habil. K. Krekeler, Aachen
Das Verbinden von Metallen durch Kunstharzkleber. Teil II: Untersuchungen an geklebten Leichtmetall-Verbindungen *1956, 80 Seiten, 40 Abb., DM 17,50*

HEFT 247
Dr. H. Söhngen, Darmstadt
Strömung vor einem Überschall-Laufrad
1956, 26 Seiten, 4 Abb., DM 7,60

HEFT 248
Rheinische Aktiengesellschaft für Braunkohlenbergbau und Brikettfabrikation, Köln
Untersuchung der Bindemitteleigenschaften von Braunkohlenfilteraschen
1956, 176 Seiten, 26 Abb., 30 Tabellen, DM 35,60

HEFT 249
Dr. M.-E. Meffert, Essen
Weitere Kulturversuche Scenedesmus obliquus
1956, 36 Seiten, 5 Abb., 10 Tabellen, DM 8,—

HEFT 250
Dr. F. Schwarz und Dr.-Ing. K. Alberti, Köln
Entwicklung von Untersuchungsverfahren zur Gütebeurteilung von Industriekalken
1956, 36 Seiten, 9 Abb., DM 16,50

HEFT 251
Prof. Dr. H. Bittel, Münster
Zur Statistik der ferromagnetischen Elementarvorgänge und ihren Einfluß auf das Barkhausenrauschen
1956, 52 Seiten, 14 Abb., DM 11,65

HEFT 252
Dipl.-Ing. H. Frings, Geilenkirchen
Die Wirkung abfallender Wetterführung auf Wettertemperatur, Grubengasgehalt und Staubbildung
1957, 126 Seiten, 23 Abb., 13 Falttafeln, 38 Tab., DM 35,70

HEFT 253
Dipl.-Ing. S. Schirmanski, Berghausen
Stand und Auswertung der Forschungsarbeiten über Temperatur- und Feuchtigkeitsgrenzen bei der bergmännischen Arbeit
1957, 80 Seiten, 24 Abb., 12 Tab., DM 17,10

HEFT 254
Prof. Dr. R. Danneel, Bonn
Quantitative Untersuchungen über die Entwicklung des Ehrlich-Ascitestumors bei Inzuchtmäusen
1956, 52 Seiten, 17 Tabellen, DM 11,75

HEFT 255
Ing. B. v. Schlippe, Bad Nauheim
Strömung von Flüssigkeiten mit temperaturabhängiger Zähigkeit (Kühlung von Öfen)
1956, 54 Seiten, 12 Abb., 4 Tabellen, DM 11,70

HEFT 256
Prof. Dr. C. Schmieden und Dipl.-Math. K. H. Müller, Darmstadt
Die Strömung einer Quellstrecke im Halbraum — eine strenge Lösung der Navier-Stokes-Gleichungen
1956, 40 Seiten, 9 Abb., DM 8,80

HEFT 257
Prof. Dr. G. Lehmann und Dr. J. Tamm, Dortmund
Die Beeinflussung vegetativer Funktionen des Menschen durch Geräusche
1956, 48 Seiten, 25 Abb., 3 Tabellen, DM 11,20

HEFT 258
Dr. H. Paul, Linz (Rhein), und Prof. Dr. O. Graf, Dortmund
Zur Frage der Unfälle im Bergbau
1956, 52 Seiten, 9 Abb., 22 Tabellen, DM 11,20

HEFT 259
Prof. D. W. Linke, Aachen
Strömungsvorgänge in künstlich belüfteten Räumen
1956, 52 Seiten, 37 Abb., 1 Tabelle, DM 11,80

HEFT 260
Prof. Dr. W. Kast, Freiburg (Br.), Prof. Dr. A. H. Stuart und Dipl.-Phys. H. G. Fendler, Hannover
Lichtzerstreuungsmessungen an Lösungen hochpolymerer Stoffe
1956, 70 Seiten, 25 Abb., 5 Tabellen, DM 15,60

HEFT 261
Prof. Dr. W. Kast, Freiburg (Br.)
Feinstruktur-Untersuchungen an künstlichen Zellulosefasern verschiedener Herstellungsverfahren.
Teil II: Der Kristallisationszustand
1956, 80 Seiten, 27 Abb., 11 Tabellen, DM 17,20

HEFT 262
Dr.-Ing. W. Batel, Aachen
Untersuchungen zur Absiebung feuchter, feinkörniger Haufwerke und Schwingsieben
1956, 100 Seiten, 45 Abb., 5 Tabellen, DM 23,40

HEFT 263
Prof. Dr. H. Lange und Dipl.-Phys. R. Kohlhaas, Köln
Über die Wärmeleitfähigkeit von Stählen bei hohen Temperaturen: Teil I: Literaturbericht
1956, 48 Seiten, 26 Abb., 8 Tabellen, DM 10,70

HEFT 264
Prof. Dr. W. Weizel, Bonn
Durch schnelle Funkenzusammenbrüche ausgelöste Signale auf einer Leitung
1956, 26 Seiten, 4 Abb., 3 Tabellen, DM 6,10

HEFT 265
Prof. Dr. F. Micheel und Dr. R. Engel, Münster
Eine Apparatur zur elektrophoretischen Trennung von Stoffgemischen
1956, 38 Seiten, 21 Abb., DM 9,20

HEFT 266
Fliesen-Beratungsstelle Bad Godesberg-Mehlem
Güteeigenschaften keramischer Wand- und Bodenfliesen und deren Prüfmethoden
1956, 32 Seiten, DM 7,10

HEFT 267
Prof. Dr. W. Weizel und B. Brandt, Bonn
Zur Stabilität stromstarker Glimmentladungen
1956, 36 Seiten, 7 Abb., DM 8,40

WESTDEUTSCHER VERLAG · KÖLN UND OPLADEN

HEFT 268
Prof. Dr.-Ing. G. Vogelpohl, Göttingen
Über die Tragfähigkeit von Gleitlagern und ihre Berechnung
1956, 76 Seiten, 24 Abb., 7 Tabellen, DM 16,85

HEFT 269
Markscheider R. Bals, Bochum
Eignung des Gebirgsankerausbaus zur Erleichterung des Streckenvortriebs im Steinkohlenbergbau
1956, 84 Seiten, 41 Abb., DM 18,75

HEFT 270
Dr. H. Krebs und Mitarbeiter, Bonn
Die Trennung von Racematen auf chromatographischem Wege
1956, 62 Seiten, 18 Tabellen, DM 12,95

HEFT 271
Prof. Dr.-Ing. H. Opitz und Dipl.-Ing. H. Axer, Aachen
Beeinflussung des Verschleißverhaltens bei spanenden Werkzeugen durch flüssige und gasförmige Kühlmittel und elektrische Maßnahmen
1956, 46 Seiten, 28 Abb., DM 10,70

HEFT 272
Prof. Dr. W. Fuchs und Dr. H. Dresia, Aachen
Untersuchungen über die Schnellverbrennung und Schnellvergasung fester Brennstoffe
1956, 56 Seiten, 14 Abb., 3 Tabellen, DM 11,90

HEFT 273
Fa. K. W. Tacke G.m.b.H., Wuppertal-Barmen
Erfahrungen beim Verspinnen von Perlonfasern und bei der Herstellung von Trikotagen aus gesponnenem Perlon
1956, 36 Seiten, DM 7,90

HEFT 274
Prof. Dr.-Ing. K. Krekeler, Aachen
Qualitative Untersuchungen bei Verbindungsschweißungen mittels Lichtbogenschweißautomaten unter Verwendung von Blankdraht und Zugabe von ferromagnetischem Pulver als Umhüllung
1956, 68 Seiten, 40 Abb., 8 Tabellen, DM 15,45

HEFT 275
Prof. Dr.-Ing. habil. K. Krekeler, Aachen, und Dipl.-Ing. H. Verhoeven, Aachen
Quantitative Untersuchungen von Punktschweißverbindungen an Tiefzieh- und Aluminiumblechen, die nach dem Argonarc-Punktschweißverfahren hergestellt werden
1956, 64 Seiten, 45 Abb., DM 14,60

HEFT 276
Fa. E. Haage, Mülheim (Ruhr)
Entwicklungsarbeiten im Apparatebau für Laboratorien
1956, 48 Seiten, 18 Abb., DM 10,50

HEFT 277
Dr.-Ing. W. Müchler, Essen
Untersuchung und zahlenmäßige Bestimmung der Schneideigenschaften von Messern mit besonderer Berücksichtigung rostfreier Messerstähle
1956, 60 Seiten, 27 Abb., 5 Tabellen, DM 13,20

HEFT 278
Dipl.-Ing. J. Stelter und Dipl.-Ing. H. Kickert, Aachen
I. Sichtbarmachung von Ultraschallfeldern unter Verwendung photographischer Emulsionsschichten
II. Methode zur Bestimmung der wirklichen Temperaturverhältnisse in Flüssigkeiten während der Beschallung (Nach einer Diplom-Arbeit von H. Schnitzler)
1956, 54 Seiten, 24 Abb., DM 12,75

HEFT 279
Dr. F. Keune, Aachen
Der gewölbte und verwundene Tragflügel ohne Dicke in Schallnähe
1956, 42 Seiten, 15 Abb., DM 9,25

HEFT 280
Dipl.-Ing. J. Stelter und Dipl.-Ing. E. Pfende, Aachen
Über Störerscheinungen bei Schallgeschwindigkeitsmessungen mittels der Interferometermethode
1956, 42 Seiten, 13 Abb., DM 9,60

HEFT 281
Prof. Dr.-Ing. K. Lürenbaum, Aachen
Der Meßwagen des Instituts für Maschinen-Dynamik der Deutschen Versuchsanstalt für Luftfahrt, Aachen
1956, 34 Seiten, 17 Abb., DM 8,60

HEFT 282
Bergrat a. D. Scherer, Bochum
Das B. T.-Schwelverfahren und seine Anwendung auf der Anlage Marienau
1956, 44 Seiten, 7 Abb., DM 9,60

HEFT 283
Prof. Dr. F. Wever und Dr.-Ing. W. Lueg, Düsseldorf
Warmstauchversuche zur Ermittlung der Formänderungsfestigkeit von Gesenkschmiede-Stählen
1956, 44 Seiten, 19 Abb., DM 9,90

Heft 284
Prof. Dr. F. Wever, Düsseldorf, Dr.-Ing. H. J. Wiester, Essen, Dr.-Ing. F. W. Straßburg, Duisburg, Prof. Dr.-Ing. H. Opitz, Aachen, und Dr.-Ing. K. H. Fröhlich, Köln
Einfluß des Gefüges auf die Zerspanbarkeit von Einsatz- und Vergütungsstählen
1957, 88 Seiten, 126 Abb., 11 Tab., DM 22,45

HEFT 285
Prof. Dr.-Ing. O. Kienzle, Dr.-Ing. K. Lange, Hannover, und Dipl.-Ing. H. Meinert, Osterode
Einfluß der Oberfläche auf das Verschleißverhalten von Schmiedegesenken
1956, 62 Seiten, 29 Abb., 8 Tabellen, DM 14,60

HEFT 286
Dr.-Ing. K. Lange, Hannover, Dipl.-Ing. H. Meinert, Osterode, unter Mitarbeit von Dr.-Ing. H. Arend, Mülheim (Ruhr)
Verschleißverhalten hartverchromter Schmiedegesenke
1956, 74 Seiten, 53 Abb., 6 Tabellen, DM 17,65

HEFT 287
Prof. Dr.-Ing. habil. K. Krekeler, Aachen
Änderungen der mechanischen Eigenschaftswerte thermoplastischer Kunststoffe bei Beanspruchung in verschiedenen Medien
1956, 62 Seiten, 23 Abb., 5 Tabellen, DM 13,70

HEFT 288
Dr. K. Brücker-Steinkuhl, Düsseldorf
Anwendung mathematisch-statischer Verfahren in der Industrie
1956, 103 Seiten, 27 Abb., 14 Tabellen, DM 24,20

HEFT 289
Prof. Dr.-Ing. H. Winterhager, Aachen
Kombinierter Widerstands- und Lichtbogen-Vakuumofen zur Verarbeitung von Titanschwamm
Prof. Dr. Dr. h. c. R. Schwarz, Aachen
Erforschung neuer Wege zur Darstellung von Titanmetall
1957, 42 Seiten, 18 Abb., DM 9,70

HEFT 290
Dr. D. Horstmann, Düsseldorf
I. Der verstärkte Angriff des Zinks auf Eisen im Temperaturgebiet um 500° C
II. Einfluß eines Antimongehaltes auf den Angriff von Zinkschmelzen auf Eisen
1956, 48 Seiten, 33 Abb., 3 Tabellen, DM 11,90

HEFT 291
Dr.-Ing. H. J. Wiester und Dr. D. Horstmann, Düsseldorf
Der Angriff eisengesättigter Zinkschmelzen auf siliziumund manganhaltiges Eisen
1956, 52 Seiten, 45 Abb., 8 Tabellen, DM 12,60

HEFT 292
Dipl.-Ing. W. Rohs und Text.-Ing. H. Griese, Bielefeld
Webversuche an Leinenwebstühlen mit verbesserter Schaftbewegung
1956, 34 Seiten, 3 Abb., 2 Tabellen, DM 7,60

HEFT 293
Prof. J. W. Korte, unter Mitarbeit von Dipl.-Ing. P. A. Mäcke und Dipl.-Ing. W. Leutzbach, Aachen
Die Leistungsfähigkeit von Verkehrsanlagen des motorisierten städtischen Straßenverkehrs
1956, 98 Seiten, 35 Abb., 5 Tabellen, 1 Falttafel, DM 22,50

HEFT 294
Dipl.-Ing. B. Naendorf, Essen
Untersuchungen industrieller Gasbrenner
1956, 58 Seiten, 6 Abb., 3 Tabellen, DM 12,40

HEFT 295
Prof. Dr.-Ing. H. Opitz und Dipl.-Ing. H. Axer, Aachen
Untersuchung und Weiterentwicklung neuartiger elektrischer Bearbeitungsverfahren
1956, 42 Seiten, 27 Abb., DM 10,30

HEFT 296
Prof. Dr.-Ing. H. Opitz, Aachen
I. Untersuchungen an elektronischen Regelantrieben
II. Statische Untersuchungen zur Ausnutzung von Drehbänken
1956, 46 Seiten, 18 Abb., DM 10,40

HEFT 297
Dr. K. Schaarwächter, Düsseldorf
Die Reduktion von Siliziumtetrachlorid im Lichtbogen zur nachfolgenden Silizierung von Eisenblechen
1958, 30 Seiten, 12 Abb., DM 8,20

HEFT 298
Prof. Dr.-Ing. E. Oehler, Aachen
Untersuchung von kritischen Drehzahlen, die durch Kreiselmomente verursacht werden
1956, 50 Seiten, 35 Abb., DM 13,15

HEFT 299
Dr. J. Fassbender und W. Hoppe, Bonn
Eine photoelektrische Nachlaufeinrichtung für Analogie-Rechenmaschinen
1956, 20 Seiten, 8 Abb., DM 7,65

HEFT 300
Prof. Dr. E. Schütz und Privatdozent Dr. H. Caspers, Münster
Tierexperimentelle Untersuchungen über die Alkoholwirkungen auf Erregbarkeit und bioelektrische Spontanaktivität der Hirnrinde
1956, 44 Seiten, 6 Abb., 1 Tabelle, DM 9,55

HEFT 301
Prof. Dr. W. Weltzien, Dr. G. Cossmann und P. Diehl, Krefeld
Über die fraktionierte Füllung von Polyamiden (II)
1956, 54 Seiten, 1 Abb., 16 Tabellen, DM 11,30

HEFT 302
Prof. Dr.-Ing. W. Wegener und Dipl.-Ing. W. Zahn, Aachen
Untersuchungen von gesponnenen Garnen auf ihre Gleichmäßigkeit nach verschiedenen Meßmethoden
1957, 58 Seiten, 34 Abb., DM 15,20

HEFT 303
Prof. Dr. Ing. S. Kiesskalt, Aachen
Das Institut der Forschungsgesellschaft Verfahrenstechnik e. V. an der Technischen Hochschule Aachen
1956, 76 Seiten, 20 Abb., 3 Tabellen, DM 16,40

HEFT 304
Prof. Dr.-Ing. K. Krekeler, Düsseldorf, und Dipl.-Ing. A. Kleine-Albers, Aachen
Beitrag zur thermoelastischen Warmformbarkeit von Hart-PVC
1957, 72 Seiten, 29 Abb., DM 17,70

HEFT 305
Prof. Dr.-Ing. K. Krekeler, Düsseldorf, Dr.-Ing. H. Peukert, Aachen, und Dipl.-Ing. W. Schmitz, Siegburg
Heißgas-Schweißung von Hart-Polyvinylchlorid mit Zusatzwerkstoff
1956, 44 Seiten, 27 Abb., 5 Tabellen, DM 12,50

HEFT 306
Prof. Dr. B. Rensch, Münster
Elektrophysiologische Untersuchungen zur Analysierung der Bildung von Assoziationen und Gedächtnisspuren in Gehirn und Rückenmark
Prof. Dr. A. Loeser, Münster
Akute und chronische Giftwirkungen sauerstoffhaltiger Lösungsmittel
1956, 36 Seiten, 9 Abb., DM 8,90

HEFT 307
Privatdozent Dr. J. Juilfs, Krefeld
Vergleichende Untersuchungen zur elastischen und bleibenden Dehnung von Fasern
1956, 36 Seiten, 11 Abb., DM 8,30

HEFT 308
Privatdozent Dr. J. Juilfs, Krefeld
Zur Messung der Fadenglätte
1956, 22 Seiten, 10 Abb., 2 Tabellen, DM 8,—

HEFT 309
Prof. Dr. K. Cruse und Mitarbeiter, Clausthal-Zellerfeld
Aufbau und Arbeitsweise eines universell verwendbaren Hochfrequenz-Titrationsgerätes
1957, 48 Seiten, 29 Abb., DM 11,90

HEFT 310
Dr. P. F. Müller, Bonn
Die Integrieranlage des Rheinisch-Westfälischen Instituts für Instrumentelle Mathematik in Bonn
1956, 62 Seiten, 6 Abb., 30 Satzskizzen, DM 14,45

HEFT 311
Prof. Dr. F. Wever und Dr. M. Hempel, Düsseldorf
Dauerschwingfestigkeit von Stählen bei erhöhten Temperaturen
Teil I: Erkenntnisse aus bisherigen Dauerschwingversuchen in der Wärme
1956, 48 Seiten, 19 Abb., 2 Tabellen, DM 10,90

HEFT 312
Prof. Dr. F. Wever und Dr. M. Hempel, Düsseldorf
Dauerschwingfestigkeit von Stählen bei erhöhten Temperaturen
Teil II: Zug-Druck-Dauerschwingversuche an zwei warmfesten Stählen bei Temperaturen von 500 bis 650°
1956, 48 Seiten, 20 Abb , 3 Tabellen. DM 13,—

WESTDEUTSCHER VERLAG · KÖLN UND OPLADEN

HEFT 313
Prof. Dr. F. Wever, Dr. W. Koch und Dipl.-Phys. H. Rohde, Düsseldorf
Änderungen des Babitus und der Gitterkonstanten des Zementits in Chromstählen bei verschiedenen Wärmebehandlungen
1956, 88 Seiten, 29 Abb., 8 Tabellen, DM 20,90

HEFT 314
Prof. Dr. F. Wever, Dr.-Ing. A. Krisch, Düsseldorf, und Dr.-Ing. H.-J. Wiester, Essen
Veränderungen im Gefügeaufbau von Chrom-Nickel-Molybdän-Stählen bei langzeitiger Beanspruchung im Zeitstandversuch bei 500°
1956, 48 Seiten, 26 Abb., 5 Tabellen, DM 11,70

HEFT 315
Prof. Dr. F. Wever und Dr.-Ing. A. Krisch, Düsseldorf
Metallkundliche Untersuchungen an Zeitstandproben
1956, 38 Seiten, 12 Abb., DM 9,15

HEFT 316
Dr. F. Keune, Aachen
Zusammenfassende Darstellung und Erweiterung des Aequivalenzsatzes für schallnahe Strömung
1956, 80 Seiten, 22 Abb., DM 17,90

HEFT 317
Dr.-Ing. J. Stelter, Aachen
Mikrobiologische Ultraschallwirkungen
1957, 106 Seiten, 41 Abb., 12 Tab., DM 23,90

HEFT 318
Dipl.-Ing. H. Kickert, Aachen
Über die Ausbreitung von Ultraschall in Luft
1957, 78 Seiten, 51 Abb., 7 Tab., DM 19,20

HEFT 319
Prof. Dr. C. Kröger, Aachen
Gemengereaktionen und Glasschmelze
1957, 118 Seiten, 53 Abb., 16 Tab., DM 26,—

HEFT 320
Dr. H.-E. Caspary, Köln
Verwendung von Szintillationszählern an Stelle von Zählrohren zur zerstörungsfreien Materialprüfung
1956, 42 Seiten, 13 Abb., 2 Tabellen, DM 10,10

HEFT 321
Prof. Dr. F. Wever, Düsseldorf, und Dr. W. Wepner, Köln
Gleichzeitige Bestimmung kleiner Kohlenstoff- und Stickstoffgehalte im a-Eisen durch Dämpfungsmessung
1956, 30 Seiten, 3 Abb., 4 Tabellen, DM 6,80

HEFT 322
Prof. Dr.-Ing. F. Bollenrath und Dipl.-Ing. W. Domke, Aachen
Eigenspannungen in vergüteten, dickwandigen Stahlzylindern nach Oberflächenhärtung mit induktiver Erwärmung
1956, 30 Seiten, 9 Abb., 2 Tabellen, DM 6,90

HEFT 323
Prof. Dr. R. Seyffert, Köln
Wege und Kosten der Distribution der Textilien, Schuh- und Lederwaren
1956, 98 Seiten, 37 Tabellen, 1 Falttaf., DM 12,—

HEFT 324
Prof. Dr.-Ing. H. Opitz, Dr.-Ing. E. Saljé und Dipl.-Ing. K. E. Schwartz, Aachen
Richtwerte für das Außenrund-Längs- und Einstechschleifen
1956, 62 Seiten, 44 Abb., 2 Tabellen, DM 13,85

HEFT 325
Prof. Dr. E. Schratz, Münster
Pharmakognostische Untersuchungen am Medizinal-Rhabarber
1957, 62 Seiten, 29 Abb., 3 Tabellen, DM 17,90

HEFT 326
Prof. Dr.-Ing. E. Essers und Mitarbeiter, Aachen
Deichselkräfte an Lastzügen
1957, 96 Seiten, 34 Abb., DM 22,10

HEFT 327
Prof. Dr.-Ing. habil. K. Krekeler und Dr.-Ing. H. Peukert, Aachen
Beitrag zur thermoelastischen Formbarkeit von Polyäthylen
1956, 56 Seiten, 49 Abb, 9 Tabellen, DM 12,80

HEFT 328
Dr. H. Maeder, Belo Horizonte
Schweißen von Temperguß
1957, 92 Seiten, 59 Abb., 42 Tabellen, DM 25,50

HEFT 329
Dipl.-Ing. A. Krüger, Karlsruhe, und Feuerwehr-Ing. R. Radusch, Dortmund
Wasserzerstäubung im Strahlrohr
1956, 86 Seiten, 21 Abb., 3 Tabellen, DM 18,65

HEFT 330
Dipl.-Physiker E. Pepping, Aachen
Die Durchflußzahl des Rechteckschlitzes in einer sehr großen Wand
1957, 54 Seiten, 21 Abb., DM 12,35

HEFT 331
Dipl.-Ing. G. Bretschneider, Ruit
Die Messung der wiederkehrenden Spannung mit Hilfe des Netzmodelles
1957, 46 Seiten, 21 Abb., 2 Tab., DM 11,20

HEFT 332
Prof. Dr.-Ing. R. Jaeckel und Dr. G. Reich, Bonn
Messung von Dampfdrucken im Gebiet unter 10^{-2} Torr
1956, 42 Seiten, 16 Abb., 2 Tabellen, DM 10,40

HEFT 333
Prof. Dipl.-Ing. W. Sturtzel und Dr.-Ing. W. Graff, Duisburg
I. Der Flachwassereinfluß auf den Form- und Reibungswiderstand von Binnenschiffen
II. Der Flachwassereinfluß auf die Nachstrom- und Sogverhältnisse bei Binnenschiffen
1956, 44 Seiten, 14 Abb., DM 9,80

HEFT 334
Prof. Dr. W. Weizel und Dr. G. Meister, Bonn
Spektralanalyse durch Messung des Interferenz-Kontrastes
1956, 42 Seiten, DM 9,30

HEFT 335
Prof. Dr. W. Weizel und H. Hornberg, Bonn
Untersuchungen der anodischen Teile einer Glimmentladung
1957, 62 Seiten, 14 Farbabb., 21 Abb., 1 Tab., DM 32,80

HEFT 336
Dr. Tung-ping Yao, Aachen
Die Viskosität metallischer Schmelzen
1957, 64 Seiten, 28 Abb., 2 Tab., DM 14,40

HEFT 337
Dr. R. Hoeppener und Dr. W. Bierther, Bonn
Tektonik und Lagestätten im Rheinischen Schiefergebirge
1957, 66 Seiten, 14 Abb., DM 16,25

HEFT 338
Prof. Dr.-Ing. W. Wegener, Aachen, und Dipl.-Ing. J. Schneider, M.-Gladbach
Die Bedeutung der Knotenart für die Herabminderung der Fadenbrüche
1957, 40 Seiten, 6 Abb., DM 9,80

HEFT 339
Prof. Dr.-Ing. W. Wegener und Dipl.-Ing. W. Zahn, Aachen
Vergleich des normalen mit verschiedenen abgekürzten Baumwollspinnverfahren in bezug auf Gleichmäßigkeit und Sortierungsstreuung der Garne
1956, 56 Seiten, 17 Abb., 17 Tabellen, DM 12,70

HEFT 340
Dipl.-Ing. W. Rohs und Dipl.-Ing. R. Otto, Bielefeld
Das Naßspinnen von Bastfasergarnen mit Spinnbadzusätzen unter Ausnutzung einer zentralen Spinnwasserversorgungsanlage
1956, 56 Seiten, 2 Abb., 6 Tabellen, DM 11,60

HEFT 341
Prof. Dr.-Ing. H. Winterhager und Dipl.-Ing. L. Werner, Aachen
Präzisions-Meßverfahren zur Bestimmung des elektrischen Leitvermögens geschmolzener Salze
1956, 44 Seiten, 19 Abb., 1 Tabelle, DM 10,60

HEFT 342
Prof. Dr.-Ing. H. Winterhager und Dipl.-Ing. W. Barthel, Aachen
Die Gewinnung von Titanschlackenkonzentraten aus eisenreichen Ilemniten
1957, 60 Seiten, 30 Abb., 6 Tab., DM 13,30

HEFT 343
Prof. Dr.-Ing. W. Petersen, Aachen, und Dipl.-Ing. S. Wawroschek, Aachen
Die zweckmäßigsten Gütebestimmungsverfahren und Brikettierungsbedingungen bei der Erzeugung von Braunkohlen-Eisenerz-Briketts
1956, 64 Seiten, 28 Abb., DM 13,95

HEFT 344
Prof. Dr.-Ing. W. Fucks, Aachen
Zur Deutung einfachster mathematischer Sprachcharakteristiken
1956, 38 Seiten, 12 Abb., DM 7,80

HEFT 345
Dipl.-Ing. G. Cerbe und Dipl.-Ing. H. Monstadt, Essen
Konvektive Trocknung mit gasbeheizter Luft und Trocknung durch Gasstrahler
1957, 46 Seiten, 16 Abb., DM 10,40

HEFT 346
Dipl.-Ing. O. Arnold, Aachen
Erfahrungen mit Kernbohrungen zur Lagerstättenuntersuchung im Erzbergbau
1957, 36 Seiten, 2 Abb., 3 Falttaf. 6 Tab., DM 8,80

HEFT 347
S. Ruff, F. Kipp, H. Hansteen und G. Müller, Bonn
Untersuchungen zur Frage der Gehörschädigungen des fliegenden Personals der Propellerflugzeuge
1957, 50 Seiten, 27 Abb., 3 Tab., DM 11,10

HEFT 348
Prof. Dr.-Ing. E. Piwowarsky und Dr.-Ing. E. G. Nickel, Aachen
Metallurgie eines hochwertigen Gußeisens mit kompakter bis kugelförmiger Graphitausbildung
1957, 54 Seiten, 27 Abb., 5 Tab., DM 13,30

HEFT 349
Dr.-Ing. W. A. Fischer, Dr.-Ing. H. Treppschuh und Dr.-Ing. K. H. Köthemann, Düsseldorf
Tiegel aus Schmelzmagnesia für Vakuuminduktionsöfen
1957, 34 Seiten, 14 Abb., DM 8,40

HEFT 350
Prof. Dr.-Ing. habil. K. Krekeler und Dr.-Ing. H. Peukert, Aachen
Das Spannungsverhalten der Kunststoffe bei der Verarbeitung
1958, 32 Seiten, 12 Abb., DM 20,—

HEFT 351
Prof. Dr.-Ing. H. Opitz, Dipl.-Ing. H. Axer und Dipl.-Ing. H. Rhode, Aachen
Zerspanbarkeit hochwarmfester und nichtrostender Stähle. Teil I
1957, 96 Seiten, 73 Abb., 2 Tab., DM 21,80

HEFT 352
Dipl.-Ing. H. Fauser, Aachen
Fahrdynamik und Batterie-Arbeitsverbrauch von Akkumulatorenlokomotiven im Untertagebetrieb
1957, 152 Seiten, 78 Abb., DM 36,10

HEFT 353
Forschungsinstitut für Rationalisierung, Aachen
Schlagwortregister zur Rationalisierung
1957, 376 Seiten, DM 56,—

HEFT 354
Dipl.-Ing. D. Wagener, Aachen
Auswirkungen neuer Gaserzeugungs-Verfahren unter Berücksichtigung der Auswirkung auf den Kokereibetrieb
in Vorbereitung

HEFT 355
Prof. Dr.-Ing. habil. K. Krekeler, Dr.-Ing. H. Peukert und Dipl.-Ing. A. Kleine-Albers, Aachen
Heißgas-Schweißungen von Weich-Polyvinylchlorid mit Zusatzwerkstoff
1957, 44 Seiten, 19 Abb., DM 11,—

HEFT 356
Dipl.-Phys. G. Gurke, Aachen
Aufbau einer Meßanlage für Untersuchungen elektrischer Gasentladung im Bereiche großer p. d.-Werte
1956, 38 Seiten, 13 Abb., DM 8,65

HEFT 357
Prof. Dr.-Ing. W. Fucks, Aachen
Mathematische Analyse der Formalstruktur von Musik
1958, 54 Seiten, 29 Abb., 16 Tabellen, DM 13,60

HEFT 358
Prof. Dr. rer. nat. W. Weltzien, Dipl.-Chem. P. Ringel und Text.-Ing. H. Kirchhoff, Krefeld
Die Waschechtheit von Färbungen. Vergleichende Untersuchungen auf dem Gebiete der Echtheitsprüfung
1958, 62 Seiten, 12 farb. Abb., DM 58,—

HEFT 359
Dr.-Ing. F. J. Meister, Düsseldorf
Veränderung der Hörschärfe, Lautheitsempfindung und Sprachaufnahme während des Arbeitsprozesses bei Lärmarbeitern
1957, 84 Seiten, 11 Abb., 40 Audiogramme, 41 Tab., DM 19,90

HEFT 360
Dr.-Ing. E. Barz, Remscheid
Fertigungsverfahren und Spannungsverlauf bei Kreissägeblättern für Holz
1957, 72 Seiten, 40 Abb., DM 17,—

HEFT 361
Dipl.-Ing. H. F. Klein, Aachen
Die nichtstationären Strömungsvorgänge und der Wärmeübergang in einem Schwingfeuergerät
1957, 84 Seiten, 34 Abb., 4 Falttafeln, DM 25,90

HEFT 362
Prof. Dr. med. G. Lehmann und Dipl.-Phys. D. Dieckmann, Dortmund
Die Wirkung mechanischer Schwingungen (0,5 bis 100 Hertz) auf den Menschen
1957, 100 Seiten, 53 Abb., 6 Tab., DM 22,50

HEFT 363

Dr.-Ing. U. Domm, Frankenthal (Pfalz)
Über eine Hypothese, die den Mechanismus der Turbulenz-Entstehung betrifft
1956, 28 Seiten, 4 Abb., DM 6,45

HEFT 364

Prof. Dr. Th. Beste, Köln
Die Mehrkosten bei der Herstellung ungängiger Erzeugnisse im Vergleich zur Herstellung vereinheitlichter Erzeugnisse
1957, 352 Seiten, DM 50,—

HEFT 365

Sozialforschungsstelle an der Universität Münster, Dortmund
Standort und Wohnort
1957, Textband: 350 Seiten, 28 Karten, 73 Tab. Anlageband: 15 Karten, 21 Tab., DM 99,—

HEFT 366

Versuchsanstalt für Binnenschiffbau e. V., Duisburg
Bei Flachwasserfahrten durch die Strömungsverteilung am Boden und an den Seiten stattfindende Beeinflussung des Reibungswiderstandes von Schiffen
1957, 96 Seiten, 39 Abb., 28 Tab., DM 20,40

HEFT 367

Dr. rer. nat. D. Horstmann, Düsseldorf
Der Angriff eisengesättigter Zinkschmelzen auf kohlenstoff-, schwefel- und phosphorhaltiges Eisen
1957, 52 Seiten, 22 Abb., 6 Tab., DM 12,85

HEFT 368

Prof. Dr. phil. H. Kaiser, Dortmund
Entwicklung betriebsmäßiger spektrochemischer Analysenverfahren für technische Gläser
1957, 40 Seiten, 11 Abb., DM 9,10

HEFT 369

Prof. Dr.-Ing. R. Jaeckel und Dipl.-Phys. F. J. Schittko, Bonn
Gasabgabe von Werkstoffen ins Vakuum
1957, 48 Seiten, 20 Abb., 6 Tab., DM 13,30

HEFT 370

Dr. phil. habil. F. Schwarz, Köln
Physikochemische Grundlagen der Bildsamkeit von Kalken unter Einbeziehung des Begriffes der aktiven Oberfläche
in Vorbereitung

HEFT 371

Dr. phil. W. Lejeune, Köln
Beitrag zur statistischen Verifikation der Minderheiten-Theorie
1958, 80 Seiten, 14 Abb., DM 17,90

HEFT 372

Prof. Dr. phil. M. von Stackelberg, Bonn
Untersuchungen zur Ausarbeitung und Verbesserung von polarographischen Analysenmethoden. 2. Bericht
1957, 44 Seiten, 9 Abb., 7 Tab., DM 10,10

HEFT 373

Dipl.-Ing. H. J. Koch, Essen
Druckgasfeuerung — ein Verfahren zum Betrieb von Gasfeuerstätten
1957, 38 Seiten, 8 Abb., 10 Tab., DM 8,50

HEFT 374

Dr. E. Paproth, Krefeld
Paläontologische Bearbeitung der in den devonischen Schichten des Siegerlandes enthaltenen Faunen
1957, 38 Seiten, 3 Tab., DM 8,30

HEFT 375

Technischer Überwachungsverein e. V., Essen
Wanddickenmessungen mittels radioaktiver Strahlen und Zählrohrgerät
1958, 38 Seiten, 15 Abb., DM 9,55

HEFT 376

Technischer Überwachungsverein e. V., Essen
Wasserumlaufprobleme an Hochdruckkesseln
1958, 140 Seiten, 56 Abb., 8 Tabellen DM 32,60

HEFT 377

Technischer Überwachungsverein e. V., Essen
Versuche an Wanderrostkesseln mit befeuchteter Verbrennungsluft
1958, 50 Seiten, 19 Abb., 3 Tabellen., DM 12,20

HEFT 378

Oberingenieur H. Stein, M.-Gladbach
Beobachtung und maßtechnische Erfassung der Vorgänge im Spinn- und Aufwindefeld von Ringspinn- und Ringzwirnmaschinen
1957, 104 Seiten, 88 Abb., 3 Tabellen, DM 26,90

HEFT 379

Laboratorium für textile Meßtechnik, M.-Gladbach
Schußfadenspannung beim Weben
1957, 76 Seiten, 17 Abb., 3 Tabellen, DM 18,60

HEFT 380

Dipl.-Phys. R. Trappenberg, Karlsruhe
Theoretische und experimentelle Untersuchungen zur Staubverteilung einer Rauchfahne
1957, 64 Seiten, 7 Abb., 18 Tabellen, DM 14,90

HEFT 381

Dr. J. Juilfs, Krefeld
Zur Dichtebestimmung von Fasern. Methoden und Beispiele der praktischen Anwendung
1957, 76 Seiten, 34 Abb., 18 Tabellen, DM 17,—

HEFT 382

Dr. phil. habil. P. Hölemann, Ing. R. Hasselmann und Ing. G. Dix, Dortmund
Die Messung von Flammen und Detonationsgeschwindigkeiten bei der explosiven Zersetzung von Acetylen in Rohren
1957, 36 Seiten, 7 Abb., 4 Tab., DM 8,10

HEFT 383

Dr. phil. habil. P. Hölemann und Ing. R. Hasselmann, Dortmund
Verlauf von Azetylenexplosionen in Rohren bei Gegenwart von porösen Massen
1957, 68 Seiten, 10 Abb., 15 Tabellen, DM 16,60

HEFT 384

Prof. Dr.-Ing. H. Opitz, Aachen
Schwingungsuntersuchungen an Werkzeugmaschinen
in Vorbereitung

HEFT 385

Prof. Dr.-Ing. H. Opitz, Aachen
Zerspanbarkeit hochwarmfester und nichtrostender Stähle. Teil II
1957, 86 Seiten, 54 Abb., 5 Tabellen, DM 19,30

HEFT 386

Prof. Dr.-Ing. H. Opitz, Aachen
Standzeituntersuchungen und Verschleißmessungen mit radioaktiven Isotopen
1958, 50 Seiten, 33 Abb., 3 Tabellen, DM 12,75

HEFT 387

Prof. Dr. med. W. Kikuth und Dozent Dr. med. L. Grün, Düsseldorf
Die Verhütung von Infektion durch Desinfektion des Raumes und der Raumluft
1957, 96 Seiten, 14 Abb., 20 Tab., DM 22,50

HEFT 388

Prof. Dr. rer. nat. habil. W. Baumeister und Dr. rer. nat. H. Burghardt, Münster
Die Bedeutung der Elemente Zink und Fluor für das Pflanzenwachstum
1957, 48 Seiten, 17 Tab. DM 10,20

HEFT 389

Prof. Dr.-Ing. habil. H. Fink und K. W. Hoppenhaus, Köln
Die biologische Eiweiß-Synthese von höheren und niederen Pilzen und die alimentäre Lebernekrose der Ratte
1957, 76 Seiten, 2 Abb., 24 Tab., DM 15,60

HEFT 390

Dr.-Ing. J. Endres und Dr.-Ing. G. Hiebel, München
Berechnung der optimalen Leistungen, Kraftstoffverbräuche und Wirkungsgrade von Luftfahrt-Gasturbinen-Triebwerken am Boden und in der Höhe bei Fluggeschwindigkeiten von 0—2000 km/h und bei vorgegebenen Düsenausströmgeschwindigkeiten
1958, 130 Seiten, 16 Abb., DM 24,90

HEFT 391

Prof. Dr. phil. F. Wever, Dr. phil. W. Koch und Dipl.-Chem. F. Stricker, Düsseldorf
Die quantitative spektrographische Analyse von Gasgemischen aus Kohlenmonoxyd, Wasserstoff und Stickstoff
1957, 48 Seiten, 21 Abb., 3 Tab., DM 11,30

HEFT 392

Prof. Dr. phil. F. Wever u. a., Düsseldorf
Untersuchungen über den Konverterrauch im Hinblick auf die spektrale Überwachung des Thomasprozesses
1957, 48 Seiten, 14 Abb., 4 Tab., DM 12,10

HEFT 393

Dr.-Ing. O. Viertel und S. Brückner-Lucas, Krefeld
Arbeitszeitstudien an Haushaltwaschmaschinen
1957, 74 Seiten, 8 Abb., 13 Tab., DM 17,30

HEFT 394

Privatdozent Dr. med. W. Koch, Münster
Die Ablagerung radioaktiver Substanzen im Knochen
1958, 264 Seiten, 147 Abb., DM 51,00

HEFT 395

Dipl.-Ing. L. Hahn, Clausthal-Zellerfeld
Untersuchungen zur Frage des optimalen Bohrloch- und Patronendurchmessers
1957, 132 Seiten, 49 Abb., 19 Tab., DM 31,25

HEFT 396

Prof. Dr.-Ing. F. Schultz-Grunow, Dr.-Ing. A. Jogerich, Essen, Dipl.-Ing. H. Meyer, cand. ing. P. Sand, Aachen
Untersuchungen des Luftwiderstandes von Güterwagen
1957, 42 Seiten, 18 Abb., 5 Tab., DM 10,90

HEFT 397

Techn.-Wissenschaftliches Büro für die Bastfaserindustrie, Bielefeld
Ungleichmäßigkeiten in Bändern von Bastfaserkarden, ihre Ursachen und Auswirkungen
1957, 60 Seiten, 18 Abb., 1 Tab., DM 14,80

HEFT 398

Prof. Dr. habil. H. E. Schwiete, Aachen, u. a.
Einlagerungsversuche an synthetischem Mullit I. — Die Zusammensetzung der Schmelzphase in Schamottesteinen I
1957, 58 Seiten, 6 Abb., 9 Tab., DM 14,40

HEFT 399

Prof. Dr. habil. H. E. Schwiete und Dr.-Ing. R. Vinkeloe, Aachen
Möglichkeiten der quantitativen Mineralanalyse mit dem Zählrohrgerät unter besonderer Berücksichtigung der Mineralgehaltsbestimmung von Tonen
1958, 102 Seiten, 34 Abb., 1 Tabelle, DM 26,70

HEFT 400

Prof. Dr. phil. W. Fuchs und Dipl.-Chem. H. Weyerstrass, Aachen
Entwicklung eines Heißfilters zur Reinigung von Gichtgas eines mit Kohle betriebenen Niederschachtofens
1958, 88 Seiten, 30 Abb., DM 20,20

HEFT 401

Prof. Dr.-Ing. M. Lipp und Dipl.-Chem. G. Frielingsdorf, Aachen
Darstellung reaktionsfähiger Verbindungen des Camphansystems und Versuche zu deren Fluorierung
1957, 84 Seiten, DM 17,—

HEFT 402

Prof. Dr. W. Linke, Aachen
Die Wärmeübertragung durch Thermopane-Fenster
1958, 44 Seiten, 17 Abb., 2 Tabellen, DM 10,80

HEFT 403

Prof. Dr.-Ing. P. Denzel und Dipl.-Ing. W. Cremer, Aachen
Verbesserung der Benutzungsdauer der Höchstlast in ländlichen Netzen durch Anwendung elektrischer Geräte in der Landwirtschaft
1957, 46 Seiten, 23 Abb., DM 12,10

HEFT 404

Prof. Dr. R. Jaeckel und Dipl.-Phys. F. Gross, Bonn
Die Löslichkeit von Gasen in schwerflüchtigen organischen Flüssigkeiten
1957, 46 Seiten, 17 Abb., 1 Tab., DM 11,50

HEFT 405

Prof. Dr.-Ing. H. Opitz und Dipl.-Ing. H. Schuler, Aachen
Untersuchungen für einen Wirtschaftlichkeitsvergleich der Feinbearbeitungsverfahren
1958, 72 Seiten, 43 Abb., DM 17,90

HEFT 406

W. Kirsch, Remscheid
Entwicklungsarbeiten auf dem Gebiete des Korrosionsschutzes
1957, 86 Seiten, 28 Abb., 11 Tabellen, DM 19,—

HEFT 407

Prof. Dr.-Ing. H. Schenk, Aachen, und Dr.-Ing. W. Wenzel, Bad Godesberg
Entwicklungsarbeiten auf dem Gebiete der Verhüttung von Erzstaub in Schmelzkammern
1957, 82 Seiten, 9 Abb., 18 Tabellen, DM 17,10

HEFT 408

Prof. Dr. phil. F. Wever, Dr.-Ing. W. Lueg und Dr.-Ing. H. G. Müller, Düsseldorf
Kraft- und Arbeitsbedarf beim Warmscheren von Stahl in Abhängigkeit von Temperatur und Schnittgeschwindigkeit
1957, 46 Seiten, 15 Abb., 3 Tab., DM 11,35

HEFT 409

Prof. Dr. phil. F. Wever, Dr. phil. W. Koch, Dr. rer. nat. Ch. Ilschner-Gensch und Dipl.-Phys. H. Rohde, Düsseldorf
Das Auftreten eines kubischen Nitrids in aluminiumlegierten Stählen
1957, 38 Seiten, 12 Abb., 3 Tabellen, DM 10,10

HEFT 410

Prof. Dr. phil. F. Wever, Prof. Dr. rer. techn. A. Kochendörfer, Dr. phil. nat. M. Hempel, Düsseldorf und Dipl.-Phys. E. Hillenhagen, Köln
Biegewechselversuche mit Flachproben aus Alpha-Eisen-Einkristallen zur Bestimmung der Wechselfestigkeit und der Gleitspuren
1957, 112 Seiten, 58 Abb., 3 Tabellen, DM 30,—

HEFT 411

Prof. Dr. W. Halbsguth und Dr. L. Sommer, Frankfurt/M.
Grundlegende Versuche zur Keimungsphysiologie von Pilzsporen
1957, 100 Seiten, 13 Abb., 32 Tabellen., DM 22,70

HEFT 412

Prof. Dr.-Ing. H. Opitz, Aachen
Kennwerte und Leistungsbedarf für Werkzeugmaschinengetriebe
1958, 72 Seiten, 35 Abb., DM 17,20

HEFT 413

Prof. Dr.-Ing. H. Opitz, Aachen
Richtwerte für das Fräsen von unlegierten und legierten Baustählen mit Hartmetall, Teil II
1957, 56 Seiten, 35 Abb., 4 Tabellen, DM 14,40

HEFT 414

Dr. med. H.-K. Parchwitz und Dr. med. C. Winkler, Bonn
Speicherung organischer Farbstoffe und künstlich radioaktiver Substanzen in Geschwülsten
1958, 46 Seiten, 14 Abb., DM 13,35

HEFT 415

Prof. Dr.-Ing. W. Paul, Dr. rer. nat. O. Osberghaus und Dipl.-Phys. E. Fischer, Bonn
Ein Ionenkäfig
1958, 56 Seiten, 18 Abb., DM 13,65

HEFT 416

Oberreg.-Gewerberat Dipl.-Ing. G. Steinicke, Hamburg
Die Wirkung von Lärm auf den Schlaf des Menschen
1957, 46 Seiten, 14 Abb., 8 Tab., DM 11,60

HEFT 417

Prof. Dr.-Ing. habil. E. Rößger, Berlin
I. Teil: Die Entwicklung des Weltluftverkehrs, Ergänzungsbericht 1954
II. Teil: Die zivile Luftfahrtpolitik der USA
1957, 230 Seiten, 6 Abb., 83 Tab., DM 48,—

HEFT 418

O. Gdaniec, Mülheim/Ruhr
Über die Randlochkarte als Hilfsmittel in der Dokumentation
1957, 44 Seiten, 15 Abb., 8 Tab., DM 10,10

HEFT 419

Dipl.-Ing. K. Brooks
Die Messungen der Reflexionseigenschaften künstlicher und natürlicher Materialien mit quasi-optischen Methoden bei Mikrowellen
1957, 78 Seiten, 52 Abb., DM 20,35

HEFT 420

Dipl.-Ing. M. Vogel, Oberpaffenhofen
Das Spektralgebiet zwischen dem langwelligen Ultrarot und Mikrowellen
1957, 66 Seiten, 2 Abb., DM 13,50

HEFT 421

ORR Dipl.-Volkswirt Dr. H. Rogmann, Düsseldorf
Die Erforschung der Verkehrskonjunktur und der langzeitigen Dynamik in der Verkehrswirtschaft (Zusammenfassung der eingegangenen Stellungnahmen und Vorschläge)
1957, 168 Seiten, 3 Falttafeln, DM 26,60

HEFT 422

Prof. Dr.-Ing. K. Leist und Dipl.-Ing. W. Dettmering, Aachen
Prüfstände zur Messung der Druckverteilung an rotierenden Schaufeln
in Vorbereitung

HEFT 423

Prof. Dr.-Ing. K. Leist und Dr.-Ing. O. Thun, Aachen
Strömungsmessungen über Brennkammer-Wirkungsgrade
in Vorbereitung

HEFT 424

Prof. Dr.-Ing. K. Leist und Dipl.-Ing. I. Weber, Aachen
Spannungsoptische Untersuchungen von rotierenden Scheiben mit exzentrischen Bohrungen
1958, 74 Seiten, 80 Abb., 7 Tab., DM 22,65

HEFT 425

Dipl.-Ing. H. Lübke, Hamburg
Gasturbinen und Strahlantriebe für Hubschrauber
1958, 120 Seiten, 70 Abb., 9 Falttafeln, 1 Tab., DM 30,40

HEFT 426

Prof. Dr.-Ing. H. Opitz und Dipl.-Ing. W. Scholz, Aachen
Untersuchungen über den Räumvorgang
1957, 74 Seiten, 36 Abb., 7 Tab., DM 16,55

HEFT 427

Dr.-Ing. J. Endres, München
Kinematische Untersuchung eines Zweitakt-Hochleistungs-Dieseltriebwerks mit achsparallelen Zylindern und gegenläufigen Kolben
1958, 46 Seiten, 15 Abb., DM 11,55

HEFT 428

Dr.-Ing. J. Endres, München
Untersuchungen der Beschleunigungsverhältnisse eines Zweitakt-Hochleistungs-Dieseltriebwerks mit achsparallelen Zylindern und gegenläufigen Kolben
in Vorbereitung

HEFT 429

Prof. Dr. O. Kuhn, Köln
Selektive Wirkung verschiedener Stoffgruppen auf tierische Gewebe
1957, 54 Seiten, 32 Abb., DM 13,15

HEFT 430

Prof. Dr. G. Garbotz, Aachen und Dr.-Ing. G. Dress, Cadiz
Untersuchungen über das Kräftespiel an Flachbagger-Schneidwerkzeugen in Mittelsand und schwach bindigem, sandigem Schluff unter besonderer Berücksichtigung der Planierschilde und ebenen Schürfkübelschneiden
1958, 156 Seiten, 81 Abb., DM 37,50

HEFT 431

Prof. Dr.-Ing. H. Winterhager, Dr.-Ing. R. Kammel und Dipl.-Ing. W. Barthel, Aachen
Fortschritte auf dem Gebiet der Titanmetallurgie 1950—1955
1957, 160 Seiten, DM 34,50

HEFT 432

Dipl.-Phys. R. Werz, Bonn
Die Entwicklung einer Synchrozyklotron-Ionenquelle
1958, 122 Seiten, 90 Abb., 1 Tabelle, DM 30,30

HEFT 433

Dr.-Ing. G. Satlow, Aachen
Über einige physikalische und chemische Eigenschaften der Wolle von der gewaschenen Wolle bis zum Kammzug
1957, 72 Seiten, 15 Abb., 19 Tab., DM 15,25

HEFT 434

Dipl.-Ing. W. Rohs und Dr. J. Geurten, Bielefeld
Schlichten für Baumwollgarne
1957, 108 Seiten, 3 Abb., zahlreiche Tab., DM 23,70

HEFT 435

Dipl.-Ing. W. Rohs und Dipl.-Ing. L. Steinmetz, Bielefeld
Die Masseungleichmäßigkeit von Flachstreckenbändern in Abhängigkeit von Verzug und Dopplung
1957, 42 Seiten, 4 Abb., 2 Tabellen, DM 9,90

HEFT 436

Priv.-Doz. Dr. habil. J. Juilfs, Krefeld
Zur Bestimmung der Reißlast (Zugfestigkeit) von Fasern, Fäden und Garnen
in Vorbereitung

HEFT 437

Prof. Dr. G. Schmölders und Dr. I. Meyer, Köln
Geldwertbewußtsein und Münzpolitik. — Das sogenannte Gresham'sche Gesetz im Lichte der ökonomischen Verhaltensforschung
1957, 92 Seiten, DM 20,30

HEFT 438

Prof. Dr.-Ing. H. Winterhager und Dr.-Ing. L. Werner, Aachen
Bestimmung des elektrischen Leitvermögens geschmolzener Fluoride
1957, 52 Seiten, 18 Abb., 10 Tab., DM 11,90

HEFT 439

Prof. Dr. phil. H. Lange, Köln und Dr. rer. nat. R. Kohlhaas, Neuß/Rh.
Anwendung der thermomagnetischen Analyse zum Studium des Umwandlungsverhaltens von Eisenwerkstoffen im Temperaturbereich von —150° C bis +1500° C
1958, 108 Seiten, 72 Abb., 2 Tabellen, DM 27,10

HEFT 440

Dr.-Ing. H. Wolf, Aachen
Gekoppelte Hochfrequenzleitungen als Richtkoppler
1958, 122 Seiten, 44 Abb., DM 31,60

HEFT 441

Dr. phil. habil. P. Hölemann und Ing. R. Hasselmann, Düsseldorf
Messung des Temperatur- und Druckverlaufes beim Füllen und Entspannen von Dissousgas
1957, 52 Seiten, 6 Abb., 7 Tab., DM 11,25

HEFT 442

Dipl.-Ing. W. Rohs, Text.-Ing. Griese und Text.-Ing. W. Lauer, Bielefeld
Die Auswirkungen der Trocknungsart naßgesponnener Leinengarne auf deren Verarbeitungswirkungsgrad sowie auf die Festigkeits- und Dehnungseigenschaften der Garne und Gewebe
1957, 28 Seiten, 2 Abb., 3 Tab., DM 6,50

HEFT 443

Prof. Dr. phil. W. Weizel und K. Kluth, Bonn
Über die Struktur der positiven Gleitentladungen
1957, 44 Seiten, 30 Abb., DM 12,20

HEFT 444

Dr.-Ing. W. Wilhelm, Aachen
Einfluß der Saugrohrabmessung, der Einlaßsteuerlage und der Größe des Kurbelkastenvolumens auf den Ladungswechsel eines Einzylinder-Zweitakt-Dieselmotors
1958, 104 Seiten, 22 Abb., DM 22,40

HEFT 445

Dr.-Ing. E. Barz, Remscheid
Fertigungs- und Prüfverfahren für Feilen
vergriffen

HEFT 446

Dr. med. G. Schäfer
Glutationsstoffwechsel und Sauerstoffmangel
1957, 28 Seiten, 5 Tab., DM 6,40

HEFT 447

Prof. Dr.-Ing. F. Bollenrath, Aachen, Dr.-Ing. H. Füllenbach, Seesen/Harz und Dipl.-Ing. J. Schumacher, Neubeckum/Westf.
Entwicklung rationell arbeitender Spritzkabinen
1958, 56 Seiten, 26 Abb., DM 13,55

HEFT 448

Dr. med. C. Winkler, Bonn
Ein Koinzidenz-Szintillometer zum Zwecke der Schilddrüsenfunktionsdiagnostik und der Tumordiagnostik
1957, 32 Seiten, 12 Abb., DM 8,35

HEFT 449

Priv.-Doz. Oberbaurat Dr.-Ing. W. Meyer zur Capellen und Mitarbeiter, Aachen
Bewegungsverhältnisse an der geschränkten Schubkurbel
in Vorbereitung

HEFT 450

Prof. Dr.-Ing. W. Paul, Bonn, und Dipl.-Phys. H. P. Reinhard, M.-Gladbach
Das elektrische Massenfilter als Isotopentrenner
1958, 56 Seiten, 20 Abb., DM 13,50

HEFT 451

Prof. Dr. G. Schmölders, Köln
Rationalisierung und Steuersystem
1957, 78 Seiten, DM 17,15

HEFT 452

Prof. Dr. rer. nat. W. Weltzien und Dr. phil. K. Windeck, Krefeld
Veränderungen an Fasern bei der Bleiche mit Natriumchlorid und über einige Vergilbungserscheinungen
1957, 64 Seiten, 3 Abb., 13 Tabellen, DM 14,85

HEFT 453

Forschungsinstitut der Feuerfest-Industrie, Bonn
Die Arbeiten der technisch-wissenschaftlichen Kommission der PRE (Vereinigung der europäischen Feuerfest-Industrie)
1957, 62 Seiten, 9 Abb., 18 Tabellen, DM 14,75

HEFT 454

Dr.-Ing. W. Piepenburg, Dipl.-Ing. B. Bühling und Bauing. J. Behnke, Köln
Haftfestigkeit der Putzmörtel
1958, 128 Seiten, 6 Abb., 63 Tabellen, DM 28,30

HEFT 455
Dr.-Ing. W. A. Fischer, Dr.-Ing. H. Treppschuh und Dipl.-Phys. K. H. Köthemann, Düsseldorf
Erschmelzung von Reinsteisen nach dem Kohlenstoffproduktionsverfahren und Kerbschlagzähigkeit-Temperatur-Kurven dieses Eisens
1957, 38 Seiten, 7 Abb., 6 Tabellen, DM 9,35

HEFT 456
Priv.-Doz. Dir. Dr.-Ing. K. Bungardt, Essen
Zeitstandversuche an austenitischen Stählen und Legierungen
in Vorbereitung

HEFT 457
Prof. Dr. phil. F. Wever, Düsseldorf und Dr. phil. W. Wepner, Köln
Dämpfungsmessungen an schwach gereckten Eisen-Kohlenstoff-Legierungen
1957, 34 Seiten, 7 Abb., 3 Tab., DM 8,40

HEFT 458
Prof. Dr.-Ing. H. Schenck und Dr.-Ing. E. Schmidtmann, Aachen
Das Frischen von Thomas-Roheisen mit Sauerstoff-Wasserdampf-Gemischen und die Eigenschaften der damit erblasenen Stähle
1957, 62 Seiten, 56 Abb., DM 16,35

HEFT 459
Prof. Dr. phil. F. Wever, Dr. phil. O. Krisement und Hanna Schädler, Düsseldorf
Ein isothermes Mikrokalorimeter zur kinetischen Messung von Umwandlungs- und Ausscheidungsvorgängen in Legierungen
1957, 44 Seiten, 14 Abb., DM 10,75

HEFT 460
Prof. Dr. phil. F. Wever und Dr. rer. nat. B. Ilschner, Düsseldorf
Ein isothermes Lösungskalorimeter zur Bestimmung thermo-dynamischer Zustandsgrößen von Legierungen
1957, 44 Seiten, 7 Abb., 4 Tabellen, DM 10,40

HEFT 461
Prof. Dr.-Ing. habil. E. Piwowarski †, Prof. Dr.-Ing. W. Patterson und Dipl.-Ing. F. W. Iske, Aachen
Verbesserung der Zähigkeitseigenschaften von Bessemer-Stahlguß
1958, 54 Seiten, 15 Abb., 16 Tabellen, DM 12,75

HEFT 462
Prof. Dr. rer. nat. J. Weissinger
Zur Aerodynamik des Ringflügels — II. Die Ruderwirkung
Zur Aerodynamik des Ringflügels — III. Der Einfluß der Profildicken
1957, 82 Seiten, 7 Abb., 6 Tabellen, DM 18,20

HEFT 463
Dipl.-Ing. G. Plüss, Essen-Steele
Die Aufteilung der verbrennlichen Bestandteile in Verbrennungsgasen auf CO und H_2 bei Verbrennung mit Luftunterschuß und bei Luftüberschuß und künstlicher Flammenkühlung
1957, 34 Seiten, 7 Abb., 2 Tabellen, DM 8,40

HEFT 464
Dr. phil. habil. P. Hölemann und Ing. R. Hasselmann, Dortmund
Die Möglichkeit der Zündung von Acetylen in Rohrleitungen beim Ausblasen mit Stickstoff
1957, 38 Seiten, 6 Abb., 6 Tabellen, DM 9,20

HEFT 465
Dr.-Ing. R. Koch, Köln
Amerikanische Fertigungsunterlagen und ihre Werkstattreifmachung für deutsche Betriebe
in Vorbereitung

HEFT 466
Prof. Dr.-Ing. J. Mathieu, Aachen
Überbetrieblicher Verfahrensvergleich
1958, 68 Seiten, 16 Abb., DM 16,65

HEFT 467
Prof. Dr. Dr. h. c. E. Klenk und Dr. phil. H. Faillard, Köln
Neue Erkenntnisse über den Mechanismus der Zellinfektion durch Influenzavirus
Die Bedeutung der Neuraminsäure als Zellreceptor für das Influenzavirus
1957, 52 Seiten, 5 Abb., DM 14,40

HEFT 468
Prof. Dr. med. Dr. med. dent. G. Korkhaus und Dr. med. R. Alfter, Bonn
Die Vakuumwurzelbehandlung
1958, 52 Seiten, 51 Abb., DM 16,55

HEFT 469
Dr. sc. agr. F. Riemann und Dipl.-Volksw. R. Hengstenberg, Göttingen
Zur Industrialisierung kleinbäuerlicher Räume
1957, 138 Seiten, 4 Karten, 23 Tab., DM 27,—

HEFT 470
O. Wehrmann
Hitzdrahtmessungen in einer aufgespaltenen Kármánschen Wirbelstraße
1957, 42 Seiten, 14 Abb., 4 Tabellen, DM 10,90

HEFT 471
Prof. Dr. phil. habil. A. Naumann, Dr.-Ing. A. Heyser und Dr. phil. Dipl.-Ing. W. Trommsdorf, Aachen
Der Überdruck-Windkanal in Aachen
1957, 44 Seiten, 20 Abb., DM 11,—

HEFT 472
Dipl.-Ing. A. Freitag, Essen-Steele
Verhalten von Katalytstrahlern bei Betrieb mit Luftvormischung zum Gas und der Verbrennung von Luft gegen eine Gasatmosphäre
1958, 44 Seiten, 18 Abb., 1 Tabelle, DM 11,10

HEFT 473
Prof. Dr. phil. F. Wever, Dr.-Ing. W. Lueg und Dipl.-Ing. P. Funke jr. Düsseldorf
Versuche an einer hydraulischen 25 t-Stangenziehbank
1957, 34 Seiten, 11 Abb., DM 8,95

HEFT 474
Dr.-Ing. R. Ibing und Dipl.-Ing. G. Meier, Hannover
Eichung und Entwicklung von Staubentnahmesonden
1958, 32 Seiten, 9 Abb., 2 Tabellen, DM 8,65

HEFT 475
Prof. Dipl.-Ing. W. Sturtzel, Obering. Helm und Dipl.-Ing. Heuser, Duisburg
Systematische Ruderversuche mit einem Schleppkahn und einem Binnenselbstfahrer vom Typ „Gustav Koenigs"
1958, 84 Seiten, 38 Abb., 4 Tabellen, DM 20,10

HEFT 476
Prof. Dipl.-Ing. W. Sturtzel und Dipl.-Ing. Schmidt-Stiebitz, Duisburg
Einfluß der Hinterschiffsform auf das Manövrieren von Schiffen auf flachem Wasser
in Vorbereitung

HEFT 477
Dr. K. Utermann, Dortmund
Freizeitprobleme bei der männlichen Jugend einer Zechengemeinde
1957, 56 Seiten, DM 12,75

HEFT 478
Prof. Dr.-Ing. habil. W. Petersen und Dr.-Ing. S. Wawroschek, Aachen
Brikettierungsversuche zur Erzeugung von Möllerbriketts unter Verwendung von Braunkohle
1957, 102 Seiten, 42 Abb., 6 Tabellen, DM 24,25

HEFT 479
Prof. Dr.-Ing. W. Wegener, Aachen, und Dipl.-Ing. H. Fourné, Bochum
Ursachen des Überschreitens der Toleranzgrenze nach oben oder unten (Meter pro Gramm) an der Strecke
1958, 60 Seiten, 17 Abb., 3 Tabellen, DM 14,60

HEFT 480
Dr. phil. K. Brücker-Steinkuhl, Düsseldorf
Anwendung mathematisch-statistischer Verfahren bei der Fabrikationsüberwachung
in Vorbereitung

HEFT 481
Oberbaurat Dr.-Ing. W. Meyer zur Capellen, Aachen
Fünf- und sechspunktige Geradführung in Sonderlagen des ebenen Gelenkvierecks
in Vorbereitung

HEFT 482
Dipl.-Ing. R. Pels-Leusden und Dr. K. Bergmann, Essen
Die Frostbeständigkeit von Ziegeln; Einflüsse der Materialzusammensetzung und des Brandes
1958, 84 Seiten, 31 Abb., 4 Tab., DM 20,45

HEFT 483
Prof. Dr.-Ing. habil. F. A. F. Schmidt, Aachen
Gemischbildungs-, Selbstzündungs- und Verbrennungsvorgänge als Grundlage für Entwicklungsarbeiten an Gasturbinenbrennkammern
in Vorbereitung

HEFT 484
Prof. Dr. habil. H. E. Schwiete und Dr. G. Schwiete, Aachen
Beitrag zur Struktur des Montmorillonit
in Vorbereitung

HEFT 485
Prof. Dr. phil. E. Jenckel, Aachen, Dr. H. Wilsing, Dormagen, Dr. H. Dörffurt, Wesseling/Bez. Köln und Dipl.-Phys. H. Rinkens, Eschweiler
Kristallisation der Hochpolymeren
in Vorbereitung

HEFT 486
Doz. Dr. med. E. Lerche und Dr. med. J. Schulze, Aachen
Hörermüdung und Adaptation im Tierexperiment
1958, 44 Seiten, 12 Abb., DM 10,55

HEFT 487
Prof. Dipl.-Ing. W. Blume, Duisburg
Festigkeitseigenschaften kombinierter Leichtbaustoffe im Hinblick auf die Verkehrstechnik, insbesondere des Flugzeugbaus
1958, 102 Seiten, 31 Abb., 2 Tabellen, DM 25,50

HEFT 488
Prof. Dr. habil. H. E. Schwiete und Dipl.-Chem. H. Westmark
Beitrag zur Kennzeichnung der Texturen von Schamottesteinen
1958, 62 Seiten, 34 Abb., 7 Tab., DM 16,80

HEFT 489
Dipl.-Math. K. H. Müller
Strenge Lösungen der Navier-Stokes-Gleichung für rotationssymmetrische Strömungen
1957, 64 Seiten, 23 Abb., DM 14,85

HEFT 490
Hauptstelle für Staub- und Silikosebekämpfung des Steinkohlenbergbauvereins, Essen-Rüttenscheid
Zur Staub- und Silikosebekämpfung im Steinkohlenbergbau
in Vorbereitung

HEFT 491
Prof. Dr. Fr. Lotze und K. Kötter, Münster
Chloridgehalte des oberen Emsgebietes und ihre Beziehungen zur Hydrogeologie
in Vorbereitung

HEFT 492
Prof.-Dr. phil. J. Meixner und B. Manz, Aachen
Zur Theorie der irreversiblen Prozesse in α-Eisen
1958, 22 Seiten, 1 Abb., DM 5,70

HEFT 493
Prof. Dr. phil. habil. A. Naumann und Dipl.-Ing. H. Pfeiffer, Aachen
Versuche an Wirbelstraßen hinter Zylindern bei hohen Geschwindigkeiten
1958, 46 Seiten, 19 Abb., DM 11,65

HEFT 494
Dipl.-Ing. W. Robs und Text.-Ing. Griese, Bielefeld
Entwicklung und Erprobung eines verbesserten elektrischen Kettfadenwächtergeschirrs für die Leinen- und Halbleinenweberei
1957, 56 Seiten, 9 Abb., 11 Tabellen, DM 13,—

HEFT 495
Prof. Dr. phil. E. Asmus und Dr. rer. nat. H.-F. Kurandt, Berlin
Einige analytische Anwendungen der Zincke-Königschen Reaktion
1958, 46 Seiten, 14 Abb., 7 Tabellen, DM 11,45

HEFT 496
Dipl.-Chem. P. Vogel, Krefeld
Färberische Eigenschaften von zur Herstellung von Verdickungen in der Stoffdruckerei bestimmten Stoffen
1957, 38 Seiten, 3 Abb., 3 Tabellen, DM 9,30

HEFT 497
Oberarzt Dr. med. G. Mußgnug, Bottrop
Die Knochenveränderungen und der Knochenstoffwechsel beim Sudeck-Syndrom
1958, 58 Seiten, 18 Abb., DM 13,85

HEFT 498
Prof. Dr.-Ing. H. Zahn und Dr. rer. nat. W. Gerstner, Aachen
Herstellung säurefester technischer Gewebe
1957, 40 Seiten, 8 Tabellen, DM 9,65

HEFT 499
Priv.-Doz. Dr. J. Juilfs, Krefeld
Die Bestimmung des Wasserrückhaltevermögens (bzw. des Quellwertes) von Fasern
1958, 42 Seiten, 8 Abb., 8 Tabellen, DM 10,35

HEFT 500

Priv.-Doz. Dr. J. Juilfs, Krefeld
Vergleichende Untersuchungen am Schopper-Scheuer-prüfgerät
1958, 74 Seiten, 34 Abb., verschied. Tab., DM 18,10

HEFT 501

Dipl.-Ing. W. Rohs und Dr. J. Geurten, Bielefeld
Untersuchungen in der Leinengarnbleiche
1958, 50 Seiten, 5 Abb., 5 Tabellen, DM 11,50

HEFT 502

Prof. Dr. M. Diem und Dr. R. Trappenberg, Karlsruhe
Berechnung der Ausbreitung von Staub und Gas
1957, 200 Seiten, mit zahlreichen Diagr., DM 37,30

HEFT 503

Dr. rer. nat. J. Faßbender, Bonn
Untersuchungen über die Eigenschaften von Cadmiumsulfid-Sandwich-Zellen
1957, 36 Seiten, 8 Abb., DM 8,80

HEFT 504

Prof. Dr. phil. F. Wever, Dr. phil. W. Wink und Dr. rer. nat. W. Jellinghaus, Düsseldorf
Versuchsanordnung zur Messung der Suszeptibilität paramagnetischer Stoffe und Meßergebnisse an Nickel-Chrom- und Kobalt-Nickel-Chrom-Werkstoffen
1958, 38 Seiten, 10 Abb., 2 Tabellen, DM 9,95

HEFT 505

Prof. Dr.-Ing. F. A. F. Schmidt und Dipl.-Ing. H. Heitland, Aachen
Einfluß des Selbstzündungsverhaltens der Kraftstoffe auf den Verbrennungsablauf, Wirkungsgrad und Druckverlust von Hochleistungsbrennkammern
in Vorbereitung

HEFT 506

Prof. Dr.-Ing. W. Meyer zur Capellen, Aachen
Der Flächeninhalt von Koppelkurven. — Ein Beitrag zu ihrem Formenwandel
in Vorbereitung

HEFT 507

Prof. Dr. H. Kaiser, Dr. G. Bergmann und Dr. G. Gresze, Dortmund
Kartei zur Dokumentation in der Molekülspektroskopie
in Vorbereitung

HEFT 508

Dr. H. Schmidt-Ries, Krefeld
Limnologische Untersuchungen des Rheinstromes I (Hydrobiologische und physiographische Untersuchungen)
1958, 76 Seiten, DM 33,90

HEFT 509

Dr. Schmidt-Ries, Krefeld
Limnologische Untersuchungen des Rheinstromes I (Tabellenwerk)
in Vorbereitung

HEFT 510

Prof. Dr. rer. nat. W. Groth und Dr.-Ing. K. Bayerle, Bonn
Anreicherung der Uranisotope nach dem Gaszentrifugenverfahren
1958, 88 Seiten, 43 Abb., DM 21,20

HEFT 511

H. Wahl, G. Kantenwein und W. Schäfer, Essen
Gesteinsbohr-Modellversuche zur Frage des Drehbohrens, Schlagbohrens und Drehschlagbohrens
in Vorbereitung

HEFT 512

Prof. Dr. H. Strassl, Bonn
Azimut-Monogramme für alle Stundenwinkel und Deklinationen im Bereich der geographischen Breiten von —80° bis +80°
in Vorbereitung

HEFT 513

Prof. Dr. W. Schmitz und Dr. rer. F. Schmitt, Mülheim/Ruhr
Die Verwendung des Magnetbandgerätes zur Speicherung des Kurvenverlaufs elektrischer Ströme
1958, 68 Seiten, 35 Abb., DM 17,65

HEFT 514

Dr. rer. nat. M.-E. Meffert, Essen
Die Kultur von Scenedesmus obliquus in Abwasser
1957, 46 Seiten, 7 Abb., 7 Tabellen, DM 10,85

HEFT 515

Prof. Dr. habil. H. E. Schwiete und Dr.-Ing. Chr. Hummel, Aachen
Thermochemische Untersuchungen im System SiO_2 und $Na_2O—SiO_2$
1958, 122 Seiten, 29 Abb., 28 Tabellen, DM 28,00

HEFT 516

Prof. Dr.-Ing. H. Müller, Dipl.-Ing. F. Reinke und Dipl.-Ing. W. Sorgenicht, Essen
Gesamtstrahlungsmessungen der Temperaturstrahlung
in Vorbereitung

HEFT 517

Prof. Dr. med. G. Lehmann und Dr. med. J. Meyer-Delius, Dortmund
Gefäßreaktionen der Körperperipherie bei Schalleinwirkung
1958, 36 Seiten, 12 Abb., DM 9,15

HEFT 518

Dr.-Ing. H. Scheffler, Dortmund
Funktionelle Zusammenhänge der dynamischen Einflußgrößen beim handgeführten Druckluft-Abbauhammer und ihre Berücksichtigung für die Konstruktion rückstoßarmer Hämmer
in Vorbereitung

HEFT 519

Prof. Dr. phil. F. Wever, Dr. phil. W. Koch und Dr. phil. S. Eckhard, Düsseldorf
Die spektrographische Bestimmung der Spurenelemente in Stahl ohne vorherige Abbrennung
1958, 50 Seiten, 22 Abb., DM 12,60

HEFT 520

Prof. Dr.-Ing. H. Opitz, Dipl.-Ing. H. Obrig und Dipl.-Ing. P. Kips, Aachen
Untersuchung neuartiger elektrischer Bearbeitungsverfahren
1958, 58 Seiten, 35 Abb., DM 14,70

HEFT 521

Prof. Dr.-Ing. H. Opitz und Dipl.-Ing. K. E. Schwartz, Aachen
Das Abrichten von Schleifscheiben mit Diamanten
1958, 72 Seiten, 34 Abb., 3 Tabellen, DM 17,15

HEFT 522

J. Lorentz und K. Brocks
Elektrische Meßverfahren in der Geodäsie
1958, 118 Seiten, 49 Abb., 5 Tab., DM 28,—

HEFT 523

K. Eberts
Entwicklungen einiger Meßverfahren und einer Frequenz- und amplitudenstabilisierten Meßeinrichtung zur gleichzeitigen Bestimmung der komplexen Dielektrizitäts- und Permeabilitätskonstante von festen und flüssigen Materialien im rechteckigen Hohlleiter und im freien Raum bei Frequenzen von 9200 und 33000 MHz
1958, 132 Seiten, 37 Abb., DM 30,20

HEFT 524

Dr. rer. nat. S. Lockau, Emlichheim
Versuche zur Gewinnung von Kartoffeleiweiß
1958, 56 Seiten, 2 Abb., DM 12,70

HEFT 525

Prof. Dr. Dr. h.c. H. P. Kaufmann und Dr. F. Wegborst, Münster
Beiträge zur Chemie und Technologie der Fetthärtung I
in Vorbereitung

HEFT 526

Dr. phil. habil. P. Hölemann und Ing. R. Hasselmann, Dortmund
Einfluß der Oberflächenbeschaffenheit der Wandung auf den Ablauf von Azetylenexplosionen
1958, 62 Seiten, 8 Abb., 10 Tabellen, DM 14,50

HEFT 527

Dr. rer. nat. K. G. Müller, Hanau/W.
Wärmeübertragung auf eine Flugstaubströmung im senkrechten Rohr sowie auf eine durchströmte Schüttgutschicht
in Vorbereitung

HEFT 528

Dr. P. Ney und Dr. F. Schwarz, Köln
Physikochemische Grundlagen der Bildsamkeit von Kalken unter Einbeziehung des Begriffs der aktiven Oberfläche
Kristallchemische Betrachtung der Bildsamkeit
1958, 110 Seiten, 34 Abb., 6 Tabellen, DM 26,75

HEFT 529

Dr. phil. G. Riedel, Dortmund
Messung und Regelung des Klimazustandes durch eine die Erträglichkeit für den Menschen anzeigende Klimasonde
1958, 78 Seiten, 35 Abb., DM 17,95

HEFT 530

Prof. Dr. med. O. Graf, Dortmund
Nervöse Belastung im Betrieb — I. Teil: Nachtarbeit und nervöse Belastung
in Vorbereitung

HEFT 531

Prof. Dr.-Ing. habil. K. Krekeler, Dipl.-Ing. H. Verhoeven und Dipl.-Ing. H. Ernenputsch, Aachen
Autogenes Entspannen bei niedrigen Temperaturen
in Vorbereitung

HEFT 532

Prof. Dr.-Ing. habil. K. Krekeler, Dipl.-Ing. H. Verhoeven und Dipl.-Ing. W. Krieweth, Aachen
Schutzgasschweißen mit kontinuierlich abschmelzender Elektrode von niedriglegierten Kohlenstoffstählen (Sigma-Schweißen)
in Vorbereitung

HEFT 533

Prof. Dr.-Ing. H. Opitz und Dipl.-Ing. W. Hölken, Aachen
Untersuchung von Ratterschwingungen an Drehbänken
1958, 84 Seiten, 44 Abb., 2 Tab., DM 19,70

HEFT 534

Oberbergamtsdirektor H. Sanders, Dortmund
Seismische Forschungsarbeiten im Ostteil des Grubenfeldes König Ludwig
in Vorbereitung

HEFT 535

Dr.-Ing. J. Lennertz, Köln
Einfluß des Ausbaugrades und Benutzungsgrades nachrichtentechnischer Einrichtungen auf die Gesamtwirtschaft
in Vorbereitung

HEFT 536

Dr. rer. nat. C. W. Czernin-Chudenitz, Krefeld
Limnologische Untersuchungen des Rheinstromes. — Quantitative Phytoplanktonuntersuchungen
in Vorbereitung

HEFT 537

Dr.-Ing. N. Gössl, Frankfurt/M.
Probleme der Zugförderung im Zusammenhang mit der Ausnutzung der Atom-Energie
in Vorbereitung

HEFT 538

Prof. Dr. K. Hinsberg, Düsseldorf
Reaktion zur Frühdiagnose von Krebserkrankungen
1958, 28 Seiten, 1 Abb., 3 Tabellen, DM 7,00

HEFT 539

Prof. Dr. L. v. Ubisch, Norwegen
Die philogenetischen Symmetrieveränderungen bei den Seeigeln
in Vorbereitung

HEFT 540

Prof. Dr. rer. nat. H. Krebs, Bonn
Die katalytische Aktivierung des Schwefels
in Vorbereitung

HEFT 541

Prof. Dr. O. Schmitz-DuMont, Bonn
Reaktionen in flüssigem Ammoniak zur Gewinnung von 1. Titanylamid, 2. Oxykobalt (III)-amiden, 3. Ammonobasischen Kobalt (III)-benzylaten
in Vorbereitung

HEFT 542

Dr. phil. nat. G. Zapf, Schwelm
Entwicklung eines Verfahrens zur Herstellung von Formteilen aus Sintermessing
in Vorbereitung

HEFT 543

Prof. Dr. phil. habil. H. E. Schwiete, Dr. phil. H. Müller-Hesse und Dipl.-Ing. G. Gelsdorf, Aachen
Einlagerungsversuche an synthetischem Mullit. Teil II
1958, 42 Seiten, 5 Abb., 10 Tab., DM 10,—

HEFT 544

Prof. Dr. phil. habil. H. E. Schwiete, Dr.-Ing. A. K. Bose und Dr. phil. H. Müller-Hesse, Aachen
Die Schmelzphase in Schamottesteinen. — Teil II
in Vorbereitung

HEFT 545

Prof. Dr. phil. habil. H. E. Schwiete, Dr. rer. nat. G. Ziegler und Dipl.-Ing. Ch. Kliesch, Aachen
Thermochemische Untersuchungen über die Dehydration des Montmorillonits
in Vorbereitung

HEFT 546

Prof. Dr.-Ing. K. Leist und K. Graf, Aachen
Vergleich von Gleichdruck- und Verpuffungsgasturbinen
in Vorbereitung

HEFT 547

Prof. Dr.-Ing. K. Leist, K. Graf und D. Stojek, Aachen
Das betriebliche Verhalten von Gasturbinen-Fahrzeugen
in Vorbereitung

WESTDEUTSCHER VERLAG · KÖLN UND OPLADEN

HEFT 548
Prof. Dr.-Ing. K. Leist und J. Weber, Aachen
Spannungsoptische Untersuchungen von Turbinenscheiben mit angefrästen und eingesetzten Schaufeln
in Vorbereitung

HEFT 549
Dr.-Ing. R. Merten, Duisburg
Resonanzanpassung bei einem Tiefpaß
1958, 36 Seiten, 16 Abb., DM 9,—

HEFT 550
Dr. H. Stephan, Bonn
Elektrisches Standhöhenmeßgerät für Flüssigkeiten
1958, 40 Seiten, 13 Abb., 2 Tab., DM 10,10

HEFT 551
Prof. Dr. phil. W. Weizel und Dipl.-Phys. B. Brandt, Bonn
Betriebsbedingungen einer stromstarken Glimmentladung
1958, 68 Seiten, 18 Abb., DM 16,00

HEFT 552
Dr.-Ing. G. Leiber und Dipl.-Ing. D. Schauwinhold, Duisburg-Hamborn
Versuche zur Erzeugung halbberuhigten Stahles
1958, 42 Seiten, 23 Abb., 6 Tabellen, DM 11,30

HEFT 553
Prof. Dr. rer. pol. G. Garbotz und Dipl.-Ing. J. Theiner, Aachen
Untersuchungen der Walzverdichtungsvorgänge auf Lößlehm, Kies und Schotter
in Vorbereitung

HEFT 554
Prof. Dr.-Ing. H. Müller, Essen
Untersuchung von Elektrowärmegeräten für Laienbedienung hinsichtlich Sicherheit und Gebrauchsfähigkeit. — Teil II: Temperaturen an und in schmiegsamen Elektrogeräten
in Vorbereitung

HEFT 555
Prof. Dr. med. H. Elbel und Dipl.-Phys. K. Sellier, Bonn
Der Nachweis kleinster CO-Mengen in Körperflüssigkeiten
1958, 36 Seiten, 12 Abb., DM 9,10

HEFT 556
Prof. Dr. A. Gütgemann und Dr. med. G. Karcher, Bonn
Klinische und experimentelle Untersuchungen mit Hilfe einer künstlichen Niere
1958, 28 Seiten, 4 Abb., DM 7,10

HEFT 557
Dr.-Ing. H. Schiffers, Dipl.-Ing. D. Ammann, Dipl.-Ing. E. Brugger und R. Dicke, Aachen
Härtbarkeit von Gußeisen mit Lamellen- und Kugelgraphit in Abhängigkeit von Zusammensetzung und Gefüge
1958, 44 Seiten, 24 Abb., 1 Tab., DM 11,—

HEFT 558
Dr. phil. C. A. Roos, Aachen
Menschlich bedingte Fehlleistungen im Betrieb und Möglichkeiten ihrer Verringerung
in Vorbereitung

HEFT 559
Prof. Dr. H. E. Schwiete und Dipl.-Chem. R. Gauglitz, Aachen
Die Verflüssigung von Montmorillonitschlämmen
in Vorbereitung

HEFT 560
Prof. Dr. med. J. Vonkennel und Dr. G. Froitzheim, Köln
Zur Prüfung silikonhaltiger Hautschutzsalben
in Vorbereitung

HEFT 561
Prof. Dipl.-Ing. W. Sturtzel und Dr.-Ing. Schmidt-Stiebitz, Duisburg
Verbesserung des Wirkungsgrades von Düsenpropellern durch zusätzlich angeordnete Mischdüsen
in Vorbereitung

HEFT 562
Prof. Dr.-Ing. H. Schenck, Prof. Dr. phil. habil N. G. Schmahl und Dr.-Ing. G. Funke, Aachen
Die Reduzierbarkeit von Eisenerzen
in Vorbereitung

HEFT 563
Dr. D. v. Oppen, Dortmund
Beiträge zur Soziologie der Gemeinde im Ruhrgebiet.— II. Familien in ihrer Umwelt
in Vorbereitung

HEFT 565
Dr. K. Hahn und Dr. R. Mackensen, Dortmund
Beiträge zur Soziologie der Gemeinde im Ruhrgebiet. — IV. Die kommunale Neuordnung des Ruhrgebietes, dargestellt am Beispiel Dortmunds
in Vorbereitung

HEFT 566
Dr. H. Klages, Dortmund
Der Nachbarschaftsgedanke und die nachbarliche Wirklichkeit in der Großstadt
in Vorbereitung

HEFT 567
Dr. rer. nat. K. Sauerwein, Düsseldorf
Anwendungen radioaktiver Isotope in der Technik
in Vorbereitung

HEFT 568
Prof. Dr. Alde, Dipl.-Chem. M. Dollhausen und Dipl.-Chem. M. Tremery, Köln
Über einige neue Reaktionen des Indens
in Vorbereitung

HEFT 569
Dr. phil. habil. P. Hölemann, Ing. R. Hasselmann und J. Strootmann, Düsseldorf
Acetylenverluste an Naßentwicklern
in Vorbereitung

HEFT 570
Prof. Dr.-Ing. habil. K. Krekeler, Dr.-Ing. H. Peukert und Dipl.-Ing. O. Schwarz, Aachen
Kerbempfindlichkeit thermoplastischer Kunststoffe abhängig von der Kerbform und der Beanspruchungstemperatur
in Vorbereitung

HEFT 571
Privatdozent Dr. med. W. Klosterkötter, Münster
Wirkung der Kieselsäure bei der Entstehung der Silikose
1958, 166 Seiten, 98 Abb., DM 41,95

HEFT 572
Dipl.-Kaufmann Dipl.-Volksw. Jean-Baptiste Felten, Köln
Wert und Bewertung ganzer Unternehmungen unter besonderer Berücksichtigung der Energiewirtschaft
in Vorbereitung

HEFT 573
Prof. Dr. phil. F. Wever, Dr. rer. nat. W. Jellinghaus und Dr.-Ing. Toshimori Shuin, Düsseldorf
Gemischt-keramische Sinterwerkstoffe aus Aluminiumoxyd und Eisen oder Eisenlegierungen
in Vorbereitung

HEFT 574
Dr.-Ing. habil. H. Klingelhöffer, München
Trocknungsvorgänge beim Beschichten von Papier und Pappen mit Kunststoffdispersionen
in Vorbereitung

HEFT 575
Prof. Dr. phil. habil. C. Kröger, Aachen
Verkokungsverhalten der Steinkohlenmacerale und ihrer Mischungen
in Vorbereitung

HEFT 576
Prof. Dr. F. Micheel und Dr. H. G. Bussmann, Münster
Untersuchung synthetischer Kohlenhydrat-Eiweißverbindungen mit der Ultracentrifuge bei der Elektrophorese
in Vorbereitung

HEFT 577
S. Ruff u. a.
Untersuchungen zur therapeutischen Anwendung des Sauerstoffmangels
1958, 128 Seiten, 30 Abb., DM 29,10

HEFT 578
G. Fellner
Der Einfluß der Fluggeschwindigkeit auf die Wirtschaftlichkeit von Durch- und Ausstromtriebwerk
in Vorbereitung

HEFT 579
Dipl.-Ing. H. J. Koch, Essen
Untersuchungen über den Abhebedruck von Brenngasen
in Vorbereitung

HEFT 580
Prof. Dr.-Ing. A. Götte und Dipl.-Chem. G. Scholz, Aachen
Unterstützung der Entwässerung von Feinkohle durch chemische Hilfsmittel
in Vorbereitung

HEFT 581
Obermedizinalrat a. D. Dr. med. F. Bassermann, Regensburg
Elektronenoptische Untersuchungen an Ultradünnschnitten des Tuberkulose-Erregers sowie der käsigen Gewebsnekrose und zum Problem des Vorkommens einer mycobakteriellen L-Phase
in Vorbereitung

HEFT 582
Dr. phil. C. A. Roos, Aachen
Arbeitsleistung und Arbeitsgüte
in Vorbereitung

HEFT 583
Prof. Dr. phil. F. Kirchner, Dipl.-Phys. H. Baron und Dipl.-Phys. H. Kirchner, Köln
Verwendbarkeit von Zählrohren zu massenspektrometrischen Untersuchungen
in Vorbereitung

HEFT 584
G. Kroebel, Köln
Maßnahmen der Nachwuchs- und Talentförderung im Deutschen Gewerkschaftsbund
1958, 72 Seiten, DM 16,35

HEFT 585
Dr. phil. M. Simoneit, Köln
Gedanken und Vorschläge zur Auslese technischer Talente
in Vorbereitung

HEFT 586
Dr.-Ing. W. A. Fischer und Dr. rer. nat. A. Hoffmann, Düsseldorf
Verhalten von Eisen- und Stahlschmelzen im Hochvakuum
in Vorbereitung

HEFT 587
Dipl.-Ing. H. Schmidt, Krefeld
Auswirkung der Strömungsverhältnisse in Trommelwaschmaschinen unter besonderer Berücksichtigung des Durchlaufspülens
in Vorbereitung

HEFT 588
Dr.-Ing. W. Wilhelm, Aachen
Untersuchungen über den Einfluß der Auspuffrohrabmessungen auf den Ladungswechsel einer Einzylinder-Zweitakt-Vergasermaschine mit Kurbelkastenspülung
in Vorbereitung

HEFT 589
Prof. Dr. phil. habil. C. Kröger, Aachen
Wärmebedarf der Silikatglasbildung
in Vorbereitung

HEFT 590
Übergabe des Synchro-Zyklotrons an das Institut für Strahlen- und Kernphysik der Universität Bonn am 8. Mai 1957
in Vorbereitung

HEFT 591
Dr. Schairer, Köln
Aufgabe, Struktur und Entwicklung der Stiftungen
in Vorbereitung

HEFT 592
Verein zur Förderung des Forschungsinstituts für Rationalisierung an der Rhein.-Westf. Technischen Hochschule Aachen
Das Forschungsinstitut für Rationalisierung an der Rhein.-Westf. Technischen Hochschule Aachen
in Vorbereitung

HEFT 593
Dr. phil. C. A. Roos, Aachen
Berufseignung und Berufseinsatz — I. Teil
in Vorbereitung

HEFT 594
Prof. Dr. A. Nikuradse, München
Energieabsorption von Atomkernstrahlen in organischen Stoffen und durch sie hervorgerufene Reaktionsprozesse
in Vorbereitung

HEFT 595
Prof. Dr. A. Nikuradse und Dipl.-Phys. K. Kugler, München
Einfluß der molekularen bzw. atomaren Beschaffenheit der Festwandoberflächenschicht auf die Wechselwirkung zwischen auftreffenden Gasmolekülen und der Wand
in Vorbereitung

HEFT 596
Dipl.-Ing. K.-H. Hardieck, Aachen
Theoretische und experimentelle Untersuchungen der stationären Vorgänge in magnetischen Verstärkern
in Vorbereitung

HEFT 597
Prof. Dr. phil. F. Wever, Dr. phil. W. Wink und Dr. rer. nat. W. Jellinghaus, Düsseldorf
Suszeptibilitätsmessungen an hochwarmfesten Legierungen auf Nickel-Chrom- und Kobalt-Nickel-Chrom-Grundlage
in Vorbereitung

HEFT 598
Prof. Dr.-Ing. F. A. F. Schmidt, Aachen
Hydrodynamische und mechanische Gesetzmäßigkeit eines nach dem Scheibenverteilerprinzip arbeitenden Einspritzsystems für Ottomotore
in Vorbereitung

HEFT 599
Dr. phil. W. Koch und Dipl.-Phys. Dr. phil. H. Sundermann, Düsseldorf
Elektrochemische Grundlagen der Isolierung von Gefügebestandteilen in metallischen Werkstoffen
in Vorbereitung

HEFT 600
Dr. phil. W. Koch, Dr. phil. S. Eckhard und Dr. rer. nat. F. Stricker, Düsseldorf
Die lichtelektrische Spektralanalyse der Gase im Stahl
in Vorbereitung

HEFT 601
W. Barbo und E. Stiller, Köln
Die Lage des Technisch-Wissenschaftlichen Nachwuchses und der Technisch-Wissenschaftlichen Hochschulen in der Bundesrepublik
in Vorbereitung

HEFT 602
H. von Stebut, Köln
Die Hochschulen in der Aufwärtsentwicklung Westdeutschlands
in Vorbereitung

HEFT 603
Prof. Dr.-Ing. L. Engel und Dr.-Ing. J. Foerster, Clausthal-Zellerfeld
Gummielastische Stoffe als Dämpfungselemente an schlagenden Werkzeugen
in Vorbereitung

HEFT 604
Dipl.-Ing. H. Gröttrup, Aachen
Studienanalyse halbautomatischer Dokumentationsselektoren
in Vorbereitung

HEFT 605
Ing. L. Bommes, M.-Gladbach
Bestimmung von Leistung und Wirkungsgrad eines Ventilators
in Vorbereitung

HEFT 606
Oberbaurat Prof. Dr.-Ing. W. Meyer zur Capellen, Aachen
Eine Getriebegruppe mit stationärem Geschwindigkeitsverlauf
in Vorbereitung

HEFT 607
Prof. Dr. rer. pol. H. Jecht, Münster
Die Wettbewerbslage der westdeutschen Juteindustrie
in Vorbereitung

HEFT 608
Prof. Dr. habil. W. Linke und Dipl.-Ing. W. Hufschmidt, Aachen
Wärmeübergang bei pulsierender Strömung
in Vorbereitung

HEFT 609
Technisch-Wissenschaftliches Büro für die Bastfaserindustrie, Bielefeld
Verteilung der Bastfasern im Verzugsfeld einer Nadelstabstrecke
1958, 56 Seiten, 10 Abb., 2 Tab., DM 13,45

HEFT 610
Prof. J. W. Korte, Dr.-Ing. P. A. Mäcke und Dipl.-Ing. R. Lapierre
Gestaltung von Straßenverkehrsanlagen
in Vorbereitung

HEFT 611
Dr. R. Schairer, Köln
Aufgaben der Talentförderung
in Vorbereitung

HEFT 612
Dr. H. Bauer, Köln
Der Betrieb als Bildungsfaktor
in Vorbereitung

HEFT 613
Prof. Dr. phil. habil. E. Graeser, Göttingen
Vergleichende Studien über die Art, die Bedeutung und den Erfolg der Ausbildung von Ingenieuren, Mathematikern und Naturwissenschaftlern in der sogenannten Deutschen Demokratischen Republik und in der Bundesrepublik
in Vorbereitung

HEFT 614
Prof. Dr. W. Weltzien, Krefeld
Die Textilforschungsanstalt Krefeld 1920—1958
Ein Bericht zur Einweihung ihres Neubaus Frankenring 2
1958, 100 Seiten, 16 Abb., 23,50

HEFT 615
Prof. Dr. W. Weizel und Duk Hyun Whang, Bonn
Stromverteilung auf der Kathode einer Glimmentladung in Spalten bei hohen Drucken und abseits stehender Anode
in Vorbereitung

HEFT 616
Prof. Dr. W. Weizel und W. Ohlendorf, Bonn
Die Glimmentladung in spaltartigen Entladungsräumen
in Vorbereitung

HEFT 617
Prof. Dipl.-Ing. W. Sturzel und Dr.-Ing. W. Graff, Duisburg
Systematische Untersuchungen von Kleinschiffsformen auf flachem Wasser im unter- und überkritischen Geschwindigkeitsbereich
in Vorbereitung

HEFT 618
Prof. Dipl.-Ing. W. Sturtzel, Dr.-Ing. W. Graff, Duisburg
Untersuchungen der in stehendem und strömendem Wasser festgestellten Änderungen des Schiffswiderstandes durch Druckmessungen
in Vorbereitung

HEFT 619
Prof. Dr. med. O. Graf, Dr. med. Dr. phil. J. Rutenfranz, Dortmund
Zur Frage der Belastung von Jugendlichen
in Vorbereitung

HEFT 620
Dr. rer. nat. D. Horstmann, Düsseldorf
Der Einfluß von Aluminium im Eisen- und im Zinkbad auf den Zinkangriff
in Vorbereitung

HEFT 621
Techn.-Wissensch. Büro für die Bastfaser-Industrie, Bielefeld
Untersuchungen zur Verbesserung des Leinenwebstuhles V
in Vorbereitung

HEFT 622
Prof. Dr. W. Franz, Münster
Theorie der Elektronenbeweglichkeit in Halbleitern
in Vorbereitung

HEFT 623
Dr. phil. C. A. Roos, Aachen
Berufseignung und Berufseinsatz, II. Teil
in Vorbereitung

HEFT 624
Prof. Dr. G. Schmölders, Köln
Progression und Regression
in Vorbereitung

HEFT 625
Prof. Dr.-Ing. habil. W. Petersen und Dr.-Ing. S. Wawroscheck, Aachen
Brikettierungsversuche zur Erzeugung von Möllerbriketts für die Schwelverhüttung
in Vorbereitung

HEFT 626
Deutsches Krankenhaus-Institut e.V., Düsseldorf
Arbeitsabläufe auf Krankenstationen
in Vorbereitung

HEFT 627
Prof. Dr. phil. H. Wurmbach, Bonn
Steuerung von Wachstum und Formbildung
in Vorbereitung

HEFT 628
Prof. Dr.-Ing. E. Siebel, Düsseldorf
Die Ermittlung der Fließkurven von Schraubenwerkstoffen
in Vorbereitung

WESTDEUTSCHER VERLAG · KÖLN UND OPLADEN

GPSR Compliance

The European Union's (EU) General Product Safety Regulation (GPSR) is a set of rules that requires consumer products to be safe and our obligations to ensure this.

If you have any concerns about our products, you can contact us on ProductSafety@springernature.com

In case Publisher is established outside the EU, the EU authorized representative is:

Springer Nature Customer Service Center GmbH
Europaplatz 3
69115 Heidelberg, Germany

Batch number: 10585057

Printed by Printforce, the Netherlands